高度关注物质 SVHC 毒性手册 上册

顾爱华 / 主编

中国环境出版集团·北京

图书在版编目（CIP）数据

高度关注物质（SVHC）毒性手册. 上册/顾爱华主编. —北京：中国环境出版集团，2019.11
ISBN 978-7-5111-4121-7

Ⅰ.①高… Ⅱ.①顾… Ⅲ.①有毒物质—毒性—手册 Ⅳ.①X327-62

中国版本图书馆 CIP 数据核字（2019）第 221204 号

出版人	武德凯
责任编辑	丁莞歆
责任校对	任 丽
封面设计	宋 瑞

出版发行	中国环境出版集团
	（100062 北京市东城区广渠门内大街 16 号）
网　　址	http://www.cesp.com.cn
电子邮箱	bjgl@cesp.com.cn
联系电话	010-67112765（编辑管理部）
	010-67175507（第六分社）
发行热线	010-67125803，010-67113405（传真）
印　　刷	北京盛通印刷股份有限公司
经　　销	各地新华书店
版　　次	2019 年 11 月第 1 版
印　　次	2019 年 11 月第 1 次印刷
开　　本	787×960　1/16
印　　张	27.75
字　　数	380 千字
定　　价	98.00 元

【版权所有。未经许可，请勿翻印、转载，违者必究。】
如有缺页、破损、倒装等印装质量问题，请寄回本集团更换

中国环境出版集团郑重承诺：
中国环境出版集团合作的印刷单位、材料单位均具有中国环境标志产品认证；
中国环境出版集团所有图书"禁塑"。

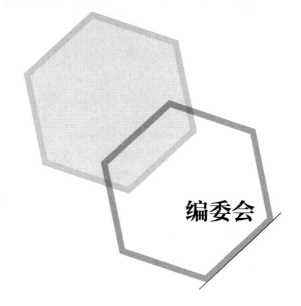

编委会

主　编：顾爱华

副主编：胡立刚　王　军　吉贵祥　徐　进
　　　　　石利利

编　委：刘　倩　翁振坤　张　鑫　余鹏飞
　　　　　薛　璟　解翠薇　赵　亮　杨婷钰
　　　　　梁静佳　邵文涛　陈瑶瑶　顾　杰
　　　　　李文祥　张　逸　范君婷　郭　敏

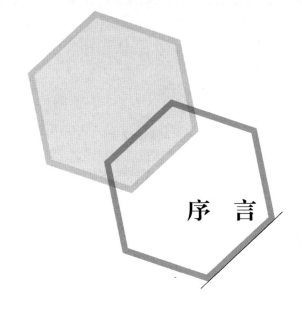

序　言

全球化学品的产量已从 1930 年的 100 万 t 增长到 2018 年的 4 亿 t。在欧盟市场注册的化学品约有 10 万种，其中约有 1 万种化学品的销售量超过 10 t/a，另外约有 2 万种化学品的销售量在 1~10 t/a。在这些化学品中，具有高毒性、持久性、生物累积性以及致癌性、生殖毒性等特性的化学品会对人类健康和生态环境造成严重危害。基于人类健康和环境保护的要求，在《关于化学品注册、评估、许可和限制的法规》（REACH）框架下，欧盟化学品管理署（European Chemicals Agency，ECHA）自 2008 年 10 月至 2018 年 6 月公布了 19 批 191 项高度关注物质（Substances of Very High Concern，SVHC）名单。这些物质包括 CMR（致癌、致突变、致生殖毒性）物质，持久性、生物累积性和毒性物质，高持久性、高生物累积性物质以及相似物质，其生产、进口和使用受到

ECHA 的严格控制。

然而，目前我国对这些化学物质的基本特征、应用及潜在健康危害的认识尚缺乏系统梳理。基于此，我们在系统调研和整理国内外相关研究成果的基础上，编写了《高度关注物质（SVHC）毒性手册》一书。本书基于欧盟 SVHC 名单列出的化合物顺序分成上、下两册出版，每种化合物基本都是围绕其基本信息、理化性质、环境行为、生态毒理学、毒理学、人类健康效应等方面展开介绍的，从而为建立一套完整的化学品注册、评估、授权、限制提供了基础数据资料，也为相关人员查阅提供了便利。

编 者

2019 年 1 月

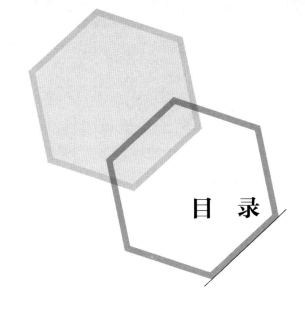

目 录

A
4-氨基联苯 /002

4-氨基偶氮苯 /007

B
丙烯酰胺 /012

C
重铬酸铵 /022

重铬酸钾 /027

重铬酸钠 /034

醋酸钴 /040

D
地乐酚 /046

叠氮化铅 /053

对特辛基苯酚 /056

E
蒽油 /060

4,4'-二氨基二苯醚 /062

4,4'-二氨基-3,3'-二甲基二苯甲烷 /068

2,4-二氨基甲苯 /070

二丁基二氯化锡 /075

4,4′-二(N,N-二甲氨基)二苯甲酮 /080
二甲苯麝香 /082
N,N-二甲基甲酰胺 /087
N,N-二甲基乙酰胺 /094
二碱式亚磷酸铅 /100
1,2-二氯乙烷 /101
二乙二醇二甲醚 /108

F

酚酞 /116
呋喃 /120
氟硼酸铅 /124

G

铬酸、重铬酸及低聚铬酸类 /128
铬酸钾 /132
铬酸钠 /139
铬酸锶 /145
硅酸铅 /149
过硼酸钠 /151

H

环氧丙烷 /156

J

甲基六氢邻苯二甲酸酐 /162

甲醛与苯胺共聚物 /164
甲酰胺 /165
2-甲氧基-5-甲基苯胺 /170
甲氧基乙酸 /174
碱式硫酸铅 /176
碱式碳酸铅 /178
碱式乙酸铅 /181
结晶紫 /183
肼 /187

L

邻氨基苯甲醚 /194
邻氨基偶氮甲苯 /199
邻苯二甲酸二丁酯 /203
邻苯二甲酸二甲氧乙酯 /212
邻苯二甲酸二异戊酯 /217
邻苯二甲酸正戊基异戊基酯 /219
六氢邻苯二甲酸酐 /221
六溴环十二烷及所有主要的非对映
　异构体 /225
硫酸二甲酯 /232
硫酸二乙酯 /236
硫酸钴 /240
氯化镉 /246
氯化钴 /252

M

煤焦油沥青，高温 /260

米氏碱 /261

钼铬红 /265

P

硼酸 /270

Q

七水合四硼酸钠 /276

铅铬黄 /282

氢氧化铬酸锌钾 /285

全氟十二烷酸 /287

全氟十一烷酸 /288

S

三碱式硫酸铅 /290

三(2-氯乙基)磷酸酯 /291

三氯乙烯 /298

2,4,6-三硝基间苯二酚铅 /305

三氧化二硼 /308

三氧化二砷 /312

三氧化铬 /318

砷酸 /323

砷酸钙 /327

砷酸铅 /331

砷酸氢铅 /333

十溴联苯醚 /335

双三丁基氧化锡 /339

四氧化三铅 /344

四乙基铅 /348

T

钛酸铅 /356

钛酸铅锆 /357

碳酸钴 /358

W

无水四硼酸钠 /362

五氧化二砷 /366

X

硝酸钴 /372

硝酸铅 /377

Y

4,4′-亚甲基双(2-氯苯胺) /382

亚硫酸铅Ⅱ /387

颜料黄 41 /388

氧化铅 /389

氧化铅与硫酸铅的复合物 /393

乙撑硫脲 /394

乙二醇单甲醚 /398

乙二醇单乙醚 /405

乙二醇二甲醚 /411

乙二醇二乙醚 /415

乙二醇乙醚醋酸酯 /420

3-乙基-2-甲基-2-(3-甲基丁基)-1,3-噁唑烷 /427

异氰尿酸三缩水甘油酯 /429

4-氨基联苯
4-Aminobiphenyl

基本信息

化学名称：4-氨基联苯。

CAS 登录号：92-67-1。

EC 编号：202-177-1。

分子式：$C_{12}H_{11}N$。

相对分子质量：169.222。

用途：用于染料和农药中间体。

危害类别：具有致癌性。

结构式：

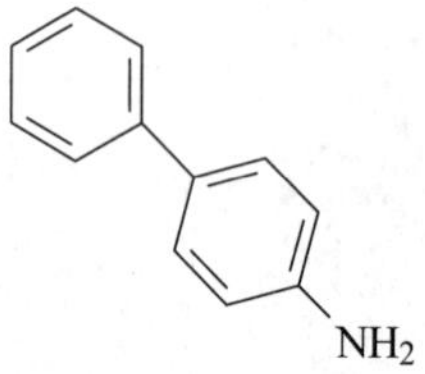

理化性质

物理状态：无色至黄棕色水晶或浅棕色固体，有特有的花香气味。

熔点：51.0℃。

沸点：302℃。

蒸气压：$3.2×10^{-4}$ mmHg*（25℃）。

密度：1.16（20℃）。

---

* 1 mmHg = 0.133 kPa。

水溶解度：微溶于冷水，易溶于热水[1]，易溶于乙醇、乙醚、丙酮、氯仿[2]，溶于二氯甲烷、二甲基亚砜、甲醇[3]。

辛醇-水分配系数：$\log K_{ow}$ = 2.86（pH 值=7.5，22℃）。

环境行为

（1）降解性

如果释放到空气中，在25℃下外推蒸气压为3.2×10^{-4} mmHg，表明4-氨基联苯仅在环境大气中作为蒸气存在。气相4-氨基联苯通过与光化学反应介导的羟基自由基反应在大气中降解，该反应在空气中的半衰期估计为5小时。4-氨基联苯可吸收波长大于290 nm的波，因此易受阳光直接光解。7天后50%的生物降解率表明，4-氨基联苯的生物降解可能是土壤和水中重要的环境归趋过程。

（2）迁移性

如果释放到土壤中，基于4-氨基联苯的土壤吸附系数（K_{oc}）约为2 470，预计其具有轻微的迁移率。由于芳香族氨基的高反应性，芳香胺预计会与土壤中的腐殖质或有机物强烈结合，这表明4-氨基联苯在一些土壤中可能不会移动。

（3）吸附解析

如果将4-氨基联苯释放到水中，则基于其估计的K_{oc}值，预计4-氨基联苯会吸附到悬浮固体和沉积物中。

（4）挥发性

基于4-氨基联苯的亨利定律常数估计为1.5×10^{-7} atm·m^3/mol，预计来自潮湿土壤表面的挥发不是其重要的环境归趋过程，来自水表面的挥发预计也不会是一个重要的环境归趋过程。

（5）生物富集

4-氨基联苯的生物富集因子（BCF）约为36，表明其在水生生物中的生物富集潜力适中。

（6）氧化性

4-氨基联苯暴露在空气中会被空气氧化变成紫色（氧化变暗）[4]。

生态毒理学

大鼠经口服暴露于4-氨基联苯 LD_{50}（半数致死剂量）为500 mg/kg；小鼠经口服 LD_{50} 为205 mg/kg；兔经口服 LD_{50} 为690 mg/kg[5]。

毒理学

（1）亚慢性或慢性毒性

通过测试小鼠经皮肤反复暴露于4-氨基联苯的致癌剂量，结果发现将50 nmol 4-氨基联苯于每周两次经皮下处理21周的雌性小鼠，通过^{32}P-后标记测量的DNA加合物水平随着时间的推移在靶组织和非靶组织中增加，但是在膀胱中积聚的比例最大。肝脏和膀胱、肝脏和皮肤之间的加合物水平存在显著相关性，但皮肤和膀胱之间没有显著相关性[6]。

（2）发育与生殖毒性

在小鼠中研究了妊娠对几种致癌物质与DNA共价结合的影响，对非妊娠或妊娠第18天的 ICR 小鼠用苯并(a)芘（200 μmol/kg）、黄樟脑（600 μmol/kg）、1′-羟基黄樟素（400 μmol/kg）、4-氨基联苯（800 μmol/kg）口服处理。通过^{32}P-后标记测量分析致癌物处理后24小时的组织DNA加合物水平，发现妊娠降低了与苯并(a)芘、7β,8α-二羟基-9-α,10α-环氧-7,8,9,10-四氢苯并(a)芘（BPDI）的最终致癌代谢物的结合，肝脏和肺DNA的含量为29%~41%，但不与其他代谢物结合。黄樟脑及其邻近致癌物1′-羟基黄樟素与肝脏和肾脏DNA的结合增加了2.3~3.5倍。结果表明，在妊娠期间接触某些遗传毒性化合物，尤其是需要结合反应进行代谢活化的化合物，可能比非妊娠状态更危险。铜绿假单胞菌是人类膀胱的重要机会致病菌[7]。

（3）致突变性

使用Ames测定法研究用联苯胺或5种其他芳基胺（0.25 mmol/kg；ip*）处理大鼠的尿液致突变性，发现大鼠暴露于联苯胺、4-氨基联苯后，收集其24小时尿液样品和2-氨基萘显示出显著的诱变活性，而在用3,3′-5,5′-四甲基联苯胺、2-氨基联苯和1-氨基萘处理后，在尿液中未观察到致突变性。诱变活性取决于是否使用肝S9混合物或胞质溶胶作为活化酶制剂。除2-氨基萘外，β-葡萄糖醛酸酶的添加增强了致突变性。在不同剂量的联苯胺给药后的不同时间间隔研究尿液中致突变剂的表现，用S9混合物或细胞溶质酶激活后发现的不同分泌模式表明尿液中存在不同类型的诱变产物[8]。

（4）致癌性

4-氨基联苯对人类具有致癌性[9]，是确认的人类致癌物[10]，也是已知的人类致癌物质。

人类健康效应

4-氨基联苯可通过皮肤接触和吸入暴露[11]，是一种会引起职业性膀胱癌的致癌物，也可能导致输尿管和肾盂癌[12]。

参考文献

[1] O'NEIL MJ. The Merck Index - An Encyclopedia of Chemicals, Drugs, and Biologicals[M]. Cambridge: Royal Society of Chemistry, 2013:218.

[2] HAYNES WM. CRC Handbook of Chemistry and Physics. 95th Edition[M]. Boca Raton:CRC Press, 2014-2015:3-16.

[3] IARC. Monographs on the Evaluation of the Carcinogenic Risk of Chemicals to Humans[J]. Geneva: World Health Organization, International Agency for Research on Cancer, 1972-PRESENT:Multivolume work V1: 74. http://monographs.iarc.fr/ENG/

---

* ip 代表腹腔注射。

Classification/index.

[4] CDC. International Chemical Safety Cards (ICSC) 2012[J]. Atlanta, GA: Centers for Disease Prevention & Control. National Institute for Occupational Safety & Health (NIOSH),Ed Info Div, 2016. http://www.cdc.gov/niosh/ipcs/default.html.

[5] LEWIS RJ. Sax's Dangerous Properties of Industrial Materials. 11th Edition[M]. Hoboken: Wiley, 2004:174.

[6] UNDERWOOD PM,ZHOU Q,JAEGER M, et al. Chronic, Topical Administration of 4-Aminobiphenyl Induces Tissue-Specific DNA Adducts in Mice[J].USA: Toxicology and Applied Pharmacology,1997: 325-331.

[7] LU LJW, DISHER RM, RANDERATH K. Differences in the covalent binding of benzo[a]pyrene, safrole, 1'-hydroxysafrole, and 4-aminobiphenyl to DNA of pregnant and non-pregnant mice[J]. Germany: Cancer Letters,1986: 43-52.

[8] BOS RP , BROUNS RME, DOORNET RV, et al. The appearance of mutagens in urine of rats after the administration of benzidine and some other aromatic amines[J]. Ireland :Toxicology, 1980:113-122.

[9] IARC. Monographs on the Evaluation of the Carcinogenic Risk of Chemicals to Humans[J]. Geneva: World Health Organization, International Agency for Research on Cancer, 1987:Multivolume work S7 57. http://monographs.iarc.fr/ENG/Classification/index.

[10] ACGIH. Threshold Limit Values for Chemical Substances and Physical Agents and Biological Exposure Indices[M]. Cincinnati:American Conference of Governmental Industrial Hygienists TLVs and BEIs, 2016:12.

[11] WOO YT, LAI DY. Patty's Toxicology [CD]. New York: John Wiley & Sons; Aromatic Amino and Nitro-Amino Compounds and their Halogenated Derivatives, 2012.

[12] ROM WN, MARKOWITZ SB. Environmental and Occupational Medicine. 2nd ed[M]. Boston, MA: Little, Brown and Company, 1992:882.

4-氨基偶氮苯

4-(Phenylazo)aniline；4-Aminoazobenzene

基本信息

化学名称：4-氨基偶氮苯。

CAS 登录号：60-09-3。

EC 编号：200-453-6。

分子式：$C_{12}H_{11}N_3$。

相对分子质量：197.235 8。

用途：用于染料中间体；合成偶氮染料、分散染料、噁嗪染料；制油漆和颜料，及醇溶黄和 pH 指示剂。

危害类别：具有致癌性。

结构式：

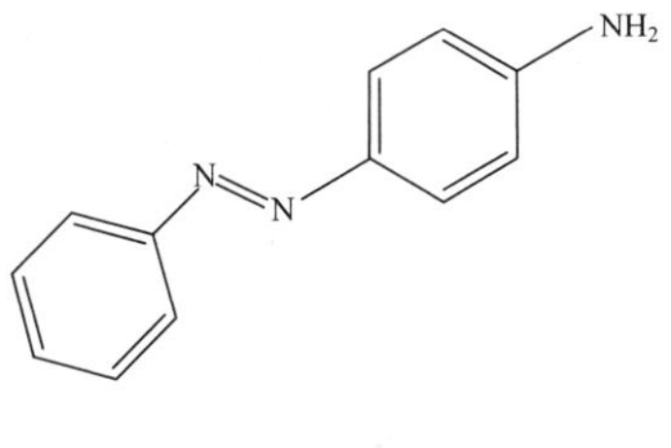

理化性质

物理状态：淡黄色至红橙色粉末，微带灰色或浅蓝色的结晶或粉末，不含有可见的杂质。

熔点：≥119℃；128℃（401 K）。

沸点：>360℃（633 K）。

蒸气压：0 mmHg（25℃）。
密度：1.127 g/cm³。

环境行为

（1）溶解性

微溶于水；溶于乙醇、乙醚、氯仿、苯和油类；不溶于冷水。

（2）刺激性

4-氨基偶氮苯可燃，具有刺激性。

（3）稳定性

4-氨基偶氮苯在常温、常压下稳定，遇明火、高热可燃；其粉体与空气可形成爆炸性混合物，当达到一定浓度时，遇火星会发生爆炸；受高热分解释放出有毒气体，受热分解释放出氮氧化物。

（4）氧化性

4-氨基偶氮苯为强氧化剂。

生态毒理学

小鼠经腹腔注射4-氨基偶氮苯 LD_{50} 为200 mg/kg。

毒理学

（1）致癌性

根据欧盟批准的统一分类和标签（CLP00），4-氨基偶氮苯可能会导致癌症，对水生生物的毒性很大，且具有长期持续的影响。根据欧盟法规，4-氨基偶氮苯虽已被加入致癌芳香胺的禁用名单里，但目前尚无合适的监测方法[1]。

（2）致畸、致突变性

有资料报道，4-氨基偶氮苯有致畸、致突变作用。

人类健康效应

4-氨基偶氮苯主要的暴露途径为吸入、食入和皮肤接触，如果误食可能会引起过敏性皮肤反应，长期接触可导致膀胱癌[2]，对眼睛、皮肤、黏膜和上呼吸道都有刺激作用。

参考文献

[1] 王建平，陈荣圻，吴岚. REACH 法规与生态纺织品[M]. 北京：中国纺织出版社，2009：202.

[2] 王琼轩，等. 世界有机中间体标准[M]. 北京：中国环境科学出版社，1991：134.

B

SVHC

丙烯酰胺
Acrylamide

基本信息

化学名称：丙烯酰胺。

CAS 登录号：79-06-1。

EC 编号：201-173-7。

分子式：C_3H_5NO。

相对分子质量：71.078。

用途：合成聚丙烯酰胺，在废水处理及纸张加工中作为灌浆剂；用于纺织品加工。

危害类别：具有致癌性、致基因突变性和致生殖毒性。

结构式：

$$\text{CH}_2=\text{CH}-\text{C}(=\text{O})-\text{NH}_2$$

理化性质

物理状态：白色无味结晶固体。

熔点：84.5℃。

沸点：192.6℃。

蒸气压：0.9 Pa（25℃）。

密度：1.122 g/cm³ （30℃）。

溶解度：溶于乙醇、乙醚和丙酮。

环境行为

（1）降解性

生物降解性筛选试验提示，丙烯酰胺可被快速降解[1-3]。在2次为期5天的筛选试验中，丙烯酰胺的降解达到了理论 BOD（生化需氧量）的69%和75%[2-4]。在较长时间的筛选试验中，使用固有生物降解性测试方法（MITI试验）在2周内达到了理论 BOD 的72.8%，并在第16天100%降解。丙烯酰胺在初始或最终沉降期间发生的降解很少，然而在活性污泥中降解了50%~70%。进一步研究表明，高降解率需要高度的微生物活性，尤其是应接触高微生物活性的表面[5]。丙烯酰胺浓度为100 mg/L 时，在4周内达到其理论 BOD 的70%。日本改良 MITI 试验提示，使用经济合作与发展组织（OECD）准则301D（快速生物降解性，封闭瓶试验）和30 mg/L 的非适应性活性污泥接种物，丙烯酰胺在15天和28天内分别达到其理论 BOD 的67%和98.1%，因而将丙烯酰胺归为易生物降解类[7]。

（2）生物蓄积性

在72小时静态试验中，虹鳟鱼的 BCF 值约为1。根据分类方案，该 BCF 值表明丙烯酰胺在水生生物中的生物富集潜力很低。在12℃、静态条件下研究放射性标记的丙烯酰胺（0.338 mg/L），摄取72小时时虹鳟鱼幼鱼胴体和内脏中的 BCF 值分别为0.86和1.12，表明没有发生可观的生物累积；在第一个24小时内摄取迅速，然后在72小时后趋于平稳；当鱼被转移到淡水中时，96小时后丙烯酰胺的水平下降到初始浓度的75%[8]。

（3）吸附解析

据报道，丙烯酰胺的实验 K_{oc} 值为50。根据分类方案，该 K_{oc} 值表明丙烯酰胺预计在土壤中具有非常高的流动性。在吸附研究中观察到天然沉积物、工业和污水污泥、黏土（蒙脱土和高岭土）没有显著吸附丙烯酰胺。

在使用土壤 TLC（薄层色谱）评估浸出的实验中，在4种土壤中测得的比移值（R_f）在0.64～0.88，表明丙烯酰胺在土壤中是流动的。丙烯酰胺在沙质土壤中的迁移率高于黏土[9,10]。

（4）挥发性

在蒸气压0.006 75 mmHg、浓度为$3.711×10^5$ mg/L下，丙烯酰胺的亨利定律常数估计为$1.7×10^{-9}$ atm·m^3/mol。该亨利定律常数表明丙烯酰胺预计在水表面本质上是非挥发性的，在潮湿土壤表面不会发生挥发。基于其蒸气压力，预计丙烯酰胺不会从干燥土壤表面挥发。据报道，在20℃蒸发的丙烯酰胺可以忽略不计[11]。

生态毒理学

肥头鱼（Pimephales promelas），在24.1℃、溶解氧7.2 mg/L、硬度（以$CaCO_3$计）50.8 mg/L、碱度（以$CaCO_3$计）43.3 mg/L、pH 值=7.1的条件下，96 h-LC_{50}（半数致死浓度）=109 mg/L（95%CI*：103～115 mg/L）[12]。虹鳟鱼（Oncorhynchus mykiss），在淡水、静态条件下，72 h-LC_{50}=170 000 μg/L（95%CI：151 000～192 000 μg/L）[8]。蓝鳃太阳鱼（Lepomis macrochirus），在22℃、淡水、流动、pH 值=8.0～8.5的条件下，96 h-EC_{50}（半数有效浓度）=85 000 μg/L[13]。斑马鱼（Zebra Danio），在25℃、淡水、静态、pH 值=6.8～8、溶解氧≥80%的条件下，44 h-EC_{50}=3.6 mmol/L，其毒性效应表现为异常发育增加[14]。金鱼（Carassius auratus），在20℃、淡水、静态、pH 值=7.8、溶解氧≥4 mg/L 的条件下，24 h-LC_{50}=460 000 μg/L[15]。

---

* CI 指置信区间。

毒理学

（1）急性毒性

小鼠腹腔注射丙烯酰胺的 LD_{50}=170 mg/kg。大鼠按体重经皮肤暴露于丙烯酰胺 LD_{50}=1.68 mL/kg；经口 LD_{50}=124 mg/kg[16]；经腹腔注射 LD_{50}=90 mg/kg。兔子按体重经口暴露于丙烯酰胺 LD_{50}=150 mg/kg；经皮肤 LD_{50}=1 680 μL/kg[16]。

一项急性毒性实验显示，12小时内按体重给予50～200 mg/kg 的丙烯酰胺，中毒动物显示后肢功能受损和抽搐，对神经系统的不同部分产生弥散性损伤[17]。在另一项急性毒性实验中，猴子按体重分两次经腹膜内注射给予100 mg/kg 丙烯酰胺3天后死亡，大体检查发现肺部充血、肾脏和肝脏坏死，显微镜检查显示肝脏血窦充血并伴有脂肪变性和坏死，肾脏肾小管上皮和肾小球变性[18]。

（2）亚慢性毒性

在大鼠实验中，丙烯酰胺通过与谷胱甘肽结合和脱羧发生生物转化。已经在大鼠尿中发现至少4种尿代谢物，其中已鉴定出巯基酸和半胱氨酸-S-丙酰胺[19]。丙烯酰胺及其代谢物在神经系统组织和血液（血红蛋白结合）中累积（与蛋白质结合）[20]，在周围神经轴突中发现退行性变化，中枢神经系统中的较长纤维变化较小[21]。在慢性中毒的动物中观察到浦肯野细胞的退化，这种变化在有髓神经感觉纤维的神经末梢中最为明显。神经末梢显示放大的突触小结（Boutons Terminaux）以及神经丝积聚引起了神经末梢广泛肿胀[22]，该现象同时发生在外周和中枢神经系统中。在感觉纤维中，丙烯酰胺暴露会引起轴突运输的损伤，且在生物化学研究中可观察到对糖酵解和蛋白质合成的干扰。大鼠脑中神经递质分布和受体结合的研究揭示了丙烯酰胺诱导的变化。在大鼠中，神经递质浓度与纹状体多巴胺受体结合的变化与行为改变有关。在给予大剂量丙烯酰胺的猴子中可观察到肾回旋管状上皮细胞和肾小球的退行性变化以及肝脏的脂肪生成和坏死。在大鼠实验中，丙烯酰胺破坏了脂质和氨基酸的代谢，引起了氧化应激、肝脏卟啉代谢受损[23]。

（3）致突变性

丙烯酰胺在鼠伤寒沙门氏菌中无致突变作用，可能伴有代谢活化。丙烯酰胺诱导雄性小鼠精母细胞发生染色体畸变，并在代谢活化的 Balb 3T3 细胞中增加细胞转化频率[24]。丙烯酰胺被证明是小鼠皮肤肿瘤的引发剂，可增加小鼠筛选试验中肺肿瘤的发病率[25]。

（4）生殖毒性

在动物（猪、狗、兔、大鼠）研究中已证明胎仔可吸收丙烯酰胺。在大鼠妊娠7～16天口服给药丙烯酰胺，观察发现2周龄幼仔纹状体膜中与多巴胺受体的结合减少[26]。在经丙烯酰胺处理的雄性小鼠中观察到精母细胞中曲精细管的退化和染色体畸变，还观察到血浆睾酮水平和催乳素水平下降。在长期（2年）给予丙烯酰胺的大鼠中观察到阴囊腔的间皮瘤发病率在统计学上显著增加[25]。

人类健康效应

丙烯酰胺是有毒和有刺激性的一类化合物，其中毒病例表现为由于皮肤和黏膜刺激以及中枢神经系统的损伤、外周和自主神经系统参与而引起全身作用的局部效应迹象和症状，局部刺激皮肤或黏膜的特征是手掌和脚掌皮肤脱落，同时手脚变蓝[27]，对中枢神经系统的影响表现为异常疲劳、嗜睡、记忆困难和头晕，严重中毒后会出现意识混乱、迷失方向和幻觉。躯干共济失调是一个典型特征，有时伴有眼球震颤和不清晰的言语[28]。四肢过度出汗也是一种常见的表现。中枢神经系统征象和局部皮肤脱落受损可能早于周围神经病变。周围神经病变可能与肌腱反射丧失、振动感觉受损、其他感觉丧失以及四肢末梢部位的肌肉萎缩有关[29]。神经活检显示出大直径神经纤维以及再生纤维的损失。自主神经系统受损表现为出汗过多、外周血管舒张、排尿和排便困难[27]。停止接触丙烯酰胺后，大多数病例可以康复，但改善过程较长，可能会延续数月至数年。目前没有关于接触丙烯酰胺引起癌症的流行病学数据，没有证据显示丙烯酰胺暴露可引起任何致畸作用[30]。

安全剂量

职业安全与健康标准（OSHA）：皮肤接触8小时加权平均容许浓度为 0.3 mg/m^3[31]；

美国国家职业安全与健康研究所（NIOSH）推荐标准：推荐暴露限值为皮肤接触10小时时间加权平均值为0.03 mg/m^3 [32]。

参考文献

[1] Croll BT, Arkell GH, Hodge RPJ. Residues of acrylamide in water [J]. Water Resour 1974, 8(11): 989-993.

[2] A.L. Bridié, C.J.M. Wolff, M. Winter. BOD and COD of some petrochemicals [J]. Water Research, 1979, 13(7): 627-630.

[3] Kitano M; Biodeg Bioaccum Test on Chem Subs, OECD Tokyo Meeting Ref Book TSU-No. 3 (1978).

[4] AB Cherry AJG, Senn HW. The assimilation behavior of certain toxic organic compounds in natural water[J]. Sewage and Industrial Wastes,1956.

[5] L Brown MMR, D Hill KB. Qualitative and quantitative studies on the in situ adsorption, degradation and toxicity of acrylamide by the spiking of the waters of two sewage works and a river[J]. Water Res, 1982, 16(5): 579-591.

[6] NITE; Chemical Risk Information Platform (CHRIP). Biodegradation and Bioconcentration. Tokyo, Japan.

[7] ECHA; Search for Chemicals. Acrylamide (CAS 79-06-1) Registered Substances Dossier. European Chemical Agency.

[8] DW Petersen KMK, Kraska RC. Uptake, disposition, and elimination of acrylamide in rainbow trout[J]. Toxicology and applied, 1985, 80: 58-65.

[9] SS Lande SJB. Degradation and Leaching of Acrylamide in Soil[J]. Journal of Environmental, 1979, 8: 133-137.

[10] ATSDR; Toxicological Profile for Acrylamide. Atlanta, GA: Agency for Toxic Substances and Disease Registry, US Public Health Service (2012).

[11] International Chemical Safety Cards (ICSC) 2012. Atlanta, GA: Centers for Disease Prevention & Control. National Institute for Occupational Safety & Health (NIOSH). Ed Info Div. 2016 http://www.cdc.gov/niosh/ipcs/default.html.

[12] Geiger D.L., D.J. Call, L.T. Brooke. Acute Toxicities of Organic Chemicals to Fathead Minnows. Vols I and II. Centre for Lake Superior Environmental Studies[J]. University of Wisconsin, Superior, Wisconsin,1985.

[13] GR Krautter RWM, Alexander HC. Acute aquatic toxicity tests with acrylamide monomer and macroinvertebrates and fish[J]. Environmental, 1986, 5(4): 373-377.

[14] IWT Selderslaghs RB, Witters HE. Feasibility study of the zebrafish assay as an alternative method to screen for developmental toxicity and embryotoxicity using a training set of 27 compounds[J]. Reprod Toxicol, 2012, 33(2): 142-154.

[15] AL Bridie CW, Winter M. The acute toxicity of some petrochemicals to goldfish[J]. Water Res,1979, 13(7): 623-626.

[16] Lewis, R.J. Sr. Sax's Dangerous Properties of Industrial Materials. 11th Edition[M]. Wiley-Interscience, Wiley & Sons, Inc., 2004:69.

[17] Sheftel, V.O.; Indirect Food Additives and Polymers. Migration and Toxicology[M]. Boca Raton, Lewis Publishers, 2000:12.

[18] IARC. Monographs on the Evaluation of the Carcinogenic Risk of Chemicals to Humans. Geneva: World Health Organization, International Agency for Research on

Cancer, 1972.

[19] D Wang JQ, X Pan DY, Yan H. The antagonistic effect and mechanism of N-acetylcysteine on acrylamide-induced hepatic and renal toxicity[J]. Zhonghua lao dong wei sheng, 2016, 34(1): 13-17.

[20] EJ Lehning CDB, JF Ross RML. Acrylamide neuropathy: II. Spatiotemporal characteristics of nerve cell damage in brainstem and spinal cord[J]. Neurotoxicology, 2002, 24(1): 109-123.

[21] DHHS/National Toxicology Program; NTP Technical Report on the Toxicology and Carcinogenesis Studies of Acrylamide (CAS No. 79-06-1) in F344/N Rats and B6C3F1 Mice (Feed and Drinking Water Studies) p. 8 (2012).

[22] JB Cavanagh CCN. Selective loss of Purkinje cells from the rat cerebellum caused by acrylamide and the responses of β-glucuronidase and β-galactosidase[J]. Acta Neuropathol, 1982, 58 (3): 210-214.

[23] CN Aldous CHF, Sharma RP. Evaluation of acrylamide treatment on levels of major brain biogenic amines, their turnover rates, and metabolites[J]. Fundamental and Applied Toxicology, 1983, 3(3): 182-186.

[24] E Zeiger BA, Haworth S. Salmonella Mutagenicity tests: III. Results from the testing of 255 chemicals[J]. Environment, 1987, 9: 1-110.

[25] DHHS/National Toxicology Program; NTP Technical Report on the Toxicology and Carcinogenesis Studies of Acrylamide (CAS No. 79-06-1) in F344/N Rats and B6C3F1 Mice (Feed and Drinking Water Studies) p. 9 (2012).

[26] American Conference of Governmental Industrial Hygienists. Documentation of the TLVs and BEIs with Other World Wide Occupational Exposure Values. 7th Ed[M]. CD-ROM Cincinnati, OH, 2013:3.

[27] European Chemicals Agency (ECHA); Registered Substances, Acrylamide (CAS Number: 79-06-1) (EC Number: 201-173-7).

[28] Dart, R.C. Medical Toxicology. Third Edition[M]. Philadelphia, PA: Lippincott

Williams & Wilkins, 2004:1365.

[29] Sullivan, J.B., Krieger G.R. Clinical Environmental Health and Toxic Exposures. Second edition[M]. Philadelphia, Pennsylvania:Lippincott Williams and Wilkins, 1999:990.

[30] C Pelucchi SF, Levi F. Fried potatoes and human cancer[J]. Journal of Cancer, 2003, 105(4): 558-560.

[31] 29 CFR 1910.1000 (USDOL); U.S. National Archives and Records Administration's Electronic Code of Federal Regulations.

[32] NIOSH. NIOSH Pocket Guide to Chemical Hazards. Department of Health & Human Services, Centers for Disease Control & Prevention. National Institute for Occupational Safety & Health. DHHS (NIOSH) Publication No. 2010-168 (2010).

重铬酸铵
Ammonium dichromate

基本信息

化学名称：重铬酸铵。

CAS 登录号：7789-09-5。

EC 编号：232-143-1。

分子式：$(NH_4)_2 \cdot Cr_2O_7$。

相对分子质量：252.065。

用途：用作氧化剂；用于实验室作为分析试剂；用于鞣皮、纺织品、感光胶片（阴极射线管）的生产及金属处理。

危害类别：具有致癌性、致突变性和生殖毒性。

结构式：

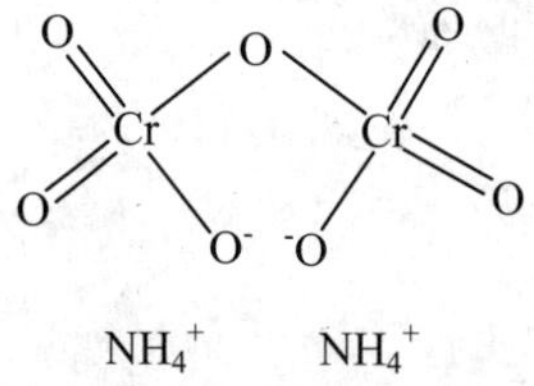

理化性质

物理状态：橘黄色单斜结晶或粉末。

熔点：180℃（分解）。

密度：2.155 g/cm³（25℃）。

水溶解度：30.8 g/100 mL（15℃），89 g/100 mL（30℃）。

环境行为

（1）溶解性

重铬酸铵易溶于水、乙醇，不溶于丙酮，在水中的质量百分比（wt/wt）为15.16%（0℃）、26.67%（20℃）、36.99%（40℃）、46.14%（60℃）、54.20%（80℃）、60.89%（100℃）[1]，在水中的溶解度为30.8 g/100 mL（15℃）、89 g/100 mL（30℃）[2]。

（2）氧化性

重铬酸铵是光敏物质，可光解还原成三价铬。重铬酸铵还是强氧化剂，与还原剂、有机物、易燃物，如硫、磷或金属粉末等混合、加热、撞击和摩擦都可引起爆炸，接触强酸会发生自燃，与硝酸盐、氯酸盐接触可发生剧烈反应[3]。

（3）分解性

重铬酸铵不吸湿，堆积密度为1.312 g/cm^3。重铬酸铵在180℃时分解；在约200℃时剧烈分解[1]；在约225℃时伴随着热量和氮气发生膨胀并分解散热，产生三氧化二铬（Cr_2O_3）。

（4）生物半衰期

重铬酸铵在人体内的生物半衰期为616天。

生态毒理学

甘布西属（西蚊鱼），在淡水、静态、18～20℃、pH 值=5.7～7.4的条件下，24 h-LC_{50}=223 000 μg/L；48 h-LC_{50} =212 000 μg/L；96 h-LC_{50} =136 000 μg/L。重铬酸铵对植物有毒性。

毒理学

（1）致癌性

国际癌症研究机构（IARC）将重铬酸铵的致癌性分类为对人类致癌证据充分。水溶性六价铬无机化合物及不溶性六价铬无机化合物都是对人类有明确的致癌性的物质[4]。已知六价铬在人体内通过吸入途径暴露是致癌的，但通过口服途径的致癌性暂不能被确定。目前已建立铬暴露和肺癌之间的剂量-反应关系，六价铬化合物暴露可引起肺癌[5]，其与鼻和鼻窦的癌症之间也观察到有正相关性[7]。六价铬的动物致癌性数据与人类致癌性数据一致。六价铬化合物暴露经动物实验证实具有致癌性，会产生以下肿瘤类型：大鼠和小鼠肌内注射部位肿瘤，各种六价铬化合物导致的大鼠胸膜内植入部位肿瘤，各种六价铬化合物导致的大鼠支气管内植入部位肿瘤和大鼠皮下注射部位肉瘤。体外数据提示了六价铬致癌作用的潜在作用模式，即在细胞内还原成三价形式之后可能由于形成诱变的氧化性 DNA 损伤而导致六价铬具有致癌作用[6]。

（2）致突变性

六价铬在还原过程中形成了许多潜在的致突变 DNA 损伤，对酵母菌和 V79 细胞具有致突变性。另外，六价铬化合物降低了体外 DNA 合成的保真度，并由于 DNA 损伤而产生不定期的 DNA 合成。铬酸盐已被证明可转化为原代细胞和细胞系[6]。

（3）生殖毒性

可将重铬酸铵归于致生殖毒性物质第二类。

（4）急性毒性

吸入重铬酸铵后可引起急性呼吸道刺激症状、鼻出血、声音嘶哑、鼻黏膜萎缩，有时出现哮喘和发绀，重者可发生化学性肺炎。口服可刺激和腐蚀消化道，引起恶心、呕吐、腹痛和血便等；重者出现呼吸困难、发绀、休克、肝损害及急性肾功能衰竭等。皮肤或眼睛接触可引起刺激或灼伤，可经皮肤吸收引起中毒性死亡[7,8]。大鼠实验显示吸入重铬酸铵可引起血管周围及支气管周围组织水肿[9]。大鼠经静脉暴露于重铬酸铵 LD_{50}=30 mg/kg[10]。

（5）慢性毒性

重铬酸铵可引起接触性皮炎、铬溃疡、鼻炎、鼻中隔穿孔及呼吸道炎症等。

人类健康效应

吸入、摄入、皮肤和（或）眼睛接触是重铬酸铵暴露的主要途径[11]。重铬酸铵可高度腐蚀皮肤和黏膜，口腔、咽喉和食道黏膜被腐蚀后会伴有即刻疼痛和吞咽困难。一次大量摄入重铬酸铵会导致暴发性肠胃炎并伴有霍乱样便、外周血管塌陷、眩晕、肌肉痉挛、昏迷、发热、肝脏损害及急性肾功能衰竭，出现的高铁血红蛋白血症可能继发于血管内溶血[12,13]。据有关文献报道，儿童摄入重铬酸铵会导致多器官系统衰竭，甚至死亡。眼睛接触可能导致严重损伤，甚至视力丧失[8,13]。铬酸雾和铬酸盐粉尘可能会严重刺激鼻、喉、支气管和肺部[14]。

参考文献

[1] O'NEIL MJ. The Merck Index - An Encyclopedia of Chemicals, Drugs, and Biologicals[M]. Cambridge: Royal Society of Chemistry, 2013:91.

[2] WEAST RC. Handbook of Chemistry and Physics, 66th ed[M]. Boca Raton: CRC Press Inc, 1985-1986:B-70.

[3] BROWN DF, FREEMAN WA, HANEY WD. 2012 Emergency Response Guidebook[M].Washington, D.C: U.S. Department of Transportation,2012.

[4] ACGIH. Threshold Limit Values for Chemical Substances and Physical Agents and Biological Exposure Indices[M]. Cincinnati:American Conference of Governmental Industrial Hygienists, 2016:21.

[5] IARC. Monographs on the Evaluation of the Carcinogenic Risk of Chemicals to Humans[J]. Geneva: World Health Organization, International Agency for Research on Cancer, 2012: Multivolume work V100C 164. http://monographs.iarc.fr/ENG/Classification/ index.php.

[6] SCHOENY R , PATTERSON J , SWARTOUT J , et al . Summary on Chromium (VI) (18540-29-9).[J]. USA: Environmental Protection Agency's Integrated Risk Information System (IRIS),2015.http://www.epa.gov/iris/.

[7] INTERNATIONAL LABOUR OFFICE. Encyclopedia of Occupational Health and Safety. Vols. I&II[M]. Geneva:International Labour Office, 1983:470.

[8] POHANISH RP. Sittig's Handbook of Toxic and Hazardous Chemical Carcinogens 6th Edition Volume 1: A-K,Volume 2: L-Z[M]. Waltham:William Andrew, 2012:181.

[9] INERBAEVA GS, ISABEKOVA R, NEMENKO BA . Morphological changes in the lungs of rats caused by dust of the ammonium and sodium bichromates[J]. Russian:IG TR PROF ZABOL,1974:8-9.

[10] ITII. Toxic and Hazarous Industrial Chemicals Safety Manual[M]. Tokyo, Japan: The International Technical Information Institute, 1982: 32.

[11] NATIONAL INSTITUTE FOR OCCUPATIONAL SAFETY AND HEALTH (NIOSH). Pocket Guide to Chemical Hazards[M]. Washington DC: Department of Health and Human Services, 1981: 78-210.

[12] GOSSELIN RE, SMITH RP, HODGE HC, et al. Clinical Toxicology of Commercial Products. 5th ed[M]. Baltimore: Williams and Wilkins, 1984: II-109.

[13] PRAGER JC. Environmental Contaminant Reference Databook Volume 1[M]. New York, NY: Van Nostrand Reinhold, 1995:591.

[14] MACKISON FW, STRICOFF RS, PARTRIDGE LJ, et al. NIOSH/OSHA- Occupational Health Guidelines for Chemical Hazards[M]. Washington, DC: U.S. Government Printing Office, 1981:81-123.

重铬酸钾
Potassium dichromate

基本信息

化学名称：重铬酸钾。

CAS 登录号：7778-50-9。

EC 编号：231-906-6。

分子式：$K_2Cr_2O_7$。

相对分子质量：294.185。

用途：用于铬金属制造、腐蚀抑制剂、纺织品媒染剂、实验室分析剂、实验室玻璃器皿清洗剂、其他试剂生产和照片曝光氧化剂。

危害类别：具有致癌性、致突变性和生殖毒性。

结构式：

$$\text{K}^+ \; {}^-\text{O}-\underset{\underset{\text{O}}{\|}}{\overset{\overset{\text{O}}{\|}}{\text{Cr}}}-\text{O}-\underset{\underset{\text{O}}{\|}}{\overset{\overset{\text{O}}{\|}}{\text{Cr}}}-\text{O}^- \; \text{K}^+$$

理化性质

物理状态：橙红色三斜晶系板状结晶体，有苦味和金属味。

熔点：398℃。

沸点：约500℃（分解）。

密度：2.676 g/cm^3。

水溶解度：4.9 g/100 cm^3（0℃），102 g/100 cm^3（100℃）。

环境行为

（1）生物蓄积性

铬能在大气、水、土壤中普遍检出。由于生物链的生物富集作用，铬在动植物体内的残留和蓄积量很高。据加拿大渥太华国立研究理事会和德国海洋研究所的资料显示，全球大气中铬的本底均值为 $1\ \mu g/m^3$，地表水中铬的本底均值为 $10\ \mu g/L$，海水中小于 $1\ \mu g/L$，土壤和底泥中铬的本底均值范围分别为 $5\sim 3\ 000\ mg/kg$ 和 $6\sim 1\ 240\ mg/kg$。由于环境污染，美国的河流水体中含铬均值为 $199\ \mu g/L$。进入人体的铬主要蓄积在肺、肝、肾、脾及内分泌腺中。

（2）吸附解析

泥沙对三价铬的吸附能力很强，而基本不吸附六价铬，故底泥中三价铬含量偏高。

（3）迁移转化

铬盐易溶于水，大量铬以离子状态随水循环转移，并在生物体内蓄积。据潜在有毒化学品国际登记中心（IRPTC）发布的《国际常见有毒化学品资料简明手册》介绍，铬（包括各种铬酸盐）在自然界的迁移十分活跃，每年从空气向海洋的迁移量是150万 t，从空气迁移到土壤的量为60万 t，从土壤到生物圈的量为9.1万 t，从海水到生物圈的量为39万 t，从生物圈到底泥的量为39万 t，从海水到底泥的量为20万 t。从以上数据可以看出，铬在自然界的迁移主要是通过大气（气溶胶和粉尘）、水和生物链来完成的。自然界中铬的迁移有时并不一定都是由污染源排放造成的，如我国的大理河，沿河数百里的河水、泉水、井水中均能检出铬，最高浓度达 $0.16\ mg/L$，泉水中57%的水体超过国家饮用水标准（$0.05\ mg/L$），而大理河流域沿岸并没有排放含铬废水的污染源，这是由当地铬的环境本底值偏高造成的。

生态毒理学

小鼠经口服暴露于重铬酸钾 LD_{50}=190 mg/kg，经腹膜内给药 LD_{50}=37 mg/kg[1]。金鱼在硬度220 mg/L 的流水条件下，LC_{50}=90 000～135 000 μg/L[2]。淡水虾24 h-LC_{50}=5.44 mg/L；48 h-LC_{50}=3.69 mg/L；72 h-LC_{50}=2.47 mg/L；96 h-LC_{50}=1.84 mg/L[3]。在淡水、静态条件下，斑点叉尾鮰鱼（2周龄）96 h-LC_{50}=14 800 μg/L（95%CI：12 200～17 200 μg/L），30 d-LC_{50}=1 500 μg/L（95%CI：500～2 200 μg/L）；斑点叉尾鮰鱼（年龄3～14天）96 h-LC_{50}=23 900 μg/L（95%CI：19 000～28 700 μg/L），30 d-LC_{50}=900 μg/L（95%CI：100～1 600 μg/L）[4]。在淡水、静态、pH 值=7.2、硬度40～48 mg/L的条件下，斑马鱼（重0.2～0.4 g，长2.0～3.0 cm）96 h-LC_{50}=89 100 μg/L（95%CI：71 900～110 500 μg/L）[5]。在急性水蚤试验中24 h-EC_{50}=0.35 mg/L，EC_0=0.11 mg/L。

毒理学

（1）致癌性

铬是已知并确认对人类有致癌性的物质[6]。六价铬在人体内通过吸入途径暴露是致癌的，但通过口服途径暴露的致癌性暂不能被确定。目前已经建立了铬暴露和肺癌之间的剂量-反应关系，显示六价铬化合物能引起肺癌[7]。六价铬化合物暴露与鼻和鼻窦的癌症之间也观察到正相关性[7]。六价铬的动物致癌性数据与人类致癌性数据一致。六价铬化合物暴露经动物实验证实具有致癌性，会产生以下肿瘤类型：各种六价铬化合物导致的大鼠和小鼠肌内注射部位肿瘤、大鼠胸膜内植入部位肿瘤、大鼠支气管内植入部位肿瘤和大鼠皮下注射部位肉瘤。体外数据提示了六价铬致癌作用的潜在作用模式，即在细胞内还原成三价形式后，可能由于形成诱变的氧化性DNA损伤而导致六价铬具有致癌作用[8]。六价铬的具体致癌机制尚不清楚，但最近的研究表明DNA甲基化可能在六价铬的致癌作用中起重要作用[9]。

（2）致突变性

六价铬可在还原过程中形成许多潜在的致突变DNA损伤。六价铬对酵母菌和V79细胞具有致突变性，如重铬酸钾诱导粟酒裂殖酵母基因转化。另外，六价铬化合物可降低体外DNA合成的保真度，并由于DNA损伤而产生不定期的DNA合成，铬酸盐已被证明可转化原代细胞和细胞系[8]。在中国仓鼠V79/4细胞中也诱导出了向8-氮鸟嘌呤抗性的正向突变。大鼠慢性暴露于重铬酸钾（1 mg/kg）可引起骨髓细胞染色体畸变显著增加。重铬酸钾可使人的成纤维细胞中姐妹染色单体交换的频率增加4倍，其在微生物中的致突变作用剂量为鼠伤寒沙门氏菌100 μg/皿、大肠杆菌1 600 μmol/L、啤酒酵母菌60 mg/L。

（3）发育与生殖毒性

将从雄性小鼠获得的精子用重铬酸钾（0 μmol/L、3.125 μmol/L、6.25 μmol/L、12.5 μmol/L、25 μmol/L 或50 μmol/L）处理3小时，随着六价铬剂量的增加，精子活力和顶体反应显著降低。将这些经六价铬处理的精子进一步用于从雌性小鼠获得的卵母细胞体外受精研究，结果显示用六价铬处理的精子显著降低了体外受精成功率，在胚胎的两个细胞阶段使其发育停滞，并且随着剂量的增加导致囊胚形成延迟，尤其是大多数来自六价铬处理的精子囊胚导致孵化失败以及内细胞质量和滋养外胚层减少。在用重铬酸钾处理的雄性小鼠中发现精子数量减少和睾丸滤泡过度破坏，包括精子细胞、睾丸间质细胞和睾丸支持细胞的破坏。雌性大鼠亚急性暴露可引起子宫内氧化应激，导致子宫内膜异位症及间质细胞凋亡。怀孕雌兔在器官形成期（妊娠第6~18天）暴露于饮水中的三价铬（氯化铬）或六价铬（重铬酸钾）化合物，显示具有胚胎毒性和胎儿毒性作用。三价铬和六价铬化合物都可诱导侏儒症、畸形和短尾的出现，并使胚胎着床数和活胎数都显著减少。在用三价铬或六价铬处理的孕鼠胎儿中发现肺发育不良、心脏肥大、胸内出血、鼻孔扩张和脑侧脑室形成等异常，另外还观察到存在骨骼异常（胸骨和尾骨的数量减少）。此外，六价铬暴露的雌鼠顶骨和顶间骨中的成骨显著减少。小鼠经口最低中毒剂量为1 710 mg/kg（孕19天），可引起胚胎发育迟缓、面部发育异常。

（4）急性毒性

大量吸入重铬酸钾后可引起急性呼吸道刺激症状、鼻出血、声音嘶哑、鼻黏膜萎缩，有时出现哮喘和发绀，重者可发生化学性肺炎。口服可刺激和腐蚀消化道，引起恶心、呕吐、腹痛、血便等；重者出现呼吸困难、发绀、休克、肝损害及急性肾功能衰竭等。豚鼠单次口服剂量为55 mg/kg的重铬酸钾会诱导出显著反应，该剂量可致全身毒性且高于诱导人类产生相同反应时所需的剂量。总口服剂量为90～115 mg/kg时，可抑制免疫反应至少6周。实验证明豚鼠单次皮下注射10 mg可致死；兔子单次皮下注射20 mg可导致死亡，单次注射0.8～2 mg可引起肾炎。

（5）慢性毒性

重铬酸钾可引起接触性皮炎、铬溃疡、鼻炎、鼻中隔穿孔及呼吸道炎症等。

人类健康效应

吸入、摄入、皮肤和（或）眼睛接触是重铬酸钾暴露的主要途径。吞食或皮肤接触后会出现口腔、咽喉和食道黏膜腐蚀，并伴有即刻疼痛和吞咽困难，坏死的地方表现为"凝固性坏死"；有时出现胃痛，可能与恶心以及呕吐黏液、"咖啡碱"物质有关，严重时出现剧烈胃出血，呕吐物中可见新鲜血液；体征表现为皮肤湿滑，脉搏微弱、快速，呼吸浅和少尿；循环性休克往往是直接死亡的原因，严重的声门水肿也可引起窒息死亡。暴露于重铬酸钾后，在接触部位——角膜、皮肤和口咽部可能出现永久性疤痕，如果持续数小时未纠正体循环衰竭，可能导致肾脏衰竭、肝脏和心脏发生缺血性病变[10]。与粉尘或液体形式的重铬酸钾接触会导致溃疡（铬孔、铬溃疡或酸腐蚀），通常发生在皮肤、指甲根部、指关节、指腹、手背和前臂上[11]。铬酸雾和铬酸盐粉尘可能会严重刺激鼻、喉、支气管和肺部[11]。眼接触可导致严重损伤，甚至失明[12]。

参考文献

[1] LEWIS RJ. Sax's Dangerous Properties of Industrial Materials. 11th Edition[M]. Hoboken: Wiley, 2004:3022.

[2] ADELMAN IR, SMITH LL JR. Standard test fish development EPA 600/3-76-061A[M]. Canada: Ambient Water Quality Criteria EPA 440/5-84-026, 1976: 29.

[3] MURTI R AND SHUKLA GS. Chromium toxicity to a fresh water prawn Macrobrachium lamarrei (HM Edwards) [J]. Germany: Cancer Letters, 1983:57-61.

[4] GENDUSA TC, BEITINGER TL, RODGERS JH . Toxicity of hexavalent chromium from aqueous and sediment sources to Pimephales promelas and Ictalurus punctatus[J]. USA:Bulletin of Environmental Contamination and Toxicology,1993:144-151.https://cfpub.epa.gov/ecotox/quick_query.htm.

[5] OLIVEIRA-FILHO EC, LOPES RM, PAUMGARTTEN FJR. Comparative study on the susceptibility of freshwater species to copper-based pesticides [J].USA:Bulletin of Environmental Contamination and Toxicology,1997: 984-988.https://cfpub.epa.gov/ecotox/quick_query.htm.

[6] ACGIH. Threshold Limit Values for Chemical Substances and Physical Agents and Biological Exposure Indices[M]. Cincinnati:American Conference of Governmental Industrial Hygienists TLVs and BEIs, 2016:21.

[7] IARC. Monographs on the Evaluation of the Carcinogenic Risk of Chemicals to Humans[J]. Geneva: World Health Organization, International Agency for Research on Cancer, 1972-PRESENT.http://monographs.iarc.fr/ENG/Classification/index.php p. V100C 164 (2012).

[8] SCHOENY R , PATTERSON J , SWARTOUT J , et al. Summary on Chromium (Ⅵ) (18540-29-9). [J].USA:U.S. Environmental Protection Agency's Integrated Risk Information System (IRIS). 2015. http://www.epa.gov/iris/.

[9] LOU JL, WANG Y, YAO CJ,et al.Role of DNA Methylation in Cell Cycle Arrest Induced by Cr (VI) in Two Cell Lines[J]. USA:PLoS One,2013.

[10] GOSSELIN RE, SMITH RP, HODGE HC. Clinical Toxicology of Commercial Products. 5th ed[M]. Baltimore: Williams and Wilkins, 1984:109.

[11] MACKISON FW, STRICOFF RS, PARTRIDGE LJ, et al. NIOSH/OSHA- Occupational Health Guidelines for Chemical Hazards[M]. Washington, DC: U.S. Government Printing Office, 1981:1.

[12] POHANISH RP. Sittig's Handbook of Toxic and Hazardous Chemical Carcinogens 6th Edition Volume 1: A-K,Volume 2: L-Z[M]. Waltham:William Andrew, 2012:2212.

重铬酸钠
Sodium dichromate

基本信息

化学名称：重铬酸钠。

CAS 登录号：10588-01-9。

EC 编号：234-190-3。

分子式：$Cr_2H_2O_7Na_2$。

相对分子质量：261.968。

用途：用于皮革中的铬镀、颜料阻蚀剂、纺织染料工业中的媒染剂。

危害类别：具有致癌性、基因突变性及生殖毒性。

结构式：

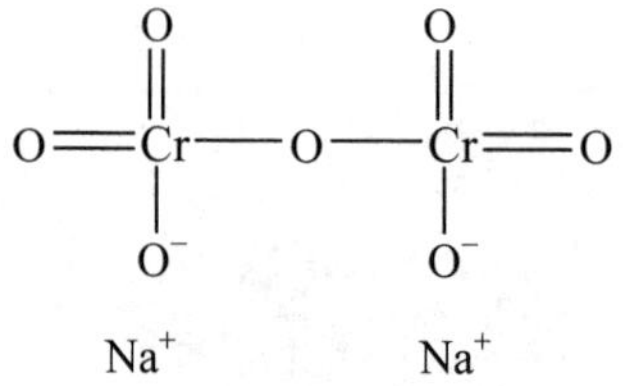

理化性质

物理状态：具有强吸湿性的红色或红橙色结晶固体，无臭味。

熔点：356.7℃。

沸点：400℃（分解）。

密度：2.52 g/cm³（13℃）。

水溶解度：77.09%（40℃）；82.04%（60℃）；88.39%（80℃）。

环境行为

(1) 环境生物降解

日本 MITI 试验结果表明,重铬酸钠是不可生物降解的,但其没有说明其 BOD 和测试方案[1]。

(2) 环境生物浓缩

鲤鱼暴露于浓度为 1 mg/L 和 0.1 mg/L 的重铬酸盐二水化合物4周,其 BCF 值为3.6~36。根据分类方案[2],该 BCF 值表明重铬酸钠在水生生物中的生物富集潜力较低。

(3) 环境水浓度

重铬酸钠二水化合物是含有六价铬的无机化合物之一,在各种工业过程(包括电镀操作、皮革加工和纺织品制造)中产生,会污染饮用水水源[3]。

生态毒理学

在流水、水硬度45 mg/L 条件下,虹鳟鱼96 h-LC_{50}(浓度)=69 000 μg/L;溪鳟鱼96 h-LC_{50}=59 000 μg/L。在静态、水硬度100 mg/L 条件下,鲫鱼(金鱼)96 h-LC_{50}=249 000 μg/L。在静态、水硬度120 mg/L 条件下,蓝鳃太阳鱼96 h-LC_{50}=213 000 μg/L。在 pH 值=7.0、硬度65 mg/L、溶解氧7.0 mg/L 的可更新淡水条件下,跳蛙(雄,体重18 g)24 h-LC_{50}=950 000 μg/L(95% CI:855 860~1 054 500 μg/L);48 h-LC_{50}=660 000 μg/L(95%CI:597 290~729 300 μg/L);72 h-LC_{50}=560 000 μg/L(95%CI:504 590~621 600 μg/L);96 h-LC_{50}=410 000 μg/L(95%CI:353 450~475 600 μg/L)。在静态、23℃的淡水条件下,水蚤(年龄<24 h 幼虫)48 h-LC_{50}=195 μg/L;在23℃、pH 值=8.0、硬度240 mg/L、碱度230 mg/L、溶解氧>5 mg/L 的可更新淡水条件下,水蚤(不同生命阶段,幼虫—成虫)持续7 d-LC_{50}=17.4 μg/L。

毒理学

（1）致癌性

在多项流行病学研究中，已经表明环境和职业物质（如重铬酸钠等）对人体上消化道上皮细胞具有潜在的致癌风险。使用微凝胶电泳技术证明，重铬酸钠会引起上消化道上皮细胞的 DNA 损伤[4]。在用重铬酸钠处理人体 A549肺癌细胞后，发现重铬酸钠对人体 A549细胞中的 Jun 蛋白激酶 N 末端激酶信号通路具有刺激作用，可导致下游效应分子的激活[5]。在重铬酸钠处理的人体 A549细胞中可观察到8-氧代脱氧鸟苷水平升高，部分原因可能是由于修复内源性和六价铬诱导的8-氧代 dG 的能力降低[6]。饮用水中的重铬酸钠可诱导小鼠肠道的氧化应激、绒毛细胞毒性和隐窝增生，并可能成为小鼠肠癌发生作用机制的基础[7]。肺和肾可能比肝脏对铬诱导的 DNA 损伤更敏感，这一结果与重铬酸钠的毒性和致癌性相关。现有足够的证据证明六价铬化合物的致癌性——引起肺癌，其暴露与鼻癌、鼻窦癌之间也存在显著关联。实验动物中亦表明六价铬化合物有致癌性[8]。

（2）致突变性

人体外周血淋巴细胞在含有重铬酸钠的水溶性化合物中体外培养72小时，染色体畸变从0.1%增长到50%。大鼠单次腹膜内注射15 mg/kg 重铬酸钠水溶液，可增加6.05%骨髓细胞的染色体畸变。在仓鼠肾细胞（BHK）培养物中，DNA/RNA 合成酶的50%抑制剂量为0.5 μg/mL（铬）。中国仓鼠卵巢细胞（CHO）培养液中 LD_{50}=0.14 μg/mL（铬）。在 CHO 细胞中，姐妹染色单体交换率和染色体畸变率增加。腹膜内注射重铬酸钠后，在大鼠器官核中检测到 DNA 损伤。重铬酸钠具有显著的致畸变能力，哺乳动物肝微粒制剂（S9分级，50 μL）的添加减少了重铬酸钠对鼠伤寒沙门氏菌的致突变性。重铬酸钠的代谢失活与 S9分级的总体积（amt）相关[9]。利用 TA 菌株系列进行突变能力的检测，因培育的菌株 TA102是9种鼠伤寒沙门氏菌菌株中最敏感的，特别适于检测氧化诱变剂（Levin 等，1983），从而揭示了六价铬（重铬酸钠）的致突变性。按灵敏度划分的等级如下：TA102、TA100、TA97、TA92、TA1978、TA98、TA1538和 TA1537。TA1535是唯一的非敏感性菌株。所有菌株均完全对三价铬化合物无活性。六价铬通过氧化酶抑制剂（NADPH）所需机制直接致突变，显著降低了鼠肝脏S9分级，并且在较低程度上显著降低了人肺S12分级，从而支持铬肺致癌性中代谢调节阈值的假设[10]。

（3）遗传毒性

六价铬会破坏并产生遗传毒性损伤，同时抑制肝脏细胞凋亡。呼吸道中诱导细胞凋亡与组织中六价铬产生的遗传毒性作用和氧化 DNA 损伤的发生相一致。细胞凋亡可能在六价铬致癌作用的后遗传毒性阶段提供保护机制[11]。六价铬化合物在各种细胞系中都具有遗传毒性。

（4）急性毒性

刺激鼻、喉和支气管可能会导致咳嗽和（或）哮喘的发生。皮肤接触可引起严重刺激、深度溃疡或过敏性皮疹。眼睛接触可导致严重损伤，甚至失明[12]。

（5）亚慢性毒性或慢性毒性

慢性重铬酸钠给药诱导氧化应激会导致组织损伤，这可能与重铬酸钠的毒性和致癌性有关[13]。

人类健康效应

重铬酸钠通过刺激鼻、喉和支气管可能导致咳嗽和（或）哮喘的发生。皮肤接触可引起严重刺激、深度溃疡或过敏性皮疹。眼睛接触会导致严重损伤，甚至失明。重铬酸钠的特征表现为胃肠黏膜的刺激作用及腹泻，并经常伴有呕血，引起严重的水电解质紊乱疾病，如酸中毒和休克；下一阶段可能发展为肾脏、肝脏和心肌的病变。内皮的损伤可能导致重铬酸钠的渗透性增加。人体外周血淋巴细胞在含有重铬酸钠的水溶性化合物中体外培养72小时，检测到染色体畸变的增加。纳摩尔浓度水平的重铬酸钠即可引起人类白细胞 DNA 碱基氧化。

参考文献

[1] NITE. Chemical Risk Information Platform (CHRIP). Biodegradation and Bioconcentration[M]. Tokyo, Japan: Natl Inst Tech Eval, 2015.http://www.safe.nite.go.jp/english/db.html.

[2] FRANKE C, STUDINGER G, BERGER G,et al. The assessment of bioaccumulation[J]. England:Chemosphere, 1994: 29: 1501-1514.

[3] NTP. Toxicology and carcinogenesis studies of sodium dichromate dihydrate (Cas No. 7789-12-0) in F344/N rats and B6C3F1 mice (drinking water studies) [J]. USA: National Toxicology Program, 2008: 1-192.

[4] POOL‐ZOBEL BL, LOTZMANN N, KNOLL M, et al. Detection of genotoxic effects in human gastric and nasal mucosa cells isolated from biopsy samples [J]. Wiley-Blackwell:Environmental And Molecular Mutagenesis,1994: 23-45.

[5] HODGES NJ, SMART D, AJ LEE, et al. Activation of c-Jun N-terminal kinase in A549 lung carcinoma cells by sodium dichromate: role of dissociation of apoptosis signal regulating kinase-1 from its physiological inhibitor thioredoxin [J]. Ireland : Toxicology,2004: 101-112.

[6] HODGES NJ, CHIPMAN JK. Down-regulation of the DNA-repair endonuclease 8-oxo-guanine DNA glycosylase 1 (hOGG1) by sodium dichromate in cultured human A549 lung carcinoma cells [J]. England: Carcinogenesis, 2002: 55-60.

[7] THOMPSON CM,PROCTOR DM, HAWS LC,et al. Investigation of the Mode of Action Underlying the Tumorigenic Response Induced in B6C3F1 Mice Exposed Orally to Hexavalent Chromium[J]. England: Toxicol Sci ,2011: 58-70.

[8] IARC. Monographs on the Evaluation of the Carcinogenic Risk of Chemicals to

Humans[J]. Geneva: World Health Organization, International Agency for Research on Cancer, 1972-PRESENT:Multivolume work S7 57.http://monographs.iarc.fr/ENG/ Classification/index.php p. V100C 164 (2012).

[9] DE FLORA S. Metabolic deactivation of mutagens in the Salmonella-microsome test[J]. London:NATURE,1978: 455.

[10] BENNICELLI C, CAMOIRANO A, PETRUZZELLI S,et al. High sensitivity of Salmonella TA102 in detecting hexavalent chromium mutagenicity and its reversal by liver and lung preparations[J]. Netherlands: Mutation Research Letters , 1983: 1-5.

[11] D'AGOSTINI F, IZZOTTI A, BENNICELLI C,et al. Induction of apoptosis in the lung but not in the liver of rats receiving intra-tracheal instillations of chromium(Ⅵ) [J]. England: Carcinogenesis,2002: 87-93.

[12] POHANISH RP. Sittig's Handbook of Toxic and Hazardous Chemical Carcinogens 6th Edition Volume 1: A-K,Volume 2: L-Z[M]. Waltham:William Andrew, 2012:2397.

[13] BAGCHI D, HASSOUN EA, BAGCHI M, et al. Oxidative stress induced by chronic administration of sodium dichromate [Cr(Ⅵ)] to rats[J]. European :Comparative Biochemistry and Physiology Part C: Pharmacology, Toxicology and Endocrinology, 1995:1-7.

醋酸钴
Cobaltous acetate

基本信息

化学名称：醋酸钴。

CAS 登录号：71-48-7。

EC 编号：200-755-8。

分子式：$C_4H_6CoO_4$。

相对分子质量：177.022。

用途：用作氧化剂及油漆催干剂、印染媒染剂、玻璃钢固化促进剂等。

危害类别：具有致癌性和生殖毒性。

结构式：

$$\left(CH_3 - \overset{\overset{O}{\|}}{C} - O \right)_2 Co$$

理化性质

物理状态：紫红色易潮解结晶体（20℃，101.3 kPa），略带醋酸气味。

熔点：298℃（101.3 kPa）。

密度：1.705 g/m^3。

环境行为

（1）降解性

无机钴化合物具有非挥发性的特征，以微粒形式释放到大气中，颗粒相的钴化合物通过干湿沉降从空气中去除[1]，在大气沉降[2]和雨雪中均能检测到钴的存在[3]。

（2）生物蓄积性

醋酸钴具有潜在的富集特征，可通过食物链进行富集。200～1 000倍生物浓度的醋酸钴在持续光照下释放不显著[4]。

（3）挥发性

在20℃时，醋酸钴的蒸发可忽略不计[5]。

毒理学

（1）急性毒性

大鼠经口暴露于醋酸钴 LD_{50}=640 mg/kg[6]。

（2）致癌性

钴和钴化合物对于人类的致癌性证据不足。在实验动物中，有足够的证据证明钴金属粉末有致癌性，含钴、铬和钼金属合金致癌数据有限。综合评价：钴和钴化合物可能对人类致癌（2B类）[7]。

在人体内释放钴离子的钴和钴化合物被认为是人类潜在致癌物，在动物实验研究中有证明金属钴致癌的证据，且有致癌机制数据的支持[8]。

（3）致突变性

醋酸钴不引起由辐射诱导的胸腺嘧啶二聚体的形成，但在浓度为75 μm或更多时，在HeLa细胞中抑制二聚体的去除，暴露在醋酸钴的HeLa细胞中，DNA链断裂累积和修复会受到抑制[9]。

人类健康效应

醋酸钴对眼睛、皮肤和呼吸道有明显的刺激作用，重复或长时间接触可能导致皮肤敏感，重复或长时间吸入可能导致肺部损伤，甚至发生哮喘，并且可能对心脏、甲状腺、骨髓产生负面影响[10]。吸入暴露后，通常表现为呕吐、上腹部疼痛，亦有便血和血尿的临床现象[11]。

参考文献

[1] WHO. Cobalt and Inorganic Cobalt Compounds. Concise International Chemical Assessment Document 69. World Health Organization, Geneva, Switzerland (2006). Available from, as of Feb 7, 2017.

[2] BARI MA, KINDZIERSKI WB. Cho SA wintertime investigation of atmospheric deposition of metals and polycyclic aromatic hydrocarbons in the Athabasca Oil Sands Region, Canada[J]. Sci Total Environ, 2014, 485-486, 180-192.

[3] WANG C, WANG H, ZHAO D, et al. Simple Synthesis of Cobalt Carbonate Hydroxide Hydrate and Reduced Graphene Oxide Hybrid Structure for High-Performance Room Temperature NH_3 Sensor[J]. Sensors (Basel), 2019, 19:3.

[4] U.S. CAMEO Chemicals. Database of Hazardous Materials(IRIS). Summary on Cobalt Acetate (71-48-7)：2017, http://cameochemicals.noaa.gov/.

[5] CDC. International Chemical Safety Cards (ICSC) 2012[J]. Atlanta, GA: Centers for Disease Prevention & Control. National Institute for Occupational Safety & Health (NIOSH),Ed Info Div, 2017. http://www.cdc.gov/niosh/ipcs/default.html.

[6] LEWIS RJ. Sax's Dangerous Properties of Industrial Materials. 11th Edition[M]. Hoboken: Wiley, 2004:2211.

[7] IARC. Monographs on the Evaluation of the Carcinogenic Risk of Chemicals to Humans[J]. Geneva: World Health Organization, International Agency for Research on Cancer, 1972-PRESENT: Multivolume work S7 57.http://monographs.iarc.fr/ENG/

Classification/index.php p. V100C 164 (2012).

[8] NTP.Report on Carcinogens, Fourteenth Edition.Cobalt and Cobalt Compounds That Release Cobalt Ions In Vivo (November, 2016) [R]. USA:National Toxicology Program.2017. https://ntp.niehs.nih.gov/pubhealth/roc/index-1.html.

[9] HARTWIG A, SNYDER RD, Schlepegrell R. Modulation by Co(II) of UV-induced DNA repair, mutagenesis and sister-chromatid exchanges in mammalian cells[J]. 1991,248(1):177-85.

[10] IPCS, CEC. International Chemical Safety Card on Cobalt(II) Sulfate[J]. Canada : International Chemical Safety Cards, 2017. http://www.inchem.org/documents/icsc/icsc/eics1128.htm.

[11] BROWNING E.Toxicity of Industrial Metals(2nd ed)[M]. New York: Appleton-Century-Crofts, 1969:100.

地乐酚
4,6-Dinitro-2-sec-butylphenol

基本信息

化学名称：2-仲丁基-4,6-二硝基酚。

CAS 登录号：88-85-7。

EC 编号：201-861-7。

分子式：$C_{10}H_{12}N_2O_5$。

相对分子质量：240.2。

用途：触杀型除草剂，可用作谷物类土壤中的除草剂、马铃薯和豆科作物的催枯剂。

危害类别：具有生殖毒性。

结构式：

理化性质

物理状态：黄色晶体[1]，有刺激臭味[2]。

熔点：38～42℃[3]。

蒸气压：1 mmHg（151.1℃）[2]。

密度：1.264 7 g/m³[1]。

溶解度：在水中的溶解度为0.005 2 g/100 g 水；在乙醇中的溶解度为 48 g/100 g 乙醇；可混溶于乙醚、甲苯和二甲苯[4]。

环境行为

（1）降解性

生物降解：在极高的施用浓度（0.82吨/亩）下，石灰性土壤中的地乐酚不发生生物降解，而且该农药对土壤微生物有很强的抑制作用[5]。地乐酚被归类为即使长期暴露于传统生物污水处理过程也不太可能被降解的物质[6]。

非生物降解：地乐酚在水中的最大吸收波长为375 nm，因此地乐酚可在水中直接光解。当暴露在自然光下时，沙质壤土中地乐酚的半衰期为14小时，表明它在土壤中会发生光降解；自然光下地乐酚在水中的半衰期为14～18天[7]。地乐酚是一种弱酸物质，在碱性条件下会发生电离。基于羟基自由基日平均浓度为$5×10^5$个/cm³[8]，估计气相地乐酚与光化学反应介导的羟基自由基反应的半衰期为4.1天。

（2）生物蓄积性

根据其水溶性50 mg/L 估算，地乐酚的 BCF 值为68[9]，这表明地乐酚不会导致明显的生物富集。

（3）吸附解析

测得地乐酚的 K_{oc} 值为124[9]，这表明其在土壤中的移动性高并能渗入地下水。在缓冲液的 pH 值=3时，K_{oc} 值为6 607[10]，由此可见地乐酚的土壤吸附能力可能是依赖 pH 值的，并且在低 pH 值下土壤吸附能力更强。地乐酚的结构类似物对硝基苯酚可通过硝基与黏土中的水分子或金属阳离子之间的相互作用吸附在黏土上[11]，由此推测地乐酚可以在酸性条件下与黏土结合。土壤薄层色谱实验表明，地乐酚在粉沙壤土和粉质壤土中的流动性很强[7]。

（4）挥发性

地乐酚的亨利定律常数预测为5.04×10^{-4} atm·m^3/mol[12]，表明其在水体中的挥发缓慢[13]。在高温、酸性潮湿土壤表面地乐酚可能会蒸发[14]。实验室测得地乐酚在土壤表面的蒸发半衰期（未指定土壤特性和环境条件）为26天[15]。

生态毒理学

在10℃的静态条件下，鳟鱼96 h-LC_{50}=67 μg/L（95% CI：56～81 μg/L）；湖红点鲑96 h-LC_{50}=44 μg/L（95% CI：38～51 μg/L）[16]。14天龄日本鹌鹑经口染毒5天，LC_{50}=409 ppm*（95% CI：356～470 ppm）。10天龄环颈野鸡经口染毒5天，LC_{50}=515 ppm（95% CI：473～562 ppm）[17]。

毒理学

（1）急性毒性

雄性大鼠经口暴露于地乐酚 LD_{50}=27 mg/kg。雌性大鼠经口 LD_{50}=28 mg/kg [3]。豚鼠经皮肤 LD_{50}=100～200 mg/kg[6]。兔经皮肤 LD_{50}=80～200 mg/kg[18]。

（2）致癌性

在部分研究中，未观察到地乐酚对大、小鼠的致癌作用。但也有研究发现，雌性小鼠肝脏良性肿瘤的增加被认为与染毒无关。高剂量下肿瘤发病率增加要比中剂量低得多，也没有任何与肝癌有关的肝损害，如肥大、

---

* ppm 为 parts per million 的缩写，表示 10^{-6}。

增生或变性的证据。动物致癌性数据不足[19]。

（3）发育与生殖毒性

地乐酚以15 mg/kg的浓度溶于植物油中，大鼠孕期以5 mg/kg植物油强饲或饮食中饲喂200 ppm地乐酚染毒（每组 n=9~15）。在喂食含有地乐酚的饮食的组中，与对照相比，食物摄入和母体体重增加减少。各组之间没有观察到胚胎植入和植入后损失的差异。暴露于地乐酚的大鼠的胎儿体重低于对照组[20]。

小鼠每日以高达20 mg/kg的剂量口服，皮下或腹膜内注射给予地乐酚染毒。超过17.7~20 mg/kg的剂量对孕鼠有毒。以17.7 mg/kg剂量通过腹腔注射和皮下注射可导致胎鼠畸形，这些畸形包括骨骼缺陷、腭裂、脑积水和肾上腺发育不全。口服给药没有产生严重畸形或软组织缺损，但在母体毒性水平上可见一些骨骼缺陷发生[21]。

（4）致突变性

Ames试验结果为阴性[22]。

人类健康效应

地乐酚属于人类可能致癌物[23]。在炎热环境下暴露于地乐酚气溶胶可能会发生严重的毒害作用[24]。吸入地乐酚粉尘可能会导致轻度至中度的眼刺激[25]。中毒早期症状通常表现为多汗、头痛、口渴、不适，重度中毒可表现为皮肤红热、心动过速和发热，中毒所致严重脑损伤可致焦虑、躁狂行为[26]，由于循环、呼吸与代谢需求的增加，最终会进展为缺氧和酸中毒。中毒急性期之后可发生肾功能不全和中毒性肝炎。爆发型中毒表现为突然发病、症状严重、因呼吸或循环衰竭导致立即死亡。地乐酚对皮肤和黏膜的腐蚀作用比酚更轻，但高浓度地乐酚溶液会使口咽部、食道和胃黏膜发生腐蚀。皮肤和头发接触硝基酚化学品可致黄染。慢性中毒可致体重减轻[27]。

参考文献

[1] DOUGLAS H, HAMISH K. The Agrochemicals Handbook[M]. Nottingham: Royal Society of Chemistry, 1983:159.

[2] SCOTT A S, KEVIN A. Herbicide Handbook. 4th ed[M]. Champaign, IL: Weed Science Society of America, 1979:173.

[3] MARYADELE J O'NEIL, PATRICIA EH, CHERIE B K, et al. The Merck Index - Encyclopedia of Chemicals, Drugs and Biologicals. 11th ed.[M]. Whitehouse Station Rahway: American Chemical Society, 1989:519.

[4] SCOTT AS, KEVIN A. Herbicide Handbook. 4th ed[M]. Champaign, IL: Weed Science Society of America, 1979:174.

[5] STOJANOVIC BJ, KENNEDY MV, SHUMAN JR FL. Edaphic aspects of the disposal of unused pesticides, pesticide wastes, and pesticide containers[J]. Journal of Environmental Quality Abstract, 1972, 1: 54-62.

[6] VERSCHUREN K. Handbook of Environmental Data on Organic Chemicals 2nd ed[M]. New York:Van Nostrand Reinhold, 1983:570.

[7] USEPA. Drinking Water Health Advisory: Pesticides[M]. Chelsea:Lewis Publishers, 1989:324-325.

[8] ATKINSON R. Kinetics and mechanisms of the gas-phase reactions of the hydroxyl radical with organic compounds under atmospheric conditions[J]. Chemical Reviews, 1985, 85: 69-201.

[9] KENAGA EE. Predicted bioconcentration factors and soil sorption coefficients of pesticides and other chemicals[J]. Ecotoxicology and environmental safety, 1980, 4: 26-38.

[10] HODSON J, WILLIAMS NA. The estimation of the adsorption coefficient (K_{oc}) for soils by high performance liquid chromatography[J]. Chemosphere, 1988, 17(1): 67-77.

[11] SALTZMAN S, YARIV S. Infrared Study of the Sorption of Phenol and p-Nitrophenol

by Montmorillonite[J]. Soil Science Society of America Journal Abstract, 1974, 39:474-479.

[12] SUNITO LR, SHIU WY, MACKAY D, et al. Critical Review of Henry's Law Constants for Pesticides[J]. Reviews of Environmental Contamination and Toxicology, 1988, 103: 1-59.

[13] LYMAN WJ, REEHL W, ROSENBLATT D. Handbook of Chemical Property Estimation Methods[M]. New York: New York McGraw-Hill, 1982:15-16.

[14] KEARNEY PC, KAUFMAN DD, HERBICIDES. Chemistry, Degradation and Mode of Action. 2nd ed[M]. New York: Marcel Dekker, 1975:678.

[15] MORRILL LG, REED LW, CHINN KSK. Toxic chemicals in the soil environment, vol 2, Interaction of some toxic chemicals/chemical warfare agents and soils[M]. Stillwater: Oklahoma State University, 1985:NTIS AD-A158 215.

[16] JOHNSON WW, FINLEY MT. Handbook of Acute Toxicity of Chemicals to Fish and Aquatic Invertebrates[M].Washington DC:United States Fish and Wildlife Service Resource Publication , 1980:33.

[17] JOSEPH DW, JAMES WS, ROBERT GH, et al. Lethal Dietary Toxicities of Environmental Pollutants to Birds[M]. Washington DC: United States Department of the Interior, Fish and Wildlife Service, 1975: 19.

[18] GOSSELIN RE, SMITH RP, HODGE HC, et al. Clinical Toxicology of Commercial Products. 5th ed[M]. Baltimore: Williams and Wilkins, 1984: II-197.

[19] U.S. Environmental Protection Agency's Integrated Risk Information System(IRIS). Summary on Dinoseb(88-85-7): 2000, http://www.epa.gov/iris/.

[20] GIAVINI E, BROCCIA ML, PRATI M, et al. Teratogenicity of dinoseb: role of the diet[J].Bull Environ Contam Toxicol, 1989, 43(2): 215-219.

[21] SHEPARD TH. Catalog of Teratogenic Agents. 5th ed[M]. Baltimore:The Johns Hopkins University Press, 1986:551.

[22] EISENBEIS SJ, LYNCH DL, HAMPEL AE. The Ames Mutagen Assay Tested Against

Herbicides and Herbicide Combinations[J]. Soil Sci, 1981, 131(1): 44-47.

[23] USEPA Office of Pesticide Programs, Health Effects Division, Science Information Management Branch. Chemicals Evaluated for Carcinogenic Potential[R]. 2006.

[24] MORGAN DP. Recognition and Management of Pesticide Poisonings. 3rd ed[M]. Washington DC:Government Printing Office, 1982:23.

[25] SCOTT AS, KEVIN A. Herbicide Handbook. 4th ed[M]. Champaign, IL: Weed Science Society of America, 1979:176.

[26] MORGAN DP. Recognition and Management of Pesticide Poisonings. 3rd ed[M]. Washington DC:Government Printing Office, 1982:24.

[27] GOSSELIN RE, SMITH RP, HODGE HC, et al. Clinical Toxicology of Commercial Products. 5th ed[M]. Baltimore: Williams and Wilkins, 1984: 111-157.

叠氮化铅

Lead azide; Lead diazide

基本信息

化学名称：叠氮化铅。

CAS 登录号：13424-46-9。

EC 编号：236-542-1。

分子式：N_6Pb。

相对分子质量：291.24。

用途：主要用作民用和军事用途的启动器或增压器、雷管和烟火装置的引发剂。

危害类别：具有致癌性。

结构式：

$$N^- = N^+ = N - Pb - N = N^+ = N^-$$

理化性质

物理状态：白色晶体，有α和β两种晶型，α型为短柱状，β型为针状。

熔点：190℃（分解）。

密度：4.7 g/cm^2。

水溶解度：水温为18℃时为0.023%，水温为70℃时为0.09%。

环境行为

（1）稳定性

叠氮化铅受到敏感冲击或在结晶过程中加热到250℃时会自发爆炸[1]。在350℃（660℉）时会引起严重的爆炸风险[2]。如果处于干燥状态，叠氮化铅可能会由于震动、热量、火焰或摩擦而爆炸。长时间暴露于火中或处于一定热量下，叠氮化铅也可能会爆炸[3]。叠氮化铅有剧毒，受热分解会释放出高毒的氮氧化物和铅[1]，在阳光照射下会形成棕色薄膜[5]，不易吸湿和分解，在干燥条件下能较好保存，一般不与金属作用，热稳定性较好，在50℃储存3～5年变化不大，但在湿气、氧化剂和氨存在的环境中不稳定[4]。

（2）溶解性

叠氮化铅易溶于乙酸，微溶于水，几乎不溶于乙醇，不溶于氨水[5]。

生态毒理学

小鼠经口暴露于叠氮化铅 $LD_{50}=88$ mg/kg，LD_{100}（绝对致死剂量）=120 mg/kg；大白鼠经气管注入 $LD_{50}=90$ mg/kg，$LD_{100}=120$ mg/kg[6]。

毒理学

（1）急性毒性

与铅相比较，叠氮化铅的急性毒作用十分明显。

（2）慢性毒性

叠氮化铅的慢性毒性实验如下：将大鼠分为2组，每日经口暴露剂量分别为60 mg 和40 mg，60 mg 组9周内的死亡率为100%，40 mg 组14周内的死亡率为60%。叠氮化铅的毒性主要作用于神经系统，特点是作用快，中毒以痉挛和呼吸困难为主要症状，表现为四肢无力、呼吸减慢、末梢血管缺血、皮肤黏膜苍白、阵发性痉挛、小便失禁、眼球突出流泪、角膜反应迟钝、强制性痉挛[8]。气管注入染毒与经口染毒中毒症状基本一致。经病理检查，可见肺出血、肺水肿、支气管周围炎性细胞浸润。

（3）致癌性

有科学证据证明叠氮化铅具有致癌性。

人类健康效应

叠氮化铅在生产环境中主要以粉尘状态存在，可从消化道侵入机体。人体接触后的主要中毒表现是头痛、头晕、乏力，可对血管平滑肌产生作用使血压下降[6]。生产中可常见叠氮化铅引起的接触性皮炎、慢性鼻炎、神经衰弱症候群及无力感等。

参考文献

[1] LEWIS RJ. Sax's Dangerous Properties of Industrial Materials. 11th Edition[M]. Hoboken: Wiley, 2004:2211.

[2] LEWIS RJ. Hawley's Condensed Chemical Dictionary 15th Edition[M]. Hoboken:John Wiley & Sons, Inc, 2007:744.

[3] Association of American Railroads, Bureau of Explosives. Emergency Handling of Hazardous Materials in Surface Transportation[M]. Pueblo: Association of American Railroads,2005: 524.

[4] AKHAVAN J. Kirk-Othmer Encyclopedia of Chemical Technology[M]. Hoboken:John Wiley & Sons, Inc, 2004.

[5] O'NEIL MJ. The Merck Index - An Encyclopedia of Chemicals, Drugs, and Biologicals[M]. Whitehouse Station, NJ: Merck and Co., Inc., 2006: 937.

[6] 马宝珊. 兵器工业科学技术兵器　火工品与烟火技术[M]. 北京：国防工业出版社，1992: 14-180.

对特辛基苯酚
4-(1,1,3,3-Tetramethylbutyl) phenol

基本信息

化学名称：对特辛基苯酚。

CAS 登录号：140-66-9。

EC 编号：205-426-2。

分子式：$C_{14}H_{22}O$。

相对分子质量：206.36。

用途：用于制造增塑剂、燃料油、杀菌剂、消毒剂、染料、黏合剂、橡胶化学品和其他洗涤剂。

危害类别：对环境可能有严重影响。

结构式：

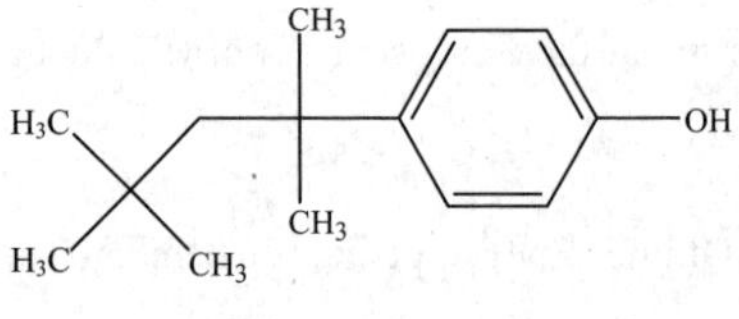

理化性质

物理状态：白色固体。

熔点：4～85℃。

沸点：158℃（2 kPa）。

蒸气压：4.3×10^{-3} kPa（74℃）。

密度：0.89 g/cm^3（90℃）。

环境行为

（1）降解性

基于$4.8×10^{-4}$ mmHg的蒸气压，对特辛基苯酚存在于蒸气相和颗粒相中。对特辛基苯酚通过与光化学反应介导的羟基自由基反应在大气中降解，估计半衰期约为9小时[1]。

（2）生物蓄积性

根据 log K_{ow} 估算的 BCF 值约为6 000，表明对特辛基苯酚可在水生生物中富集[2]。

（3）吸附解析

由 log K_{ow}=1.18和回归导出方程确定的对特辛基苯酚的 K_{oc} 值约为18 000。根据推荐的分类方案，该K_{oc}值表明对特辛基苯酚在土壤中不易移动。然而，这种化合物在一次性污水（含有0.79 μg/L 的对特辛基苯酚）的快速渗透期间，其在污水中的浓度显著下降（0.17 μg/L）[3]。在美国亚利桑那州的另一个快速渗透位点，对特辛基苯酚最初以0.757 μg/L 的浓度渗透，随后浓度下降（0.01～0.017 μg/L），说明去除对特辛基苯酚主要归因于吸附过程[4]。

（4）挥发性

对特辛基苯酚的亨利定律常数估计为$6.9×10^{-6}$ atm·m^3/mol，表明其可从水表面挥发。基于这个亨利定律常数，模型河（1 m 深，流速1 m/s，风速3 m/s）的挥发半衰期估计约为8天，模型湖（1 m 深，流速0.05 m/s，风速0.5 m/s）的挥发半衰期估计约为61天。亨利定律常数表明可能发生潮湿土壤表面的挥发[5]。

生态毒理学

藻类（*Capricornutum printz*），在 pH 值=7.5、温度24～25℃的条件下，96 h-EC_{50}=1.9 mg/L（95% CI：1.0～2.7 mg/L）。[6]

毒理学

为评价对特辛基苯酚的亚慢性饮食毒性,将大鼠持续3个月暴露于30 ppm、300 ppm和3 000 ppm浓度的对特辛基苯酚,食物摄入量和死亡率没有变化。在300 ppm及以上时,大鼠体重减少;在3 000 ppm时,雌性大鼠的血细胞比容和甲状腺素值降低[7]。

人类健康效应

对特辛基苯酚对皮肤、眼睛和呼吸道有刺激性[8]。

参考文献

[1] SR Hutchins MBT, Wilson JT. Microbial removal of wastewater organic compounds as a function of input concentration in soil columns[J]. Appl. Environ., 1984, 48:1039-1045.

[2] C Franke GS, G Berger SB. The assessment of bioaccumulation[J]. Chemosphere, 1994, 29: 1501-1514.

[3] SR Hutchins MBT, JT Wilson CHW. Fate of trace organics during rapid infiltration of primary wastewater at Fort Devens, Massachusetts[J]. Water Res., 1984, 18:1025-1036.

[4] MB Tomson JD, S Hutchins CC, Cook CJ. Groundwater contamination by trace level organics from a rapid infiltration site[J]. Water Res., 1981, 15:1109-1116.

[5] WJ Lyman WFR, Rosenblatt DH. Handbook of Chemical Property Estimation Methods[M]. Washington, DC: Amer. Chem. Soc., 1990:15-29.

[6] Analytical Biochemistry Laboratories, Inc.; Acute Toxicity of Octylphenol to Selenastrum capricornutum Printz. (1984), EPA Document No. 40-8462075, Fiche No. OTS0507489.

[7] BAYER AG. Isooctylphenol Subchronic Toxicological Experiments With Rats (German & English Translation); 03/16/82; EPA Doc. No. 40-8262001; Fiche No. OTS0527934.

[8] Sax, N.I. Dangerous Properties of Industrial Materials. 6th ed[M]. New York, NY: Van Nostrand Reinhold, 1984: 2544.

E

SVHC

蒽油
Anthracene Oil

基本信息

化学名称：蒽油。

CAS 登录号：90640-80-5。

EC 编号：292-602-7。

分子式：$C_{40}H_{29}N$。

用途：用作制造涂料、电极、沥青焦、炭黑、木材防腐油和杀虫剂等的原料；用于木材防腐和制取；加氢精制后用于生产燃油。

危害类别：有证据证明会对人类或环境造成严重影响。

结构式：

毒理学

根据欧盟批准的统一标准（CLP00），该物质暴露可能会导致癌症。此外，在《关于化学品注册、评估、许可和限制的法规》（REACH）注册中向欧盟化学品管理署（ECHA）提供的分类表明，该物质如果经口并进入呼吸道可能致命，长期暴露会对生殖能力造成损害并影响后代，对水生生物有长期危害，会引起皮肤刺激及皮肤的过敏反应。

4,4'-二氨基二苯醚
4,4'-Oxybisbenzenamine

基本信息

化学名称：4,4'-二氨基二苯醚。

CAS 登录号：101-80-4。

EC 编号：202-977-0。

分子式：$C_{12}H_{12}N_2O$。

相对分子质量：200.235。

用途：其化学中间体为聚酰亚胺和聚（酯酰亚胺）树脂，用于制造耐热性塑料，如聚酰亚胺树脂、聚马来酰亚胺树脂、聚酰胺酰亚胺树脂等。

危害类别：具有致癌性和致突变性。

结构式：

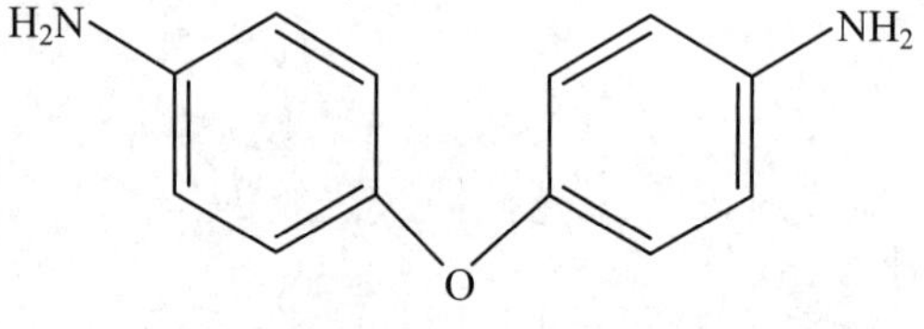

理化性质

物理状态：无色晶体。

熔点：189℃。

沸点：＞300℃。

蒸气压：$2.5×10^{-6}$ mmHg（25℃）。

水溶解度：不溶于水、苯、四氯化碳和乙醇；溶于丙酮。
辛醇-水分配系数：$\log K_{ow} = 1.36$。

环境行为

（1）降解性

4,4'-二氨基二苯醚与光化学反应介导的羟基自由基的气相反应速率常数估计为$2.1×10^{-10}$ cm^3/（mol·s）（25℃）[1]。这相当于在羟基自由基大气浓度为$5×10^5$个/cm^3的大气半衰期约为1.8小时。由于缺乏可以水解的官能团，预计4,4'-二氨基二苯醚不会在环境中发生水解。4,4'-二氨基二苯醚不含有在＞290 nm 波长下吸收的生色团[2]，因此不会直接发生光解。

（2）生物蓄积性

基于$\log K_{ow}=1.36$，BCF 的预测值为4[3]。根据分类标准，该 BCF 值表明4,4'-二氨基二苯醚在水生生物中的生物富集潜力较低[4]。

（3）吸附解析

4,4'-二氨基二苯醚的 K_{oc} 预测值为450。根据分类标准，4,4'-二氨基二苯醚在土壤中有适度的移动性[5]。

（4）挥发性

4,4'-二氨基二苯醚的亨利定律常数估计为$1.5×10^{-11}$ atm·m^3/mol[6]，这提示其基本不会从水表面挥发[2]。根据蒸气压$2.5×10^{-6}$ mmHg，预计4,4'-二氨基二苯醚基本不会从干燥的土壤表面挥发[7]。

生态毒理学

在半静态条件下，蚤48 h-LC_{50}=223.6 μg/L；黑头呆鱼96 h-LC_{50}=22 mg/L。在静态条件下，羊角月牙藻72 h-LC_{50}=7.9 mg/L（观察终点：数量减少），72 h-EC_{50}=21.7 mg/L（观察终点：生长抑制）[8]。

毒理学

（1）急性毒性

大鼠经口暴露于4,4′-二氨基二苯醚 LD_{50}=725 mg/kg，经腹腔注射 LD_{50}=365 mg/kg；小鼠经口 LD_{50}=685 mg/kg，经腹腔注射 LD_{50}=300 mg/kg；兔子经口 LD_{50}=700 mg，经腹腔注射 LD_{50}=650 mg/kg[9]。

（2）亚慢性毒性

饲喂大鼠含0.1%～0.2%的4,4′-二氨基二苯醚饲料13周，大鼠出现昏睡、脱毛、呼吸困难和发绀的症状，0.2%的剂量下大鼠出现弥漫性实质性甲状腺肿、甲状腺间质纤维化、血管变性、垂体嗜碱性细胞增生、分泌促甲状腺激素的细胞增多[10]。

（3）致癌性

喂饲近交系 F344大鼠和 B6C3F1（杂交）小鼠4,4′-二氨基二苯醚，增加了大鼠甲状腺病变（增生、腺瘤和癌）的发生率，雌性 B6C3F1小鼠的甲状腺腺瘤和肝细胞腺瘤或癌的发生率也有所增加。4,4′-二氨基二苯醚增加了小鼠的硬质腺瘤。饮水中的4,4′-二氨基二苯醚对 F344大鼠和 B6C3F1小鼠的甲状腺和肝脏肿瘤有明显的促进作用[11]。

3组50只雄性和50只雌性5周龄 F344大鼠饮食分别暴露于200 mg/kg、400 mg/kg 或500 mg/kg 4,4′-二氨基二苯醚（最低纯度98.9%，含有微量杂质）103周，对照组包括100只大鼠，雌雄各半，存活动物在105～106周时处死。实验发现染毒组肝癌的发生率显著增加，对照组、低剂量组、中剂量组和高剂量组肝细胞癌发生情况雄性分别为0/50、4/50、23/50和22/50（$P<0.001$），0/50、0/49、4/50和6/50（$P=0.002$）；甲状腺滤泡细胞腺瘤或癌发生率也有增加，其他部位肿瘤的发生率没有增加[12]。

（4）发育与生殖毒性

大鼠的暴露剂量分别为10 ppm、100 ppm 和400 ppm，每个剂量组10只，在90天喂养阶段没有发生死亡。100 ppm 组的雌性大鼠体重增加略有下降，

400 ppm 组的4,4′-二氨基二苯醚干扰了雌性 CD 大鼠的生长。所有大鼠均未观察到外观或行为异常。

尽管在400 ppm 剂量下观察到 F344大鼠的平均睾丸重量显著降低,但没有观察到组织形态异常。雄性 CD 大鼠染毒组的平均绝对和相对睾丸重量与对照组相当。4,4′-二氨基二苯醚对雄性 CD 大鼠饮食给药对生殖功能没有不良影响。在雌性 CD 大鼠中,每窝幼仔平均数减少和每窝雌性平均断奶体重减少证明400 ppm 剂量下对繁殖/泌乳性能会产生不利影响。孕鼠和子代的最大无毒性反应剂量(NOAEL)为100 ppm,最小毒性反应剂量(LOAEL)为400 ppm[13]。

(5)致突变性

小鼠微核试验如下:每组5只B6C3F1小鼠(年龄9~14周,体重25~33 g),连续3天通过腹腔注射给予4,4′-二氨基二苯醚,每天监测动物2次,并且在第3次给药后48小时安乐死。结果显示,37.5 mg/kg和75 mg/kg剂量组中多染红细胞微核(MNPCE)频率显著升高,高剂量组(150 mg/kg)中的MNPCE频率显著高于对照组。

体外细菌反向突变试验显示,4,4′-二氨基二苯醚对鼠伤寒沙门氏菌TA97、TA98、TA100、TA1535和 TA1537具有诱变和激活作用。

体外染色体畸变和姐妹染色单体交换试验显示,无论是否有外源代谢激活,4,4′-二氨基二苯醚均可引起中国仓鼠卵巢细胞(CHO)姐妹染色单体交换率(SCE)和染色体畸变率(CA)显著增加[13]。

4,4′-二氨基二苯醚在 Ames 试验、小鼠淋巴瘤试验、体外染色体畸变试验和姐妹染色单体交换试验中均呈阳性,但在果蝇性别连锁隐性致死性突变试验中为阴性[14]。

人类健康效应

对于4,4′-二氨基二苯醚的致癌性,目前尚没有人类致癌性证据,但动物致癌性证据充分，总体评估为2B 类：可能对人类致癌[15]。

参考文献

[1] ATKINSON R. A structure‐activity relationship for the estimation of rate constants for the gas‐phase reactions of OH radicals with organic compounds[J]. International Journal of Chemical Kinetics, 1987, 19: 799-828.

[2] LYMAN WJ, REEHL W, ROSENBLATT D. Handbook of Chemical Property Estimation Methods[M]. New York: New York McGraw-Hill, 1990.

[3] BIOBYTE. ClogP for Windows Program[CP]. Claremont CA:BioByte Corp, 1995.

[4] FRANKE C, STUDINGER G, BERGER G, et al. The assessment of bioaccumulation[J]. Chemosphere, 1994, 29: 1501-1514.

[5] SWANN RL, LASKOWSKI DA, MCCALL PJ, et al.A rapid method for the estimation of the environmental parameters octanol/water partition coefficient, soil sorption constant, water to air ratio, and water solubility[J]. Residue Reviews, 1983, 85:17-28.

[6] MEYLAN WM, HOWARD PH. Bond contribution method for estimating henry's law constants[J]. Environmental Toxicology and Chemistry, 1991, 10: 1283-1293.

[7] LYMAN WJ. Environmental Exposure From Chemicals[M]. Boca Raton: CRC Press, 1985:31.

[8] EPA/Office of Pollution Prevention and Toxics. High Production Volume Information System (HPVIS) on 4,4′-Oxybis-Benzenamine (CAS No: 101-80-4): 2009, http://www.epa.gov/hpvis/index.html.

[9] LEWIS RJ. Sax's Dangerous Properties of Industrial Materials. 11th Edition[M]. Hoboken: Wiley, 2004:2804.

[10] HAYDEN DW, WADE GG, HANDLER AH. The goitrogenic effect of 4,4′-oxydianiline in rats and mice[J]. Veterinary Pathology, 1978, 15 (5): 649-662.

[11] WEISBURGER EK, MURTHY AS, LILJA HS, et al. Neoplastic response of F344 rats

and B6C3F1 mice to the polymer and dyestuff intermediates 4,4′-methylenebis (*N,N*-Dimethyl)-benzenamine, 4,4′-Oxydianiline, and 4,4′-Methylenedianiline[J]. Journal of the National Cancer Institute, 1984, 72 (6): 1457-1463.

[12] IARC. Monographs on the Evaluation of the Carcinogenic Risk of Chemicals to Humans. Geneva: World Health Organization, International Agency for Research on Cancer, 1972-PRESENT. (Multivolume work): 1982, http://monographs.iarc.fr/ENG/Classification/index.php p. V29 207.

[13] EPA/Office of Pollution Prevention and Toxics; High Production Volume Information System (HPVIS) on 4,4′-Oxybis-Benzenamine (CAS No: 101-80-4):2009, http://www.epa.gov/hpvis/index.html.

[14] WOO Y-T, LAI DY. Patty's Toxicology [CD]. New York: John Wiley & Sons; Aromatic Amino and Nitro-Amino Compounds and their Halogenated Derivatives, 2005.

[15] IARC. Monographs on the Evaluation of the Carcinogenic Risk of Chemicals to Humans. Geneva: World Health Organization, International Agency for Research on Cancer, 1972-PRESENT. (Multivolume work): 1987, http://monographs. iarc.fr/ENG/Classification/index.php.

4,4′-二氨基-3,3′-二甲基二苯甲烷
4,4′-Methylenedi-o-toluidine

基本信息

化学名称：4,4′-二氨基-3,3′-二甲基二苯甲烷。

CAS 登录号：838-88-0。

EC 编号：212-658-8。

分子式：$C_{15}H_{18}N_2$。

相对分子质量：226.32。

用途：用作 H 级绝缘材料、聚氨酯黏合剂、环氧树脂固化剂等。

危害类别：具有致癌性。

结构式：

理化性质

物理状态：浅黄色或灰黄色晶体或粉末。

熔点：155～157℃。

沸点：419.8℃（760 mmHg）。

蒸气压：16 Pa/180℃。

密度：1.098 g/cm^3。

水溶解度：0.016 g/L（24℃），可溶于丁酮、甲苯。

辛醇-水分配系数：log K_{ow} =2.42。

毒理学

（1）急性毒性

大鼠经口暴露于4,4'-二氨基-3,3'-二甲基二苯甲烷 LD_{50}=1 490 mg/kg。大鼠急性染毒可见肌肉无力、共济失调。发绀提示有肺部、胸部或者呼吸毒性，尿量增加提示有肾、输尿管或者膀胱毒性。

（2）致癌性

4,4'-二氨基-3,3'-二甲基二苯甲烷属人类可疑致癌物[1]。

人类健康效应

4,4'-二氨基-3,3'-二甲基二苯甲烷的致癌性分类为2B 类（可能对人类致癌）[1]。

参考文献

[1] USEPA Office of Pesticide Programs, Health Effects Division, Science Information Management Branch. Chemicals Evaluated for Carcinogenic Potential[R]. 2006.

2,4-二氨基甲苯

4-Methyl-m-phenylenediamine; 2,4-Toluene-diamine

基本信息

化学名称：2,4-二氨基甲苯。

CAS 登录号：95-80-7。

EC 编号：202-453-1。

分子式：$C_7H_{10}N_2$。

相对分子质量：122.167。

用途：用于染料、医药中间体及其他有机合成物质。

危害类别：具有致癌性。

结构式：

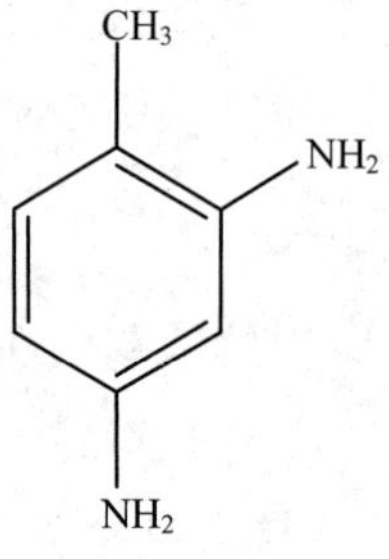

理化性质

物理状态：针状，无色晶体。

熔点：99℃。

沸点：292℃。

蒸气压：$1.70×10^{-4}$ mmHg（25℃）。
水溶解度：$3.18×10^{4}$ mg/L（25℃）。
辛醇-水分配系数：$\log K_{ow} = 0.14$。

环境行为

（1）降解性

气相2,4-二氨基甲苯通过与光化学反应介导的羟基自由基反应在大气中降解，该反应在空气中的半衰期估计为2小时。颗粒相2,4-二氨基甲苯将通过湿法和干法沉积从大气中除去。2,4-二氨基甲苯可以吸收波长为294 nm的光，因此可能容易受阳光直接光解。利用摇瓶试验和土壤接种物，在375天内达到了35%的$^{14}CO_2$释放，表明生物降解是土壤中缓慢的环境归趋过程。

（2）迁移性

2,4-二氨基甲苯的K_{oc}值估计为1 331和1 346，如果释放到土壤中，预计具有低迁移率。由于芳香族氨基的高反应性，预计芳香胺可与土壤中的腐殖质或有机物质强烈结合，这表明2,4-二氨基甲苯在一些土壤中的迁移率可能低得多。

（3）吸附解析

2,4-二氨基甲苯的预测解离常数（pK_a）为5.35，表明该化合物将部分以阳离子形式存在于环境中，阳离子化合物通常比中性化合物对有机碳和黏土具有更强烈的吸附性。如果释放到水中，预计2,4-二氨基甲苯将吸附到悬浮固体和沉积物上。

（4）挥发性

2,4-二氨基甲苯的亨利定律常数预测值为$9.5×10^{-10}$ atm·m^3/mol，提示其在潮湿土壤表面的挥发不是一个重要的环境归趋过程。基于其蒸气压，提示2,4-二氨基甲苯不会从干燥的土壤表面挥发。

生态毒理学

大鼠经口服暴露于2,4-二氨基甲苯 LD_{50}=500 mg/kg，经皮下注射 LD_{50}=280 mg/kg[1]。小鼠经腹腔内注射 LD_{50}=480 mg/kg，大鼠经腹腔内注射 LD_{50}=325 mg/kg[2]。

毒理学

（1）急性毒性

2,4-二氨基甲苯具有皮肤和眼刺激作用。在皮肤接触500 mg 2,4-二氨基甲苯24小时后会引起皮肤刺激，表现为红斑和水肿。将100 μg 2,4-二氨基甲苯滴入兔眼中，在24小时内会导致严重的眼睛刺激。急性接触暴露后6～8小时，2,4-二氨基甲苯的急性毒性作用表现为接触期间显著的中枢神经系统抑制（如运动活性降低、立毛、上睑下垂、共济失调、震颤）和高铁血红蛋白症[3]。大鼠、豚鼠和兔子急性接触2,4-二氨基甲苯时会产生高铁血红蛋白血症，该水平可与尿液中游离氨基酚的总量相关[4]。

（2）亚慢性或慢性毒性

当口服或肠胃给药时，有报道表明2,4-二氨基甲苯是有剧毒的。在重复使用小剂量时，发现2,4-二氨基甲苯可以随意产生黄疸[5]。

（3）致癌性

2,4-二氨基甲苯可能对人类致癌[4]，被合理预期为人类致癌物质[6]。实验结果表明，2,4-二氨基甲苯诱导的细胞增殖增加和肝癌发生之间存在正相关。大鼠慢性接触2,4-二氨基甲苯，口服给药后产生肝细胞癌，并在皮下注射后诱导局部肉瘤，因而对大鼠具有致癌性[4]。

（4）致突变性

2,4-二氨基甲苯在 Ames 沙门氏菌试验中具有遗传毒性，并且易于吸收、代谢和排泄，其代谢物都具有代谢活化的诱变作用。通过对2,4-二氨基甲苯在 L5178Y 3.7.2C 小鼠淋巴瘤细胞和中国仓鼠卵巢 AT3-2 细胞的常染色体 *tk*

基因座和性连接的 *hgprt* 基因座处进行的致突变潜力测试显示，仅在没有外源代谢活化的情况下，在 L5178Y 细胞中观察到致突变活性，但是在具有和不具有活化的中国仓鼠卵巢 AT3-2 细胞中观察到了诱变活性。2,4-二氨基甲苯被证明是黑腹果蝇的弱诱变剂，当浓度为15.2 mmol/L 时可导致诱导性连锁隐性致死[4]。

人类健康效应

2,4-二氨基甲苯具有皮肤和眼刺激作用，并导致结膜炎和角膜混浊。当2,4-二氨基甲苯与皮肤接触时会引起刺激，表现为严重的皮炎和起泡。如果吸入了2,4-二氨基甲苯的烟雾，可能导致咳嗽、呼吸困难和呼吸窘迫。在大量摄入2,4-二氨基甲苯的情况下会出现恶心、呕吐和腹泻，并可能产生高铁血红蛋白血症[3,7]。

参考文献

[1] ITII. Toxic and Hazardous Industrial Chemicals Safety Manua [M]. Tokyo, Japan: The International Technical Information Institute, 1988:527.

[2] LEWIS RJ. Sax's Dangerous Properties of Industrial Materials. 11th Edition[M]. Hoboken: Wiley, 2004:3481.

[3] WHO. Environmental Health Criteria Document No.74: Diaminotoluenes (1987) [S]. 2012. http://www.inchem.org/pages/ehc.html.

[4] IARC. Monographs on the Evaluation of the Carcinogenic Risk of Chemicals to Humans[J]. Geneva: World Health Organization, International Agency for Research on Cancer, 1972-PRESENT:Multivolume work V16 90. http://monographs.iarc.fr/ENG/Classification/index.

[5] PATTY F. Industrial Hygiene and Toxicology: Volume II: Toxicology. 2nd ed[M]. New York: Interscience Publishers, 1963: 2120.

[6] DHHS/National Toxicology Program. Eleventh Report on Carcinogens: 2,4-Diaminotoluene (95-80-7) (January 2005) [R]. 2009. http://ntp.niehs.nih. gov/ntp/ roc/eleventh/profiles/s057diam.pdf.

[7] Sax NI. Dangerous Properties of Industrial Materials. 6th ed[M]. New York, NY: Van Nostrand Reinhold, 1984:2589.

二丁基二氯化锡
Dibutyltin dichloride

基本信息

化学名称：二丁基二氯化锡（简称 DBTC）。

CAS 登录号：683-18-1。

EC 编号：211-670-0。

分子式：$C_8H_{18}Cl_2Sn$。

相对分子质量：303.85。

用途：用于纺织品和塑胶、橡胶制品。

危害类别：具有生殖毒性。

结构式：

$$H_3C-CH_2-CH_2-CH_2-\underset{\underset{Cl}{|}}{\overset{\overset{Cl}{|}}{Sn}}-CH_2-CH_2-CH_2-CH_3$$

理化性质

物理状态：腐蚀性的白色浆状物质。

熔点：43℃。

沸点：135℃（10 mmHg）。

蒸气压：2 mmHg（100℃）。

密度：1.36（24℃）。

水溶解度：320 mg/L。

辛醇-水分配系数：$\log K_{ow}$=0.97。

环境行为

（1）降解性

气相二丁基二氯化锡将通过与光化学反应介导的羟基自由基反应而在大气中降解，该反应在空气中的半衰期估计为14小时[1]。二丁基锡二氯化物也可以在土壤和水中生物降解，三丁基锡可转化为二丁基锡和单丁基锡[2]。

（2）生物蓄积性

二丁基二氯化锡在圆鲫鱼中的BCF值为12，表明其在水生生物中的生物富集程度较低。

（3）吸附解析

如果释放到土壤中，预计二丁基锡物质会吸附到有机碳和黏土上[2]。如果释放到水中，预计二丁基锡会吸附到悬浮固体和沉积物中。

（4）挥发性

二丁基锡二氯化物在环境中解离形成的阳离子二丁基锡可迅速转化为氧化二丁基锡、氢氧化物、碳酸盐或水合阳离子[3]，预计其在潮湿土壤表面的挥发不是一个重要的过程，因为阳离子不会挥发[2]。根据碎片常数法确定的蒸气压估计为0.079 mmHg，预计二丁基锡二氯化物不会从干燥的土壤表面挥发[4]。

生态毒理学

白鼠经口服暴露于二丁基二氯化锡 LD_{50}=35 mg/kg。雄性大鼠经口服 LD_{50}=100 mg/kg（油溶液），经腹膜注射 LD_{50}=7.5 mg/kg[5]。小鼠经口服 LD_{50}=70 mg/kg，经静脉注射 LD_{50}=180 mg/kg。兔子经口服 LD_{50}= 50 μg/kg[6]。

毒理学

（1）急性毒性

大鼠急性口服剂量为50 mg/kg 的二丁基二氯化锡会产生水肿和胆管炎症[7]。早期死亡的动物经组织学检查结果是循环障碍，包括广泛的肺出血和中枢神经系统水肿。肝脏、肾脏和脾脏是在单次 LD_{50} 剂量后表现出最广泛的形态学改变的器官。在肝和肾的毛细血管壁（包括肾小球）和肝实质细胞（内质网的解体和空泡化）中可见超微结构改变。

（2）亚慢性毒性及慢性毒性

给予兔子每日口服20 mg/kg二丁基二氯化锡，导致其外周血红细胞轻微降解并会抑制增重，有轻微到中度的胃肠炎和其他器官改变[9]。二丁基二氯化锡每日以10 mg/kg剂量持续给药12天，会造成大鼠和小鼠严重的局部损伤，还会导致其胆管损伤。将暴露剂量为0 mg/kg、50 mg/kg或150 mg/kg的有机锡和有机铅化合物喂食给雌性和雄性断奶大鼠2周，以评估其毒性作用，特别关注胸腺和外周淋巴器官。在喂食二丁基二氯化锡的动物中观察到与胸腺皮质中淋巴细胞耗竭和外周淋巴器官中胸腺依赖性区域相关的胸腺、脾和腘窝淋巴结重量的剂量相关减少。

（3）致癌性

雌性叙利亚金仓鼠单次胃内给予剂量为30 mg/kg的二丁基二氯化锡，对N-亚硝基双(2-氧丙基)胺诱导的胰腺癌发生会产生影响。在N-亚硝基双(2-氧丙基)胺引发之前或之后一周给予二丁基二氯化锡会选择性诱导胆管发生损伤。每周一次皮下注射剂量为10 mg/kg的N-亚硝基双(2-氧丙基)胺5周，对照用单独的N-亚硝基双(2-氧丙基)胺或不用致癌物二氯二丁基锡注射，在25周实验期结束时处死动物并收集样本，显示在N-亚硝基双(2-氧丙基)胺处理前给予二丁基二氯化锡对胰腺癌诱导具有显著抑制作用，但在N-亚硝基双(2-氧丙基)胺处理后给予二丁基二氯化锡没有观察到这种现象。这些结果表明，由二丁基二氯化锡引起的胆管和胆总管损伤可能与抑制叙利亚仓鼠

中 N-亚硝基双(2-氧丙基)胺诱导的胰腺癌发展的起始阶段有关。

（4）致突变性

二丁基二氯化锡在中国仓鼠卵巢细胞中可以诱发突变，具有潜在的致突变性。

人类健康效应

已发现暴露于二丁基二氯化锡会造成皮肤损伤，甚至发生灼伤，接触后1～8小时出现兴奋效应，眼睛也可能受到影响[8]。据报道，曾有一名工作人员不小心将液体溅到脸上和眼睛内导致眼部受伤，尽管立即用水冲洗，几分钟后仍出现了流泪和结膜充血现象，并持续了4天。在一周后皮肤仍有红斑，但眼睛恢复正常[9]。

参考文献

[1]　MEYLAN WM, HOWARD PH. Computer estimation of the atmospheric gas-phase reaction rate of organic compounds with hydroxyl radicals and ozone [J]. England: Chemosphere,1993:93-99.

[2]　MAGUIRE RJ, TKACZ RJ. Degradation of the tri-n-butyltin species in water and sediment from Toronto Harbor[J]. USA :J Agric Food Chem,1985:47-53.

[3]　BLUNDEN SJ, CHAPMAN A. In Organometallic Compound in the Environment[J]. Craig PJ: John Wiley and Sons ,1986, 111-159.

[4]　LYMAN WJ, REEHL W, ROSENBLATT D. Handbook of Chemical Property Estimation Methods[M]. New York: New York McGraw-Hill, 1990:15-1 to 15-29.

[5]　CLAYTON GD, CLAYTON FE. Patty's Industrial Hygiene and Toxicology: Volume 2A, 2B, 2C: Toxicology. 3rd ed[M]. New York: John Wiley Sons, 1981-1982:1954.

[6]　LEWIS RJ. Sax's Dangerous Properties of Industrial Materials. 9th ed. Volumes 1-3[M]. New York, NY: Van Nostrand Reinhold, 1996:1073.

[7] GAUNT IF , COLLEY J, GRASSO P, et al. Acute and short-term toxicity studies on di-n-butyltin dichloride in rats, Food Cosmet[J]. England: FOOD COSMET TOXICOL, 1968: 599.

[8] FRIBERG L,NORDBERG GR, VOUK VB. Handbook on the Toxicology of Metals [M]. New York: Elsevier North Holland, 1979:621.

[9] GRANT WM. Toxicology of the Eye. 3rd ed [M]. Springfield: Thomas Publisher, 1986:318.

4,4′-二(N,N-二甲氨基)二苯甲酮
4,4′-Bis(dimethylamino)benzophenone

基本信息

化学名称：4,4′-二(N,N-二甲氨基)二苯甲酮。

CAS 登录号：90-94-8。

EC 编号：202-027-5。

分子式：$C_{17}H_{20}N_2O$。

相对分子质量：268.35。

用途：主要用作碱性染料的重要中间体、测定钨的试剂、染料中间体及光刻制板用增感剂，以及碱性艳蓝 B、碱性艳蓝 R 等的生产。

危害类别：可能致癌。

结构式：

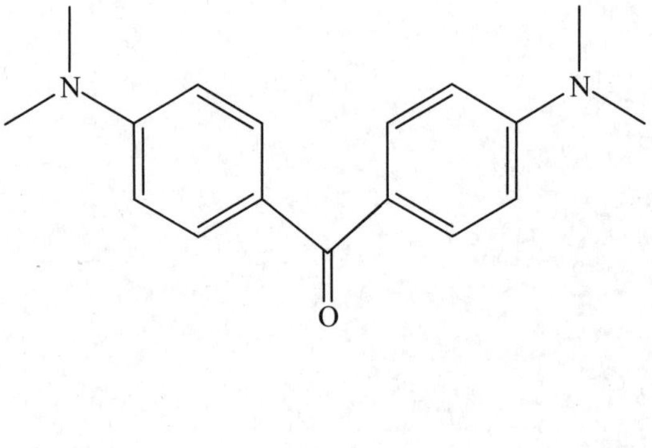

理化性质

物理状态：银白色或浅灰绿色晶体。

熔点：172℃。

沸点：360℃。

溶解性：水中溶解度为400 mg/L（20℃）；可溶于乙醇，极微溶于乙醚。

毒理学

（1）致癌性

4,4'-二(N,N-二甲氨基)二苯甲酮预计是人类致癌物[1]。动物致癌性试验显示：喂食暴露剂量分别为雄性大鼠500 ppm 和250 ppm，雌性大鼠1 000 ppm 和500 ppm，雌雄小鼠2 500 ppm 和1 250 ppm，暴露时间为78周，暴露浓度与大小鼠死亡率之间存在显著正相关性，雌性大鼠和小鼠的肝细胞癌和雄性小鼠血管肉瘤的发病率均呈显著正相关[2]。

（2）其他毒性

4,4'-二(N,N-二甲氨基)二苯甲酮对动物眼睛无刺激性[3]。

参考文献

[1] DHHS/National Toxicology Program. Eleventh Report on Carcinogens: Michler's Ketone (4,4'-Bis(dimethylamino)benzophenone) (90-94-8) (January 2005). 2009: http://ntp.niehs.nih.gov/ntp/roc/eleventh/profiles/s113mich.pdf.

[2] DHEW/NCI. Bioassay of Michler's Ketone for Possible Carcinogenicity p.1 (1979) Technical Rpt No. 181 DHEW Pub No. (NIH) 79-1137.

[3] GRANT W M, THOMAS C C. Toxicology of the eye, third edition[J]. Journal of Toxicology: Cutaneous and Ocular Toxicology, 1986, 6: 155-156.

二甲苯麝香
Musk xylene

基本信息

化学名称：2,4,6-三硝基-1,3-二甲基-5-叔丁基苯。

CAS 登录号：81-15-2。

EC 编号：201-329-4。

分子式：$C_{12}H_{15}N_3O_6$。

相对分子质量：297.27。

用途：用作化妆品、香皂、洗涤剂、熏香用品中的香精。

危害类别：有科学证据证明其属于会对人类或环境造成严重影响的物质。

结构式：

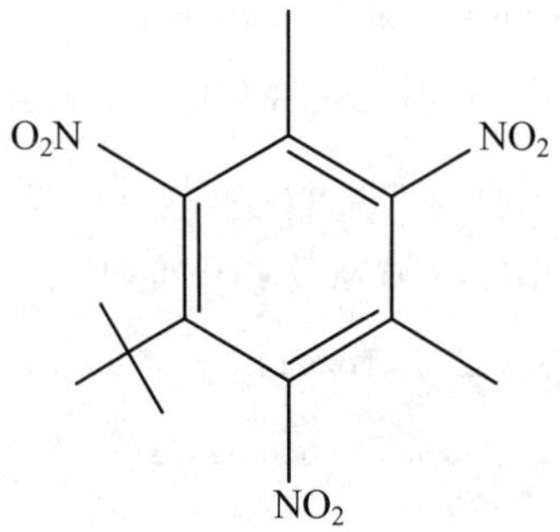

理化性质

物理状态：淡黄色粉状或针状结晶（20℃，101.3 kPa），有轻微麝香样气味。

熔点：112.5～114.5℃（101.3 kPa）。

沸点：200～202℃（101.3 kPa）。

蒸气压：6.35×10^{-7} mmHg（25℃）。

水溶解度：0.472 mg/L（20℃）。

辛醇-水分配系数：$\log K_{ow}$ = 4.4（22℃，pH 值为6～7）。

环境行为

（1）降解性

二甲苯麝香在香水的生产和使用中可能通过各种废物流释放到环境中。如果释放到空气中，其蒸气压在25℃时约为6.4×10^{-7} mmHg，表明二甲苯麝香将以气相和颗粒相在大气中存在，其速率常数为8.3×10^{-13} cm^3/（mol·s）。气相二甲苯麝香将降低大气中的光化学反应产生羟基自由基，该反应在空气中的半衰期约为19天。二甲苯麝香含有波长为290 nm的发色团，因此容易受到阳光的直接光解[1]。

（2）生物蓄积性

基于 $\log K_{ow}$= 4.4，测量二甲苯麝香的 BCF 值范围为1 400～6 810，根据分类标准，提示二甲苯麝香在水生生物中的富集作用非常强[2]。

（3）吸附解析

二甲苯麝香的 K_{oc} 预测值为6.3×10^3。根据分类标准，二甲苯麝香在土壤中是不移动的[3]。

（4）挥发性

基于蒸气压值和水溶解度，二甲苯麝香的亨利定律常数预测值为7.7×10^{-9} atm·m^3/mol，提示其会从潮湿的土壤表面挥发[7]，但在大气压6.4×10^{-7} mmHg 下难以从干燥土壤表面挥发[4]。

生态毒理学

二甲苯麝香（MX）、麝香酮（MK）和伞花麝香（MM）是合成含硝基的香料，由于其固有的亲脂性和环境持久性，可经常在环境样品中检测到，特别是在水生生态系统中。虽然已经显示 MX、MK、MM 均可以在水生生物体内积累，但对于它们在各自的水生生物物种中潜在的发育效应知之甚少。为了研究这些化合物对两栖动物和鱼类的发育毒性，将非洲爪蟾（Xenopus）和斑马鱼（Danio rerio）的早期生命暴露于以上3种硝基麝香96小时。在400 μg/L 浓度下，暴露于 MX、MK 和 MM 96小时后，在任一物种中均没有观察到死亡率增加、畸形或生长抑制的现象；当暴露时间达到11天时，在非洲爪蛙幼体中观察到约20%的活力降低。实验表明，硝化物的环境浓度对鱼和两栖动物的早期生活没有危害[5]。

毒理学

（1）急性毒性

二甲苯麝香具有眼部刺激作用[6]。在急性毒性试验中，雄鼠和雌鼠分别给予125 mg/kg、250 mg/kg、500 mg/kg、1 000 mg/kg、2 000 mg/kg、4 000 mg/kg 的二甲苯麝香，测得大鼠经口 LD_{50} >4 000 mg/kg。

（2）亚慢性毒性

亚慢性经皮毒性试验显示，二甲苯麝香只有弱过敏性，基本不产生光过敏[11]。亚慢性经口毒性试验显示，B6C3F1小鼠每日给予二甲苯麝香（0 mg/kg、429 mg/kg、857 mg/kg、1 786 mg/kg、3 571 mg/kg、7 143 mg/kg）共14天，高剂量组小鼠的震颤明显，其胃和小肠中发现出血。对小鼠进行组织学检查，发现腺体胃里有出血性侵蚀，而在大脑、脊髓或其他器官中未发现与二甲苯麝香有关的毒性病变。

（3）发育与生殖毒性

发育毒性实验显示，大鼠在交配前每日给予1 mg/kg、10 mg/kg、33 mg/kg 和100 mg/kg 的二甲苯麝香，子鼠出生后第1天和第14天被分别处死后发现，高剂量组的子鼠二甲苯麝香的蓄积量是亲代雌鼠的1/2～3/4倍、亲代雄鼠的3～4倍。二甲苯麝香在大鼠脂肪中的蓄积量最高。

（4）致突变性

SOS 染色体与大肠杆菌 PQ37菌株细胞暴露于二甲苯麝香，其代谢活化和基因增强的表达都是阴性[7]。

人类健康效应

为评估二甲苯麝香的接触敏感性，有25个健康的成年男性在皮肤上接受了5%的二甲苯麝香测试。在为期10天的休息期后，对新鲜皮肤部位进行了48小时的闭塞性挑战，根据在48小时和72小时内进行的评估，没有观察到不良反应，因而对于二甲苯麝香人群的皮肤暴露未发现明显的有害效应。

参考文献

[1] BIDLEMAN T F. Atmospheric processes：wet and dry deposition of organic compounds are controlled by their vapor-particle partitioning[J]. Environmental Science & Technology，1988，22（4）：361-367.

[2] MEYLAN W M，HOWARD P H. Computer estimation of the Atmospheric gas-phase reaction rate of organic compounds with hydroxyl radicals and ozone[J]. Chemosphere，1993，26（12）：2293-2299.

[3] BENNETT G. Handbook of chemical property estimation methods：Environmental behaviour of organic compounds：by W. Lyman，W.F. Reehl and D.H. Rosenblatt，American Chemical Society，Washington，DC，1990，ISBN 0-8412-1761-0，approx. 480 pp. $ 49.95[J]. Journal of Hazardous Materials，1992，30（3）：369-370.

[4] RIMKUS G G，BUTTLE W，GEYER H J. Critical considerations on the analysis and bioaccumulation of musk xylene and other synthetic nitro musks in fish[J]. Chemosphere，1997，35（7）：1497-1507.

[5] SWANM R L, LASKOWSKI D A, MCCALL P J, et al. A rapid method for the estimation of the environmental parameters octanol/water partition coefficient, soil sorption constant, water to air ratio, and water solubility[M]. Residue Reviews. 1983.

[6] CHOU Y J, DIETRICH D R. Toxicity of nitromusks in early lifestages of South African clawed frog (Xenopus laevis) and zebrafish (Danio rerio) [J]. Toxicology Letters, 1999, 111 (1-2): 17-25.

[7] BESTER K. Quantitative mass flows of selected Xenobiotics in urban waters and waste water treatment plants. Chapter 1[M]. Denmark: Xenobiotics in the Urban Water Cycle. 2010, 3-26.

N,N-二甲基甲酰胺
N,N-Dimethylformamide

基本信息

化学名称：N,N-二甲基甲酰胺。

CAS 登录号：68-12-2。

EC 编号：200-679-5。

分子式：C_3H_7NO。

相对分子质量：73.10。

用途：用作分析试剂，乙烯树脂、乙炔的溶剂或化工原料。

危害类别：具有生殖毒性、肝毒性。

结构式：

$$H_3C-N(CH_3)-C(=O)H$$

理化性质

物理状态：无色至微黄色液体，有鱼腥味；纯 N,N-二甲基甲酰胺基本上对金属无腐蚀性。

熔点：-60.3℃。

沸点：152.8℃。

蒸气压：3.87 mmHg（25℃）。

密度：0.944 5 g/m³。
水溶解度：可与水和最常见的有机溶剂混溶，微溶于轻石油。
辛醇-水分配系数：log K_{ow} =−1.01。

环境行为

（1）降解性

生物降解：根据河流消除试验证明，N,N-二甲基甲酰胺2周内达到了理论 BOD 的4.4%[1]，6天内可完全被生物降解[2]。这些结果表明，生物降解可能是一个重要的降解过程。

非生物降解：用结构估计法预计N,N-二甲基甲酰胺与光化学反应介导的羟基自由基的气相反应速率常数为$1.8×10^{-11}$ cm³/（mol·s）（25℃）。当大气羟基自由基浓度为$5×10^5$个/cm³时，N,N-二甲基甲酰胺的半衰期为20小时[3]。N,N-二甲基甲酰胺的中性水解速率常数<10^{-9}个/s，故水解不是主要的降解途径[4]。N,N-二甲基甲酰胺含有吸收波长>290 nm的发色团，因此会直接光解[5]。

（2）生物蓄积性

鲤鱼暴露于2 mg/L 或20 mg/L 的 N,N-二甲基甲酰胺2周，BCF 值分别为0.3~1.2和0.3~0.8[1]。根据分类方案[6]，表明 N,N-二甲基甲酰胺潜在的水生生物蓄积性低。

（3）吸附解析

N,N-二甲基甲酰胺的 K_{oc} 预测值为1，根据分类标准，其在土壤中具有非常高的迁移率。如果释放到水中，基于 K_{oc} 估计值，N,N-二甲基甲酰胺不会吸附到悬浮固体和沉积物上[3]。

（4）挥发性

基于蒸气压值和水溶解度，N,N-二甲基甲酰胺的亨利定律常数预测为$7.39×10^{-8}$ atm·m³/mol[7]，提示其难以从潮湿土壤和水面挥发[8]。基于蒸气压

3.87 mmHg，存在 N,N-二甲基甲酰胺从干燥土壤表面挥发的可能性[9]。

生态毒理学

在静水条件下，虹鳟鱼96 h-LC_{50}=12 000 mg/L（95%CI：10 000～13 000 mg/L）[10]。在流水条件下，黑头呆鱼24 h-LC_{50}=11 400 000 μg/L（95%CI：10 800 000～12 000 000 μg/L），48 h-LC_{50}=10 700 000 μg/L（95%CI：10 400 000～11 000 000 μg/L），96 h-LC_{50}=10 600 000 μg/L（95%CI：10 400 000～10 800 000 μg/L）；蓝鳃鱼24 h-LC_{50}=7 500 000 μg/L（95%CI：7 200 000～7 800 000 μg/L），96 h-LC_{50}=7 100 000 μg/L（95%CI：6 700 000～7 500 000 μg/L）；虹鳟鱼24 h-LC_{50}=10 600 000 μg/L，48 h-LC_{50}=9 800 000 μg/L（95%CI：9 000 000～10 700 000 μg/L），96 h-LC_{50}=7 100 000 μg/L[11]。

毒理学

（1）急性毒性

小鼠经口暴露于 N,N-二甲基甲酰胺 LD_{50}=3.75 g/kg，经腹腔注射 LD_{50}=650 mg/kg，经静脉注射 LD_{50}=2 500 mg/kg，经吸入2 h-LD_{50}=9 400 mg/m³；大鼠经口 LD_{50}=2.8 g/kg，经静脉注射 LD_{50}=2 g/kg，经腹腔注射 LD_{50}=1 400 mg/kg[12]。

（2）亚慢性毒性

ICR小鼠以0.32 g/kg、0.63 g/kg和1.26 g/kg的剂量灌胃染毒90天，可见小鼠相对肝重增加、小叶中心性肝细胞肥大、血清谷草转氨酶（AST）和谷丙转氨酶（ALT）升高、肝匀浆中丙二醛（MDA）含量升高、超氧化物歧化酶（SOD）和谷胱甘肽（GSH）活性降低。病理显示其心脏有轻微的炎性细胞浸润，血清乳酸脱氢酶（LDH）、肌酸激酶同工酶（CK-MB）和心肌肌钙蛋白Ⅰ（cTnⅠ）水平升高[13]。

（3）致癌性

100只大鼠和100只小鼠（雌雄各半）经吸入分别暴露于浓度为0 ppm、200 ppm、400 ppm 或800 ppm 的 N,N-二甲基甲酰胺蒸气中6小时/天、5天/周，为期104周。大鼠400 ppm 尤其是800 ppm 染毒组肝细胞腺瘤和癌的发生率显著增加。暴露于400 ppm 的雌性大鼠肝细胞腺瘤没有显著增加，但其发病率超过了日本生物测定研究中心（JBRC）的历史对照数据。小鼠所有染毒组肝细胞腺瘤和癌的发生率均显著增加。染毒组大小鼠肝重均增加，γ-GTP、ALT、AST 和总胆红素水平均升高[14]，但也有实验未观察到肿瘤发生率增加[15]。

（4）发育或生殖毒性

兔受孕后第6～18天以每日200 μL/kg 灌胃染毒，结果显示 N,N-二甲基甲酰胺可引起母体毒性和胚胎毒性，包括致畸性。染毒组孕兔食物摄入和体重增加减少，胎盘重量显著降低，有3例流产；胎儿体重减轻，出现脐疝（7例）、脑积水（6例）、眼球突出（2例）、腭裂（1例）、肢体错位（1例）。对照组（22/24只动物）未发生畸形[16]。孕大鼠母鼠和胎儿的无观察效应水平（NOEL）为50 mg/kg[17]。此外，N,N-二甲基甲酰胺还可诱发斑马鱼胚胎畸形，涉及脊柱和尾部的弯曲，心脏大小、功能、血液循环降低，LC_{50}=121 mmol/L[17]。

人类健康效应

N,N-二甲基甲酰胺的人类致癌证据不足，也缺乏动物致癌性实验证据[15]，因此可归类为现有证据不能对人类致癌性进行分类[18]。

N,N-二甲基甲酰胺主要通过皮肤和吸入途径吸收，暴露贡献分别占71%和29%[19]。急性暴露可致胃痛、恶心和呕吐、血清酶升高[20]，也有血压变化、心动过速和心电图异常的报道。长期反复接触可导致头痛、食欲不振和疲劳，可见肝功能异常。在没有皮肤接触的情况下，暴露水平超过

30 mg/m^{3}时才会导致肝损害，而该剂量下伴随的其他症状会持续2~4小时，无需治疗即可消失[21]。N,N-二甲基甲酰胺暴露可致肝毒性，肝损伤的严重程度与暴露水平有关[22]。N,N-二甲基甲酰胺对眼睛、黏膜和皮肤有刺激性[23]。

参考文献

[1] Chemical Risk Information Platform（CHRIP）. Biodegradation and Bioconcentration：2014，http：//www.safe.nite.go.jp/english/db.html.

[2] DOJLIDO JR. Investigations of the Biodegradability and Toxicity of Organic Compounds[M]. Springfield：Municipal Environmental Research Laboratory，Office of Research and Development，U.S. Environmental Protection Agency，1979：118.

[3] USEPA. Estimation Program Interface（EPI） Suite：2012，http：//www.epa.gov/oppt/exposure/pubs/episuitedl.htm.

[4] MABEY W，MILL T. Critical review of hydrolysis of organic compounds in water under environmental conditions[J]. Journal of Physical and Chemical Reference Data，1978，7：383-415.

[5] LYMAN WJ，REEHL W，ROSENBLATT D. Handbook of Chemical Property Estimation Methods[M]. New York：New York McGraw-Hill，1990：15-16.

[6] FRANKE C，STUDINGER G，BERGER G，et al.The assessment of bioaccumulation[J]. Chemosphere，1994，29：1501-1514.

[7] TAFT RW，ABRAHAM MH，DOHERTY RM，et al. The molecular properties governing solubilities of organic nonelectrolytes in water[J]. Nature，1985，313：384-386.

[8] LYMAN WJ，REEHL W，ROSENBLATT D. Handbook of Chemical Property Estimation Methods[M]. New York：New York McGraw-Hill，1990：15-29.

[9] DAUBERT TE，DANNER RP. Physical and Thermodynamic Properties of Pure Chemicals：Data Compilation[M]. New York：Design Inst Phys Prop Data，Amer Inst Chem Eng New York，1985.

[10] JOHNSON WW, FINLEY MT. Handbook of Acute Toxicity of Chemicals to Fish and Aquatic Invertebrates[M].Washington DC: United States Fish and Wildlife Service Resource Publication, 1980: 82.

[11] POIRIER SH, KNUTH ML, ANDERSON-BUCHOU CD, et al. Comparative toxicity of methanol and N,N-dimethylformamide to freshwater fish and invertebrates[J]. Bulletin of Environmental Contamination and Toxicology, 1986, 37: 615-621.

[12] LEWIS RJ. Sax's Dangerous Properties of Industrial Materials. 11th Edition[M]. Hoboken: Wiley, 2004: 1427.

[13] DING R, CHEN DJ, YANGYJ. Liver and heart toxicity due to 90-day oral exposure of ICR mice to N,N-dimethylformamide[J]. Environmental Toxicology and Pharmacology, 2011, 31 (3): 357-363.

[14] SENOH H, AISO S, ARITO H, et al. Carcinogenicity and Chronic Toxicity after Inhalation Exposure of Rats and Mice to N,N-Dimethylformamide[J]. Journal of Occupational Health, 2004, 46 (6): 429-439.

[15] IARC. Monographs on the Evaluation of the Carcinogenic Risk of Chemicals to Humans. Geneva: World Health Organization, International Agency for Research on Cancer: 1999, http: //monographs.iarc.fr/ENG/Classification/index.php.

[16] WHO. Environ Health Criteria[S]. 1991: 77.

[17] BINGHAM E, COHRSSEN B, POWELL CH. Patty's Toxicology Volumes 1-9 5th ed[M]. New York: Wiley, 2001: 1323.

[18] BARRY I, CASTLEMAN SCD, GRACE EZ, et al.American conference of governmental industrial hygienists: Low threshold of credibility[J]. American Journal of Industrial Medicine, 1994, 26: 133-143.

[19] WANG SM, CHU YM, LUNG SC, et al.Combining novel strategy with kinetic approach in the determination of respective respiration and skin exposure to N,N-Dimethylformamide vapor[J]. Science of The Total Environment, 2007, 388(1-3): 398-404.

[20] BINGHAM E，COHRSSEN B，POWELL CH. Patty's Toxicology Volumes 1-9 5th ed[M]. New York：Wiley，2001：1325.

[21] International Programme on Chemical Safety Health and Safety Guide No. 43（1990）：2014，http：//www.inchem.org/documents/hsg/hsg043.htm.

[22] Maho H，Masanori A，Yoshio T，et al.Occupational Liver Injury Due to N,N-Dimethylformamide in the Synthetics Industry[J]. Internal Medicine，2009，48（18）：1647-1650.

[23] WHO. Environ Health Criteria[S].1991：52.

N,N-二甲基乙酰胺
N,N-Dimethylacetamide

基本信息

化学名称：N,N-二甲基乙酰胺。

CAS 登录号：127-19-5。

EC 编号：204-826-4。

分子式：C_4H_9NO。

相对分子质量：87.12。

用途：主要用作合成纤维（丙烯腈）和聚氨酯纺丝及合成聚酰胺树脂的溶剂，也用于从 C8 馏分分离苯乙烯的萃取蒸馏溶剂，并广泛用于高分子薄膜、涂料和医药等方面。目前大量用于医药和农药合成抗生素和农药杀虫剂，也用作反应的催化剂、电解溶剂、油漆清除剂以及多种结晶性的溶剂加合物和络合物。

危害类别：具有生殖毒性。

结构式：

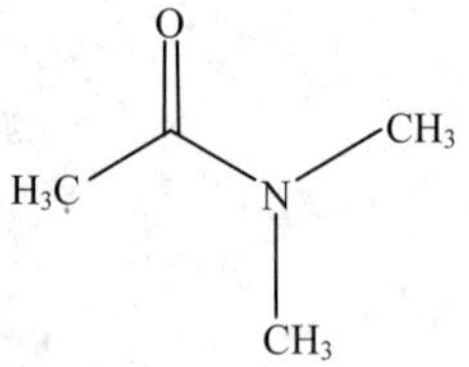

理化性质

熔点：$-18.59℃$[4]。

沸点：163～165℃[5]。

物理状态：无色油状液体，淡氨味或鱼腥味[1]，亨利定律常数=$1.31×10^{-8}$ atm-m^3/mol（25℃）[2]，羟基自由基速率常数=$1.36×10^{-11} cm^3$/（mol·s）（25℃）[3]。

蒸气压：2 mmHg（25℃）[6]。

密度：0.936 6 g/m^3（25℃或4℃）[4]。

溶解性：溶于苯、醇、丙酮、醚[4]。

水溶解度：水相混溶[7]。

辛醇-水分配系数：$\log K_{ow} = -0.77$ [8]。

环境行为

（1）降解性

N,N-二甲基乙酰胺作为化学反应介质和催化剂在使用中可能导致其通过各种生产废物释放到环境中。如果释放到空气中，25℃时2 mmHg 的蒸气压表明 N,N-二甲基乙酰胺在环境大气中仅以气相形态存在。气相 N,N-二甲基乙酰胺可通过与光化学反应介导的羟基自由基发生反应而在大气中分解，该反应在空气中的半衰期为28小时[6]。根据水筛选试验，N,N-二甲基乙酰胺在土壤中可发生生物降解[9]。

（2）生物蓄积性

N,N-二甲基乙酰胺的 BCF 值估计为3，表明其在水生生物中潜在的生物富集程度很低[10]。

（3）挥发性

N,N-二甲基乙酰胺从湿润的土壤中挥发不是其主要降解途径[2]。

生态毒理学

在23.1℃、溶解氧6.6 mg/L、硬度（以 $CaCO_3$ 计）45.0 mg/L、pH 值7.7

的条件下，黑头呆鱼96 h-LD_{50} = 1.50 g/L（95%CI：1.21~1.86 g/L）[11]。

毒理学

（1）急性毒性

大鼠经口暴露于 N,N-二甲基乙酰胺 LD_{50}=5.4 mL/kg，经吸入 LD_{50}=2 475 mg/L（1 h），经腹腔注射 LD_{50}= 2 750 mg/kg，经静脉注射 LD_{50}=2 640 mg/kg[12]；小鼠经口 LD_{50}=4 620 mg/kg，经腹腔注射 LD_{50}=2 800 mg/kg，经静脉注射 LD_{50}=3 020 mg/kg，经皮肤接触 LD_{50}= 2 640 mg/kg[13]；兔子经皮肤接触 LD_{50}=2 240 mg/kg[14]。

经腹腔注射给予小鼠接近致死剂量的 N,N-二甲基乙酰胺一个月后，观察到其肝细胞损伤、坏死性胰腺炎和脾淋巴细胞的严重坏死。通过口服途径接受 N,N-二甲基乙酰胺半数致死剂量（LD_{50}）的大鼠死亡后，经检查发现有全身出血点及肝脏和肾脏的坏死。2 g/kg 的皮肤暴露可导致兔子因急性肝坏死而死亡[15]。在口服、皮肤接触、腹腔注射、静脉注射或吸入暴露实验发现，通常需要较高的单一剂量才能造成个体死亡。急性高剂量暴露后，肝脏是损伤靶器官，但大剂量也会对其他器官和组织造成损害。通过各种途径的亚致死染毒也表明，肝脏是靶器官，其损伤程度与吸收量成正比[16]。

（2）亚慢性毒性

动物研究表明，兔子和猫吸入 N,N-二甲基乙酰胺50 mg/L，30周后未发现明显的损伤作用；吸入40 mg/L 6小时/天、5天/周，6个月后不会导致狗和大鼠的肝损伤。更高浓度的 N,N-二甲基乙酰胺可引起肝损伤，可通过改变硫代溴代泛黄嘌呤的保留时间观察到细胞变性[17]。

（3）发育与生殖毒性

孕鼠在妊娠第4天、第7天分别给予1.5 mL/kg N,N-二甲基乙酰胺，可导致吸收胎发生率超过60%，存活胎鼠发育迟缓，但无缺陷。每周涂尾对仔鼠无影响[18]。大鼠（25只/组）在怀孕第6天至第19天按体重以10 mL/kg 的恒定体积分别以0 mg/kg、65 mg/kg、160 mg/kg 和400 mg/kg 的 N,N-二甲基乙酰胺单一日剂量灌胃染毒，结果发现，所有组的存活率均为100%。孕鼠20天处死，取出胎鼠用于畸形评估。在每日400 mg/kg 剂量下，母体体重显著降低。各组间活胎数、黄体数量、胎儿性别分布的平均数无显著差异。每日400 mg/kg 的剂量可见吸收胎显著增加，胎鼠体重明显降低，畸形数量增加，特别是心脏和（或）血管异常（33胎，18窝）；高剂量组的发育异常频率增加并同时伴有胎儿体重减少的现象；≤160 mg/kg 的染毒剂量组未见明显的致畸作用[19]。

（4）其他

单次口服（1 mL/kg）或腹腔注射（1 mL/kg）N,N-二甲基乙酰胺后，大鼠血糖升高[20]。

人类健康效应

N,N-二甲基乙酰胺尚不能归类为人类致癌物[21]，但可能造成慢性肝、肾损害[22]，其液体会对眼睛和皮肤造成轻微刺激[23]，在分解时会释放出对眼睛和皮肤黏膜高度刺激的烟雾[24]。

参考文献

[1] NATIONAL INSTITUTE FOR OCCUPATIONAL SAFETY AND HEALTH. NIOSH Pocket Guide to Chemical Hazards[M]. Washington DC: Department of Health and Human Services, 1997: 110.

[2] TAFT RW, ABRAHAM MH, DOHERTY RM, et al. The molecular properties governing solubilities of organic nonelectrolytes in water[J]. Nature, 1985, 313: 384-386.

[3] KocH R, PALM WU, ZETZSCH C. First rate constants for reactions of OH radicals with amides[J]. International Journal of Chemical Kinetics, 1997, 29: 81-87.

[4] LIDE DR. CRC Handbook of Chemistry and Physics. 81st Edition[M]. Boca Raton: CRC Press, 2000: 3-4.

[5] BUDAVARI S. The Merck Index - An Encyclopedia of Chemicals, Drugs, and Biologicals[M]. Whitehouse: Merck and Co, 1996: 547.

[6] DAUBERT TE, DANNER RP. Physical and Thermodynamic Properties of Pure Chemicals Data Compilation[M]. Washington DC: Design Institute for Physacal Property Data (DIPPR), 1989.

[7] RIDDICK JA, BUNGER WB, SAKANO TK. Techniques of Chemistry 4th ed. Volume II. Organic Solvents[M]. New York: John Wiley and Sons, 1985: 661.

[8] HANSCH C, LEO A, HOEKMAN D. Exploring QSAR Fundamentals and Applications in Chemistry and Biology, Volume 1. Hydrophobic, Electronic and Steric Constants[M]. Washington DC: Journal of the American Chemical Society, 1996: 10.

[9] CERI.Biodegradation and Bioaccumulation Data of Existing Chemicals. N,N-Dimethylacetamide (127-19-5), Database Query page: 2001, http: //www.cerij.or.jp/ceri_en/index_e4.shtml.

[10] MEYLAN WM, HOWARD PH, BOETHLING RS, et al. Improved method for estimating bioconcentration/bioaccumulation factor from octanol/water partition coefficient[J]. Society of Environment Toxicology and Chemistry, 1999, 18: 664-672.

[11] GEIGER DL, CALL DJ, BROOKE LT. Acute Toxicities of Organic Chemicals to Fathead Minnows (Pimephales- Promelas). Vol. V[M]. Superior: University of Wisconsin-Superior, 1990: 133.

[12] GOSSELIN RE, SMITH RP, HODGE HC. Clinical Toxicology of Commercial Products. 5th ed[M]. Baltimore: Williams and Wilkins, 1984: II-200.

[13] KENNEDY GL, SHERMAN H. Acute and Subchronic Toxicity of Dimethylformamide and Dimethylacetamide Following Various Routes of Administration[J]. Drug and Chemical Toxicology, 1986, 9 (2): 147-170.

[14] LEWIS RJ. Sax's Dangerous Properties of Industrial Materials. 9th ed. Volumes 1-3[M].

New York: Van Nostrand Reinhold, 1996: 1273.

[15] SNYDER R. Ethel Browning's Toxicity and Metabolism of Industrial Solvents. 2nd ed. Volume II: Nitrogen and Phosphorus Solvents[M]. New York: Amsterdam-New York-Oxford: Elsevier, 1990: 146.

[16] KENNEDY GL. Acute and Subchronic Toxicity of Dimethylformam Ide and Dimethylacetamide Following Various Routes of Administration[J]. Drug and Chemical Toxicology, 1986, 17 (2): 129-182.

[17] ACGIH. Documentation of the Threshold Limit Values and Biological Exposure Indices. 5th ed[M]. Cincinnati: American Conference of Governmental Industrial Hygienists, 1986: 205.

[18] SHEPARD TH. Catalog of Teratogenic Agents. 5th ed[M]. Baltimore: The Johns Hopkins University Press, 1986: 208.

[19] JOHANNSEN FR, LEVINSKAS GJ, SCHARDEIN JL, et al. Teratogenic response of dimethylacetamide in rats[J]. Fundamental and Applied Toxicology, 1987, 9 (3): 550-556.

[20] GRANT AM. Elevation of blood sugar in rats after single doses of dimethyl sulphoxide, dimethyl formamide, and dimethyl acetamide[J]. Toxicology Letters, 1979, 3 (5): 259-264.

[21] ACGIH. Threshold Limit Values for Chemical Substances and Physical Agents and Biological Exposure Indices[M]. Cincinnati: American Conference of Governmental Industrial Hygienists, 2008: 26.

[22] PATTY F. Industrial Hygiene and Toxicology: Volume II: Toxicology. 2nd ed[M]. New York: Interscience Publishers, 1963: 1775.

[23] USCG. CHRIS - Hazardous Chemical Data. Volume II[M]. Washington DC: U.S. Government Printing Office, 1984: 5.

[24] BUDAVARI S. The Merck Index - An Encyclopedia of Chemicals, Drugs, and Biologicals[M]. Whitehouse: Merck and Co, 1989: 509.

二碱式亚磷酸铅
Trilead dioxide phosphonate

基本信息

化学名称：二碱式亚磷酸铅。

CAS 登录号：12141-20-7。

EC 编号：235-252-2。

用途：用于聚合物、塑料制品、化学品、橡胶制品、黏合剂、密封剂及涂料产品。

危害类别：有科学证据证明会对人类或环境造成严重影响。

健康效应

根据 ECHA 提供的分类标准，该物质是一种易燃固体，具有生殖毒性，会影响生育能力并影响后代，可通过母乳对婴幼儿造成危害；长期或反复接触会产生器官毒性，口服或吸入有毒，为可疑致癌物；对水生生物有长期毒性。

1,2-二氯乙烷
1,2-Dichloroethane

基本信息

化学名称：1,2-二氯乙烷。

CAS 登录号：107-06-2。

EC 编号：203-458-1。

分子式：$C_2H_4Cl_2$。

相对分子质量：98.96。

用途：作为一种重要的商业化学品，用于化学和制药工业溶剂。

危害类别：具有致癌性。

结构式：

理化性质

物理状态：透明油状液体，有类似三氯甲烷的气味，味甜。

熔点：−35.3℃。

沸点：83.5℃（2 kPa）。

蒸气压：78.9 mmHg（25℃）。

密度：1.235 1 g/cm^3（20℃）。

溶解度：0.869 g/100 mL 水（20℃）；可与酒、氯仿、乙醚混溶，溶于苯、四氯化碳等有机溶剂。

环境行为

(1) 降解性

在25℃下的蒸气压为78.9 mmHg，表明1,2-二氯乙烷在环境中作为蒸气存在。气相1,2-二氯乙烷通过与光化学反应介导的羟基自由基反应在大气中降解，这种反应在空气中的半衰期估计为63天[1]。

(2) 生物蓄积性

在蓝鳃太阳鱼（*Bluegill sunfish*）中测量1,2-二氯乙烷的BCF值为2。根据分类方案，该BCF值表明其在水生生物体中的生物浓度很低[2]。

(3) 吸附解析

1,2-二氯乙烷的K_{oc}值为33，根据分类方案，表明1,2-二氯乙烷预计在土壤中具有非常高的流动性，可以迅速在沙质土壤中渗透[3]。

(4) 挥发性

1,2-二氯乙烷的亨利定律常数为$1.18×10^{-3}$ atm·m³/mol，表明1,2-二氯乙烷可以从水面挥发。基于该亨利定律常数，模型河（深1 m，流速1 m/s，风速3 m/s）的挥发半衰期约为4小时，模型湖（1 m深，流速0.051 m/s，风速0.51 m/s）的挥发半衰期约为4天。1,2-二氯乙烷的亨利定律常数表明其可在潮湿土壤表面挥发。基于蒸气压为78.9 mmHg，1,2-二氯乙烷可能从干燥土壤表面挥发[4]。

生态毒理学

水蚤（*Daphnia magna*）48 h-LC_{50}=218 000 μg/L，未规定生物测定条件；虾（*Mys*）96 h-LC_{50}=113 000 μg/L，未规定生物测定条件[5]；斑点革螨（*Gammarus fasciatus*）96 h-LC_{50}>100 mg/L，静态生物测试；石蝇（*Stonefly*）96 h-LC_{50}>100 mg/L，静态生物分析[6]；大菱鲨（*Lepomis macrochirus*）96 h-LC_{50}=430 mg/L（95%CI：230～710 mg/L），静态生物测试，温度21～23℃，pH值6.5～7.9；大菱鲨（*Lepomis macrochirus*）24 h-LC_{50}>600 mg/L，

静态生物测试,温度21～23℃,pH 值7.9～6.5[7]。

毒理学

(1) 急性毒性

小鼠经口服暴露于1,2-二氯乙烷 LD_{50}=870～950 mg/kg;兔经口服 LD_{50}=860～970 mg/kg,经皮肤接触 LD_{50}=3 400～4 460 mg/kg[8];大鼠经口服 LD_{50}=670～890 mg/kg[9],经吸入 LC_{50}=12 000 ppm(31.8分钟)、3 000 ppm(165分钟)、1 000 ppm(432分钟)[10]。

(2) 亚慢性毒性

一项亚慢性实验将大鼠、兔、豚鼠、猴、狗和猫每周5天暴露于浓度为100～1 000 ppm(7 h/d)的1,2-二氯乙烷蒸气中。在1 000 ppm 浓度下,大鼠、兔和豚鼠在暴露几小时后死亡,狗和猫抵抗力较强,但最终死亡。各种动物的病理检查显示肺充血、肾小管变性、肝脏脂肪变性及少见的肾上腺皮质坏死和出血、心肌脂肪浸润。当浓度降至100 ppm 时,大鼠、豚鼠和小鼠存活4个月未发现明显的损伤。另一项类似研究表明,连续接触14～56天400 ppm 1,2-二氯乙烷后,表现出大鼠和豚鼠中的高死亡率、体重减轻、肝脏和肾脏重量轻微增加,但组织病理学变化相对较小。豚鼠在肝脏和肾脏中显示出更明确的组织病理学变化[11]。

(3) 发育与生殖毒性

1,2-二氯乙烷与饲料混合饲养大鼠2年,其中60%～70%的剂量被大鼠摄入,未观察到生育力、产仔数或胎儿重量显著下降[12]。在吸入100 ppm 1,2-二氯乙烷的大鼠和在器官形成期间吸入100 ppm 或300 ppm(7 h/d)的兔中没有发现畸胎。在暴露于300 ppm 的16只大鼠中,10只死亡,这表明300 ppm 暴露浓度具有母体毒性,死亡之前的症状包括嗜睡、共济失调、体重减轻及阴道出血[13]。

(4) 致突变性

1,2-二氯乙烷在鼠伤寒沙门氏菌 TA1530、TA1535和 TA100中具有致突变性，可能导致碱基对置换突变[14]。大鼠每日以≥47 mg/kg 剂量的1,2-二氯乙烷灌胃，在远离给药部位的位置处产生肿瘤。这些研究结果表明，1,2-二氯乙烷通过口服途径对大鼠致癌。在两个物种的处理动物中都发现多种肿瘤类型（恶性和良性）的发生显著增加。在2个暴露组（47 mg/kg 和95 mg/kg）的雄性大鼠中发生了脾脏、肝脏、胰腺、肾上腺（以及其他器官和组织）的组织和血管纤维瘤的发生。在高剂量组（95 mg/kg），雄性大鼠前喉鳞状细胞癌、雌性大鼠腺体腺癌和乳腺纤维腺瘤的发生频率较高。在小鼠中，暴露于195 mg/kg 的剂量时，肝细胞癌和肺腺瘤的发病率在雄性中增加。此外，小鼠经皮肤接触暴露于1,2-二氯乙烷后致癌。在这项研究中，在使用126 mg/kg 剂量每周3次处理428～576天的小鼠中观察到肺部乳头状瘤的发生统计学显著增加，远离作用部位的良性肿瘤亦显著增加，从而提供了支持性证据，表明该化合物具有致癌性，且可穿过皮肤进入循环系统[15]。

人类健康效应

1,2-二氯乙烷对人类的致癌性证据不足，但实验动物有足够的证据证明1,2-二氯乙烷的致癌性。综合评估，1,2-二氯乙烷可能对人类致癌（2B类）[15]。

1,2-二氯乙烷是一种中枢神经系统抑制剂，产生的症状为恶心、呕吐、头痛、头晕、乏力、失衡、昏迷和呼吸停止。情况严重时，中枢神经系统征象首先在暴露几小时内出现，随后是静止期，最后出现少尿和肝转氨酶升高等现象，在接下来的几天内可能发生肝肾功能衰竭。过量摄入1,2-二氯乙烷会引起广泛的器官损伤（尤其是肾脏、肝脏和肾上腺）以及消化道出血。致命大剂量接触的中期会引起肝坏死、急性肾小管坏死、低血糖、高钙血症、低蛋白血症、凝血因子减少、肾上腺坏死和消化道出血。口服0.5～1.0 g/kg 的单剂量可导致死亡，症状显示为肝脏坏死和局灶性肾小球退化、坏死[17]。重度暴露会导致皮肤变蓝紫色、皮炎和角膜擦伤[16]。反复接触液体会产生干燥、鳞状、裂隙性皮炎。液体和蒸气可导致眼睛损伤，包括角膜混浊。急性接触可导致呼吸系统和循环系统衰竭死亡。尸检显示为大多数内脏器官有广泛的出血和损伤[18]。

安全剂量

OSHA 标准：8小时加权平均容许浓度为50 ppm；可接受的上限浓度为100 ppm[19]。

NIOSH 标准：建议将1,2-二氯乙烷作为潜在的人类致癌物质进行管制[20]。

参考文献

[1] Hutchins SR，Tomson MB，Wilson JT，et al. Microbial removal of wastewater organic compounds as a function of input concentration in soil columns[J]. Appl Environ Microbiol，1984，48（5）：1039-1045.

[2] Barrows ME. Dyn Exp Hazard Asses Toxic Chem[M]. MI：Ann Arbor Sci，1980：379-392.

[3] JT Wilson CGE，Dunlap WJ. Transport and Fate of Selected Organic Pollutants in a Sandy Soil 1[J]. J Environ Qual，1981，10：501-506.

[4] Daubert TE，Danner RP. Physical and Thermodynamic Properties of Pure Chemicals Data Compilation[M]. Washington，DC：Taylor and Francis，1989.

[5] Kayser, R., D. Sterling, D. Viviani. Intermedia Priority Pollutant Guidance Documents[M]. Washington，DC：U.S.Environmental Protection Agency，1982：2-2.

[6] U.S. Department of Interior，Fish and Wildlife Service. Handbook of Acute Toxicity of Chemicals to Fish and Aquatic Invertebrates. Resource Publication No. 137[M]. Washington，DC：U.S. Government Printing Office，1980.

[7] RJ Buccafusco SJE,LeBlanc GA. Acute toxicity of priority pollutants to bluegill (Lepomis macrochirus)[J]. BULL ENVIRON CONTAM TOXICOL,1981,26:446-452.

[8] Larson,L.L.,Kenaga,E.E.,Morgan,R.W. Commercial and Experimental Organic Insecticides. 1985 Revision[M]. College Park:Entomological Society of America,1985:26.

[9] Tomlin,C.D.S. The Pesticide Manual-World Compendium. 10th ed. Surrey[M]. UK:The British Crop Protection Council,1994:417.

[10] Verschueren,K. Handbook of Environmental Data of Organic Chemicals. 2nd ed[M]. New York:Van Nostrand Reinhold Co.,1983:645.

[11] Clayton,G. D. and F. E. Clayton. Patty's Industrial Hygiene and Toxicology:Volume 2A,2B,2C:Toxicology. 3rd ed[M]. New York:John Wiley Sons,1981-1982:3493.

[12] Shepard,T.H. Catalog of Teratogenic Agents. 5th ed. Baltimore[M]. MD:The Johns Hopkins University Press,1986:191.

[13] Hayes,W.J.,Jr.,E.R. Laws,Jr. Handbook of Pesticide Toxicology. Volume 2. Classes of Pesticides[M]. New York:Academic Press,Inc.,1991:686.

[14] IARC. Monographs on the Evaluation of the Carcinogenic Risk of Chemicals to Humans[J]. Geneva:World Health Organization,International Agency for Research on Cancer,1972.

[15] Diwan, Sanjivani. Toxicological Profile for 1,2-Dichloroethane[M]. U.S. Department of Health and Human Services, Public Health Service, Agency for Toxic Substances and Disease Registry(ATSDR),1994:53.

[16] Ellenhorn,M.J. and D.G. Barceloux. Medical Toxicology-Diagnosis and Treatment of Human Poisoning[M]. New York:Elsevier Science Publishing Co.,Inc. 1988:976.

[17] National Research Council. Drinking Water & Health Volume 1[M]. Washington,DC:National Academy Press,1977:724.

[18] Sittig,M. Handbook of Toxic and Hazardous Chemicals and Carcinogens,1985. 2nd ed[M]. Park Ridge:Noyes Data Corporation,1985:426.

[19] 29 CFR 1910.100 0（USDOL）；U.S. National Archives and Records Administration's Electronic Code of Federal Regulations.

[20] NIOSH. NIOSH Pocket Guide to Chemical Hazards. DHHS（NIOSH） Publication No. 97-140. Washington，D.C. U.S. Government Printing Office，1997：36.

二乙二醇二甲醚
Diethylene glycol dimethyl ether

基本信息

化学名称：二乙二醇二甲醚。

CAS 登录号：111-96-6。

EC 编号：203-924-4。

分子式：$C_6H_{14}O_3$。

相对分子质量：134.17。

用途：主要作为反应溶剂、溶剂电池电解液，并应用于其他产品，如密封剂、胶粘剂、燃料和汽车护理产品。

危害类别：具有生殖毒性。

结构式：

$$H_3C-O-CH_2-CH_2-O-CH_2-CH_2-O-CH_3$$

理化性质

物理状态：无色液体，气味温和。

熔点：−68℃。

沸点：760 mmHg（62℃）；200 mmHg（116℃）；35 mmHg（75℃）；3 mmHg（20℃）。

蒸气压：2.96 mmHg（25℃）。

密度：0.945 1 g/cm^3（20℃）。

水溶解度：与水、醇、醚、烃溶剂可混溶。

辛醇-水分配系数：$\log K_{ow} = -0.36$。

环境行为

（1）降解性

当二乙二醇二甲醚的起始浓度为600 mg/L 时，在30℃下的 COD 去除率为37.0%，与乙二醇单苯醚95%的降解率相比，二乙二醇二甲醚的降解率很小。使用产生化学品的工业活性污泥处理后，用1%的盐溶液可去除40%的二乙二醇二甲醚，而高盐浓度则抑制二乙二醇二甲醚的降解[1]。25℃下二乙二醇二甲醚在空气中的半衰期约为22小时。由于缺乏在环境条件下水解的官能团，二乙二醇二甲醚不会在环境中发生水解。二乙二醇二甲醚不含有在＞290 nm 波长处吸收的发色团，因此预计不会受到日光直接光解的影响[2]。

（2）生物蓄积性

基于 $\log K_{ow}=-0.36$ 和回归方程，在鱼中计算出二乙二醇二甲醚的估计BCF 值为3。根据分类方案，表明其潜在的水生生物蓄积浓度低[3]。

（3）吸附解析

二乙二醇二甲醚的 K_{oc} 估计值为15，使用 $\log K_{ow}=-0.36$ 和回归方程，根据分类方案，估计的 K_{oc} 值表明二乙二醇二甲醚预计在土壤中具有非常高的流动性[4]。

（4）挥发性

二乙二醇二甲醚的亨利定律常数估计为5.2×10^{-7} atm·m³/mol，其蒸气压为2.96 mmHg，并且指定的水溶性值为1×10^6 mg/L（混溶），因此预计二乙二醇二甲醚从水表面是非挥发性的，也不会发生潮湿土壤表面的挥发。根据蒸气压，二乙二醇二甲醚可能会从干燥的土壤表面挥发[5]。

生态毒理学

林蛙48 h-LC$_{50}$=8 300 mg/kg，未指定来源检查；雅罗鱼96 h-LC$_{50}$＞2 000 mg/L，未指定来源检查[6]。

毒理学

（1）急性毒性

小鼠经口暴露于二乙二醇二甲醚 LD$_{50}$=2 978 mg/kg；大鼠经口LD$_{50}$=4 760 mg/kg，经吸入7 h-LD$_{50}$＞11 mg/L[7]。一项急性暴露实验显示，年轻的成年 ChR-CD 雄性大鼠通过胃内插管以单次剂量1 500～23 000 mg/kg 的二乙二醇二甲醚水溶液灌胃，观察存活的动物并于第14天处死、解剖。所有剂量高于7 500 mg/kg 动物的临床表征为共济失调、肌肉紧张度、嗜睡、虚脱和劳累呼吸。当单剂量口服给予年轻的成年 ChR-CD 雄性大鼠时，二乙二醇二甲醚有轻微毒性，其近似致死剂量约为7 500 mg/kg[8]。

（2）亚慢性毒性

为评估二乙二醇二甲醚的吸入毒性，将20只雄性和10只雌性大鼠仅通过鼻吸入每天6小时、每周5天，连续2周分别暴露于110 ppm、370 ppm 或1 100 ppm 二乙二醇二甲醚。暴露结束后经14天、42天和84天恢复期后（仅限雄性）立即处死大鼠，发现损伤最为严重的包括睾丸、精囊、附睾和前列腺细胞，但在暴露后84天观察到这些损伤部分或完全恢复。造血系统的变化在雌雄两性中都可发现，涉及骨髓、脾脏、胸腺、白细胞和红细胞损伤。二乙二醇二甲醚的睾丸毒性效应与2-甲氧基乙醇相比不明显。反复吸入二乙二醇二甲醚雌性大鼠的 NOEL 值为370 ppm。对于雄性，所有测试的浓度都会对其生殖系统产生影响，因此无法测算 NOEL 值[9]。

（3）发育与生殖毒性

在体内小鼠精子测试中，将10只雄性 B6C3F1小鼠每天7小时暴露于二乙二醇二甲醚蒸气（250 ppm 5天或1 000 ppm 4天）。在最高暴露组中观察到精子头部异常显著增加，但在低暴露组中未观察到显著的与暴露相关的影响[10]。在每日口服剂量高达20 mg 的二乙二醇二甲醚后，评估大鼠睾丸病理学的变化：该毒性效应部分可逆，可能在8周时间内恢复。在使用剂量为5.1 mmol/kg（684 mg/kg）6～8次处理后，可观察到初级和次级精母细胞变性。另外，处理第10天睾丸体重比显著降低，停药8周后继续下降。[11]

在主要的器官形成期间（妊娠第6天），将二乙二醇二甲醚分别每日以0 mg/kg、25 mg/kg、50 mg/kg、100 mg/kg 和175 mg/kg 剂量通过灌胃方法作用于妊娠期的新西兰白兔（15～22只/组）。25 mg/kg 剂量的二乙二醇二甲醚暴露没有观察到不良结果；50 mg/kg 和100 mg/kg 剂量暴露后发育明显异常，但未发现明显的母体毒性证据；175 mg/kg 剂量可导致母体死亡且死亡率增加，生殖影响主要表现在存活胎儿吸收增加和主要畸形发生率增加[12]。

（4）致突变性

在代谢活化的大肠杆菌 WP2 uvrA 突变试验中结果为阴性[13]。

人类健康效应

二乙二醇二甲醚主要对人类生殖系统有损害作用。流行病学研究发现，接触二甲氧基乙醇溶剂（二乙二醇二甲醚的代谢物）的油漆工发现少精症和无精子症的患病率明显增加。通过分析来自造船厂的73位油漆工和40位对照的精液样品发现，当油漆工平均暴露于2.6 mg/cm^{3}二甲氧基乙醇时，尽管在激素水平或精子活力和形态上没有观察到任何影响，但暴露于二甲氧基乙醇的无精症患者的比例为5%，而对照组为0%[14]。

二乙二醇二甲醚还用于制造半导体，流行病学研究评估了半导体人群中潜在的不良生殖结果。对来自5家工厂的女性员工进行了早期胎儿丧失和生育力（每月经周期受孕概率）的前瞻性研究显示，当女性工人暴露于二乙二醇二甲醚的水平较高时，自然流产的风险增加了3倍（RR = 3.38；95%CI = 1.61～5.73）[15]。

安全剂量

NIOSH 推荐标准：建议减少接触到最低可行浓度并防止皮肤接触[16]。

参考文献

[1] Cowan RM，Kwon J. Hazard Ind Wastes，31st[M]. Technomic Pub Co.，Inc.，1999：273-282.

[2] Silverstein RM，Bassler GC. Spectrometric Id Org Cmpd[M]. NY：Wiley & Sons Inc. 1963：148-69.

[3] C Franke GS，G Berger SB. The assessment of bioaccumulation[J]. Chemosphere，1994，29：1501-1514.

[4] WJ Lyman WFR，Rosenblatt DH. Handbook of Chemical Property Estimation Methods [M]. Washington，DC：Amer Chem Soc，1990：4-9.

[5] WJ Lyman WFR，Rosenblatt DH. Handbook of Chemical Property Estimation Methods [M]. Washington，DC：Amer Chem Soc，1990：15-29.

[6] Verschueren，K. Handbook of Environmental Data on Organic Chemicals. Volumes 1-2. 4th ed[M]. New York，NY：John Wiley & Sons，2001：845.

[7] European Chemicals Bureau；IUCLID Dataset，bis（2-methoxyethyl） ether（CAS # 111-96-6）p.27.

[8] EPA/Office of Pollution Prevention and Toxics；High Production Volume（HPV）Challenge Information System（HPVIS）.

[9] R Valentine AJO，Lee KP. Subchronic inhalation toxicity of diglyme[J]. Food and chemical，1999，37（1）：75-86.

[10] Bingham，E.，Cohrssen，B.，Powell，C.H.. Patty's Toxicology Volumes 1-9 5th ed[M]. New York，N Y：John Wiley & Sons. 2001：V7 211.

[11] Cheever KL et al. Toxicol Ind Health 5（6）：1099-110（1989）.

[12] Price CJ. Govt Reports Announcements & Index Issue 20（1987）.

[13] European Chemicals Bureau; IUCLID Dataset, bis (2-methoxyethyl) ether (CAS # 111-96-6) p.39.

[14] International Programme on Chemical Safety; Concise International Chemical Assessment Document Number 41: Diethylene Glycol Dimethyl Ether (2002).

[15] International Programme on Chemical Safety; Concise International Chemical Assessment Document Number 41: Diethylene Glycol Dimethyl Ether (2002).

[16] NIOSH/CDC. NIOSH Recommendations for Occupational Safety and Health Standards 1988, Aug. 1988. (Suppl. to Morbidity and Mortality Wkly. Vol. 37 No. 5-7, Aug. 26, 1988).

F

SVHC

酚酞
Phenolphthalein

基本信息

化学名称：酚酞。

CAS 登录号：77-09-8。

EC 编号：201-004-7。

分子式：$C_{20}H_{14}O_4$。

相对分子质量：318.32。

用途：主要用作实验室试剂（在 pH 指示剂溶液中），用于生产 pH 指示纸和医药产品。

危害类别：具有致癌性，是2B 类致癌物，长期使用可损害肠神经系统，且很可能是不可逆的。

结构式：

理化性质

物理状态：白色至微黄色结晶性粉末，极微溶于氯仿，几乎不溶于水。

熔点：262.5℃（101.3 kPa）。

沸点：548.7℃（101.3 kPa）。

蒸气压：＜9.492 6×10^{-11} Pa（25℃）。

密度：1.323 g/cm³。

水溶解度：＜0.1 g/100 mL（20℃，pH 值6～7）。

环境行为

（1）生物蓄积性

人体摄入50～200 mg 酚酞后，其作用可在体内持续3～4天，多蓄积在肝脏和肾脏，未吸收部分经粪便排出，也可通过乳汁分泌。

（2）稳定性

酚酞具有稳定性，与强氧化剂和碱不相容，在乙醚中略溶，在水中几乎不溶。酚酞的醌式结构或醌式酸盐，在碱性介质中很不稳定，它会慢慢地转化成无色的羧酸盐式；遇到较浓的碱液，会立即转变成无色的羧酸盐式。

（3）挥发性

酚酞不易挥发，当加热到一定程度时会分解，散发出刺鼻烟雾和刺激性烟雾。

生态毒理学

大鼠经口暴露于酚酞 LD_{50}＞1 mg/kg，经腹腔 LD_{50}=500 mg/kg。

毒理学

（1）急性毒性

酚酞的急性毒性发生较少，人体口服最低中毒剂量（TDLO）为29 mg/kg。酚酞会造成电解质紊乱、广泛的液体流失，诱发心律失常、神志不清、肌痉挛及倦怠无力等症状，也可引起出血性肾炎、肝脏损害、黄疸，偶有发生脑脊髓炎，患者会烦躁不安、抽搐、木僵、昏迷，甚至死亡。儿童急性暴露于酚酞可引起严重的肠炎和大出血。

（2）慢性毒性

通过两年的致癌实验，大鼠经口 TDLO=364 mg/kg，小鼠经口 TDLO=281 mg/kg。酚酞主要作用于结肠，在小肠碱性肠液的作用下缓慢分解，形成可溶性钠盐，从而刺激肠壁内神经丛，直接作用于肠平滑肌，使肠蠕动增加，同时又能抑制肠道内水分吸收，使水和电解质在肠内蓄积，严重时可引起肠道痉挛、电解质平衡紊乱。长期接触酚酞可使血糖升高、血钾降低。常见症状有眼睑水肿、结膜瘀斑、鼻部疱疹、舌部溃疡、口腔炎、胃炎、指甲萎缩等，或大小便红色、尿道炎、血尿、蛋白尿。

（3）发育与生殖毒性

酚酞具有对人类可能致癌的生殖毒物，小鼠暴露于1 680 mg/kg 的酚酞14天就会具有体外基因毒性，可能对其生育能力或胎儿造成伤害及遗传性缺陷。酚酞在不存在外源性代谢活化的情况下，不能诱导中国仓鼠卵巢细胞中的姐妹染色单体交换，但在存在外源性代谢活化的情况下，它在细胞的染色体畸变中可以诱导剂量相关反应[1]。

（4）致癌性

酚酞是2B类致癌物，可能对人类致癌，大鼠经口实验表明其具有致癌性。

（5）致突变性

体外试验表明酚酞有致突变效应。

（6）过敏反应

酚酞的过敏反应包括皮疹、皮炎、肠炎、心悸、呼吸困难甚至休克。

人类健康效应

酚酞主要的暴露途径有吸入、食入和皮肤接触。酚酞加热分解会散发出的刺鼻烟雾和刺激性烟雾，可能引起呼吸道及眼睛的刺激反应，研究表明人体暴露于酚酞后出现的眼部并发症是伴随着皮肤广泛反应的眼睑和结膜瘀斑水肿[2]。食入吞咽后约有15%被吸收，吸收的药物主要以葡萄糖醛酸化物形式经尿液或粪便排出，部分通过胆汁排泄至肠腔，在肠中被再吸收，形成肠肝循环。酚酞本身及其代谢产物会直接刺激肠壁，使肠壁蠕动增加，引起胃肠道相关疾病，如过敏性肠炎、胃肠出血和结肠炎改变。酚酞也可从乳汁排出，影响母婴健康，女性在哺乳期间暴露于酚酞可能导致婴儿腹泻。酚酞通过皮肤吸收可能引起皮肤刺激，主要表现为皮炎、瘙痒、灼痛、史蒂文斯-约翰逊综合征和类似红斑狼疮的综合征等。酚酞也可干扰人体酚磺酞排泄，使尿液变成品红色或橘红色，并使酚磺酞排泄加快。

参考文献

[1] CANCER IAFO. Monographs on the evaluation of the carcinogenic risk of chemicals to humans[J]. Overall Evaluation of the Carcinogenicity An Updating of Iarc Monographs, 1987：229-230.

[2] FRAUNFELDER FT. Toxicology of the Eye，3rd ed[M]. USA：American Journal of Ophthalmology, 1986, 102（3）：410.

呋喃
Oxole

基本信息

化学名称：1-氧杂-2,4-环戊二烯。

CAS 登录号：110-00-9。

EC 编号：203-727-3。

分子式：C_4H_4O。

相对分子质量：164.25。

用途：可用于有机合成，也可作为溶剂。

危害类别：有麻醉和弱刺激作用，极度易燃；吸入后可引起头痛、头晕、恶心、呼吸衰竭。

结构式：

理化性质

物理状态：无色液体，有温和的香味。

熔点：−85.6℃（101.3 kPa）。

沸点：31.5℃（101.3 kPa）。

密度：0.962 g/m³。

水溶解度：1.34 mg/L（20℃，pH 值6～7）。

环境行为

（1）降解性

气相呋喃通过与光化学反应介导的羟基自由基、臭氧和硝酸根自由基在大气中降解，反应的半衰期分别为9～10小时、4.5～4.6天和50分钟。

利用 MITI 试验表明生物降解不是其降解的重要过程。根据估计的 K_{oc} 值，呋喃释放到水中可吸附到悬浮固体和沉积物上。

（2）生物蓄积性

对鱼进行呋喃染毒，暴露浓度为0.1 mg/L 和1 mg/L，呋喃的 BCF 值范围为0.9～1.5和3.2～13，表明其在水生生物体内的生物浓度较低。

（3）吸附解析

呋喃在土壤中可能具有高迁移率，其估计的土壤吸附系数 K_{oc} 为80。

（4）挥发性

在特殊化学品的有机合成及使用过程中，呋喃可能会释放到环境中。从空气中气相成分的香烟烟雾、木烟、废气、柴油和汽油中均能检测到呋喃，通过松香的蒸馏得到的油中也可检测到呋喃。呋喃已被确定可以从山梨树挥发排放。如果释放到空气中，在25℃、600 mmHg 的蒸气压条件下，呋喃在大气中仅以蒸气形式存在[1]。

生态毒理学

在流水式条件下，黑头琵鹭24 h-EC_{50} = 99 000 μg/L，48 h-EC_{50}= 71 000 μg/L。

毒理学

（1）急性毒性

呆鲦鱼24 h L-C_{50}=99 000 μg/L，48 h-LC_{50}=71 000 μg/L，96 h-LC_{50}= 61 000 μg/L。大鼠静脉注射 LD_{50}=5 200 μg/kg[2]。

（2）亚慢性毒性

对呋喃进行亚慢性灌胃研究，使用不同性别的F344/N大鼠和B6C3F1小鼠灌胃，每10只雌雄大小鼠分别暴露于0 mg/kg、4 mg/kg、8 mg/kg、15 mg/kg、30 mg/kg和60 mg/kg的剂量，连续暴露13周，所有动物均进行大体尸检，并对死亡率、体重、器官重量、临床和组织病理学指标进行评估。毒性临床表现主要集中在高剂量（60 mg/kg）组的雌、雄性大鼠及雌性小鼠。在大鼠中，除低剂量组外，所有处理组雄性大鼠和所有低剂量组雌性大鼠的肝脏大小均呈剂量相关性增加。组织病理学检查显示，大鼠肝脏病变的严重程度与剂量相关，在4 mg/kg时观察到肝脏轻微和极小的病变，这是测试的最低水平。与呋喃相关的肝脏改变包括肝细胞肿大、变性、坏死和结节性增生、胆管纤维化、上皮增生和库普弗（Kupffer）细胞中的色素沉积。除上述报道的大鼠肝脏改变外，在小鼠上发现的肝脏改变有局灶性纤维化、局灶性细胞学改变、局灶性坏死和局灶性支持性炎症[3]。

（3）基因毒性

细菌实验中，呋喃引起鼠伤寒沙门氏菌 TA100 和含有噬菌体 T7 的大肠杆菌中的基因突变；哺乳动物体外系统中，呋喃诱导了小鼠淋巴瘤细胞的基因突变、中国仓鼠卵巢细胞（CHO）中的 DNA 损伤，并在 CHO 细胞中出现染色体损伤与外源性代谢激活系统，但它没有引起小鼠或大鼠肝细胞的 DNA 损伤。在哺乳动物体内系统中，呋喃诱导 B6C3F1 小鼠骨髓染色体畸变，但未诱导 B6C3F1 小鼠或 F344/CRBR 大鼠肝细胞 DNA 损伤。

人类健康效应

接触呋喃会刺激、灼伤皮肤和眼睛，呋喃蒸气会刺激呼吸道。呋喃是中枢神经系统的抑制剂。暴露在较高的呋喃环境中会导致肺水肿，这是一种可能会延迟数小时的紧急医疗情况。接触呋喃还可引起头痛、头晕、气短、无意识和窒息的症状。急性吸入呋喃可能引起可逆和不可逆的变化。

通过摄入或皮肤吸收的急性接触以及慢性接触与高毒性有关。长期接触呋喃可能致癌，因为它已经被证明会导致动物的肝脏和白细胞癌[4]。

参考文献

[1] SWANN R L, LASKOWSKI D A, MCCALL P J, et al. A rapid method for the estimation of the environmental parameters octanol/water partition coefficient, soil sorption constant, water to air ratio, and water solubility[M]. Residue Reviews, 1983.

[2] VALVANI S C, YALKOWSKY S H, ROSEMAN T J. Solubility and partitioning IV: Aqueous solubility and octanol-water partition coefficients of liquid nonelectrolytes[J]. Journal of Pharmaceutical Sciences, 2010, 70 (5): 502-507.

[3] CRANE M, Watts C, BOUCARD T. Chronic aquatic environmental risks from exposure to human pharmaceuticals[J]. Science of the Total Environment, 2006, 367 (1): 23-41.

[4] LIMA A R, CURTIS C, Hammermeister D E, et al. Acute and chronic toxicities of arsenic (III) to fathead minnows, flagfish, daphnids, and an amphipod[J]. Archives of Environmental Contamination & Toxicology, 1984, 13 (5): 595-601.

氟硼酸铅
Lead fluoroborate

基本信息

化学名称：氟硼酸铅。

CAS 登录号：13814-96-5。

EC 编号：237-486-0。

分子式：B_2F_8Pb。

相对分子质量：380.81。

用途：用于印刷线路的铅锡合金电镀及铅低温焊接，也用作分析试剂，还可作为电路板铅锡合金的镀层。

危害类别：具有生殖毒性。

结构式：

$$\text{F}-\underset{\underset{\text{F}}{|}}{\overset{\overset{\text{F}}{|}}{\text{B}^-}}-\text{F} \quad \text{F}-\underset{\underset{\text{F}}{|}}{\overset{\overset{\text{F}}{|}}{\text{B}^-}}-\text{F} \quad \text{Pb}_2^+$$

理化性质

物理状态：淡黄色液体（20℃，101.3 kPa），无臭味，不挥发。

相对密度：1.5~1.7（水=1）。

溶解性：与水混溶。

密度：1.62 g/mL（20℃）。

毒理学

（1）急性毒性

具有皮肤和眼睛刺激作用[13]。大鼠经口暴露于氟硼酸铅 LD_{50}=50 mg/kg[1]。

（2）致癌性

氟硼酸铅已经被证实具有动物致癌性[2]，铅化合物具有人类致癌性[3]。

人类健康效应

经口和吸入是铅暴露的主要途径，接触后会导致皮肤和眼睛发炎及灼伤，最常见的症状是呼吸刺激/烧灼，可引起头痛、易怒、情绪变化、记忆力减退和睡眠紊乱[4]。急性效应为食管和胃坏死合并恶心、呕吐、腹泻、循环衰竭、死亡。氟硼酸铅蒸气可引起眼睛和眼睑的严重刺激，可能导致长期或永久的视觉缺陷或完全破坏视力；皮肤接触可能导致严重烧伤。氟硼酸铅的慢性效应表现为可引起氟中毒，症状为白细胞减少、身体不适、贫血、牙齿变色、骨质硬化。

参考文献

[1] LEWIS RJ. Sax's Dangerous Properties of Industrial Materials. 11th Edition[M]. Hoboken：Wiley，2004：3022.

[2] ACGIH. Threshold Limit Values for Chemical Substances and Physical Agents and Biological Exposure Indices[M]. Cincinnati：American Conference of Governmental Industrial Hygienists TLVs and BEIs，2010：37.

[3] DHHS. Eleventh Report on Carcinogens：Lead，and Lead Compounds（January 2005）[R]. USA：National Toxicology Program, 2009.

[4] M.SITTIG.Handbook of Toxic and Hazardous Chemicals and Carcinogens（2nd ed）[M]. New Jersey：Noyes Publications，1985：737-739.

铬酸、重铬酸及低聚铬酸类
Chromic acid

基本信息

化学名称：铬酸。

CAS 登录号：7738-94-5。

EC 编号：231-801-5。

分子式：H_2CrO_4。

相对分子质量：118.010。

用途：用于金属表面处理，如电镀、软化膜、增亮剂，也用作水中使用的木料防腐剂的固色剂，还可用于油漆、色粉、催化剂、洗涤剂的生产，以及用作氧化剂。

危害类别：具有致癌性。

结构式：

$$\text{HO}-\underset{\underset{\text{O}}{\parallel}}{\overset{\overset{\text{O}}{\parallel}}{\text{Cr}}}-\text{OH}$$

理化性质

物理状态：深色的紫红色水晶（无水铬酸），有腐蚀性，易潮解。

熔点：196℃。

沸点：约250 g。

密度：1.67～2.82 g/m³。

水溶解度：169 g/100 g 水（25℃）。

生态毒理学

北白鹌鹑8 d-LC_{50}＞5 100 ppm[1]，LD_{50}=164 mg/kg [1]。水蚤48 h-EC_{50}=760 μg/L[1]。

毒理学

（1）急性毒性

此类化合物具有皮肤刺激作用。狗经口服暴露于此类化合物 LD_{50}=330 mg/kg [2]，大鼠经口服 LD_{100}=350 mg/kg[3]。

（2）发育与生殖毒性

新西兰白兔人工授精后，在妊娠第7～19天分别以每天0 mg/kg（去离子水）、0.1 mg/kg、0.5 mg/kg、2.0 mg/kg和5.0 mg/kg的剂量，用60%（纯度=55.05%）的铬酸溶液灌胃（16只/剂量）。孕兔NOEL=0.5 mg/kg（2 mg/kg和5 mg/kg剂量组的死亡率分别为6.25%和31%、流产率分别为8.33%和33.3%）。吸收胎发生（7%～46%）主要为着床失败。5 mg/kg剂量组的食物消耗量显著降低，而在2 mg/kg剂量组显著降低12%～21%，在≥2 mg/kg剂量时食物消耗量有所增加。发育毒性NOEL=5.0 mg/kg（在任何剂量下均无治疗相关效应）[4]。

（3）内分泌干扰性

在小仓鼠肾细胞（BHK）和中国仓鼠卵巢细胞（CHO）上进行了氧化六价铬（铬酸、铬酸钾、铬酸钠、重铬酸钾、重铬酸钠）和三价铬（铬-氯、硝酸铬、硫酸铬、乙酸铬）的细胞毒性和细胞遗传学研究，结果表明，六价铬化合物的抑制剂量（50%）比含 BHK 细胞的三价铬化合物低100～375倍。六价铬化合物的 LD_{50} 比含 CHO 细胞的三价铬化合物低1 250倍以上。

在 CHO 细胞中，与六价铬化合物的姐妹染色单体交换（SCE）显著增加。六价铬化合物的浓度为 0.25~1 μg/mL 时，使 BHK 细胞的生长和存活率（如 DNA 和 RNA 合成所示）下降了 300 倍。六价铬和三价铬（SCE=1.0~1.1 倍；染色体畸变率 CA=1.2~2.3 倍）使 CHO 细胞 SCE 频率（1.5~2.1 倍）和 CA（3.3~9.9 倍）增加[4]。

（4）致癌性

有足够的证据证明铬化合物在铬酸盐生产、铬酸盐颜料生产和镀铬工业中具有致癌性。实验动物对铬酸钙、铬酸锌、铬酸锶和铬酸铅的致癌性有充分的证据。在实验动物中，关于三氧化铬（铬酸）和重铬酸钠致癌性的证据有限。

总体评价：根据流行病学研究的综合结果结合实验动物的致癌性研究以及其他几类相关数据，支持六价铬离子在靶细胞关键位置产生致癌作用的结论[5]。从实验和流行病学上证实，六价铬化合物作为致癌物对呼吸系统可以产生特定的生物学影响[6]。

人类健康效应

反复或长期暴露于铬酸或铬酸盐粉尘或雾中可能导致鼻中隔溃疡和穿孔，呼吸道刺激可能会出现类似哮喘的症状。皮肤长时间暴露或反复暴露可能导致皮疹或过敏性皮疹[7]。铬酸是一种强力刺激皮肤、眼睛和黏膜的物质，可引起皮炎、支气管哮喘、"铬洞"、眼睛损伤[8]。

眼睛接触会造成严重的损伤，其特征是角膜浸润、血管化和混浊。长期暴露在含有铬酸、重铬酸的空气中会导致慢性结膜炎症。此外，在罕见的情况下，角膜浅层会形成一条棕色的条带[9]。

参考文献

[1] USEPA, Office of Pesticide Programs; Pesticide Ecotoxicity Database on Chromic acid .2000.（7738-94-5）.

[2] SAX N I. Dangerous Properties of Industrial Materials Reports[R]. New York: Van Nostrand Rheinhold, 1987: 53.

[3] VENUGOPAL B, LUCKEY T D . Metal Toxicity in Mammals[M]. New York: Plenum Press, 1978: 252.

[4] Summary of Toxicology Data, Chromic Acid, Chemical Code No. 001188 p. 4[J]. California Environmental Protection Agency/Department of Pesticide Regulation, 2000.

[5] IARC. Monographs on the Evaluation of the Carcinogenic Risk of Chemicals to Humans. Geneva: World Health Organization, International Agency for Research on Cancer, 1972.

[6] ADACHI S. Effects of chromium compounds on the respiratory system. 5. Long term inhalation of chromic acid mist in electroplating by C57BL female mice and recapitulation of our experimental studies[J].Sangyo Igaku. 1987 Jan; 29（1）: 17-33.

[7] MACKISON F W, STRICOFF R S, PARTRIDGE L J, Jr. NIOSH/OSHA - Occupational Health Guidelines for Chemical Hazards. DHHS（NIOSH）Publication[M].Washington, DC: U.S. Government Printing Office, Jan. 1981.No. 81-123（3 VOLS）.

[8] LEWIS R J. Sr. Sax's Dangerous Properties of Industrial Materials. 11th Edition[M]. Wiley-Interscience, Wiley & Sons, Inc. Hoboken, NJ. 2004: 917

[9] Grant, W.M. Toxicology of the Eye 3rd ed[M]. Springfield, IL: Charles C. Thomas Publisher, 1986: 234.

铬酸钾
Potassium chromate

基本信息

化学名：铬酸钾。

CAS 登录号：7789-00-6。

EC 编号：232-140-5。

分子式：K_2CrO_4。

相对分子质量：194.191。

用途：涉及搪瓷、精加工皮革生产和金属防锈。

危害类别：具有致癌性和致突变性。

结构式：

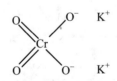

理化性质

物理状态：黄色正交晶体[1]，无气味[2]，有腐蚀性[3]、非吸湿性[4]。

熔点：975℃。

密度：2.723 g/m³ [5]。

pH 值：水溶液呈碱性[5]。

水溶解度：650 g/L（25℃）[1]。

蒸气压：0[6]。

环境行为

以铬酸钾为铬源,在30天的持续时间内测定了虹鳟鱼(*Salmo gairdneri*)的BCF值为1.0(以铬为基础)[7]。根据分类方案,该BCF值表明铬酸钾在水生生物中的生物浓度较低[8]。

生态毒理学

在流水式条件下,黑头呆鱼24 h-LC_{50} = 3.17 mg/L。在25℃、pH值7.96～8.18、硬度(以$CaCO_3$计)65.8～73.2 mg/L、碱度(以$CaCO_3$计)45.5～56.2 mg/L的条件下,静态淡水水蚤24 h-LC_{50}=200 μg/L,48 h-LC_{50}=150 μg/L[9]。在28℃、静态条件下,斑马鱼胚胎48 h-LC_{50}=4 680 000 μg/L[10]。

毒理学

(1)急性毒性

小鼠经口暴露于铬酸钾LD_{50}=180 mg/kg,经腹腔注射LD_{50}=32 mg/kg;兔子经肌肉注射LD_{50}=11 mg/kg[11]。

给小鼠按体重施用30 mg/kg铬酸钾,并在注射后24小时和48小时研究其毒性作用。组织学结果揭示六价铬化合物对脾细胞有时间依赖性效应。注射后24小时的改变包括被膜增大和红髓细胞的消耗,并伴随巨噬细胞的增加,48小时后可观察到部分红髓修复[12]。

(2)亚慢性/慢性毒性

23只兔子被喂食8周,标准饮食中添加1.5%的胆固醇,之后胆固醇补充停止,但11只兔子每天腹腔注射20 μg铬酸钾,其余12只接受蒸馏水。30周后再检查主动脉,平均单位长度重量为1.27 g。对照组和铬酸钾处理组主动脉单位长度总胆固醇含量分别为729 mg/100 mL和457.8 mg/100 mL,表明铬酸钾中的铬离子对胆固醇所致家兔动脉粥样硬化斑块的消退有显著影响[13]。

(3) 发育与生殖毒性

将9周龄的C57BL/6J/bom雌性小鼠与t-stock雄性小鼠交配，并在怀孕第8天、第9天和第10天分别用20 mg/kg或10 mg/kg铬酸钾处理。10 mg/kg的染毒剂量可引发后代皮毛中灰色或褐色斑点[14]。

为评估短期暴露后铬酸钾对小鼠精子细胞的作用，将雄性ICR-CD1小鼠连续4天按体重分别给予5 mg/kg或10 mg/kg铬酸钾。一组小鼠在实验开始后第5天处死，另一组在第35天处死，通过光学显微镜评估其睾丸和附睾组织学，并通过流式细胞术（FCM）评估睾丸细胞群，从附睾收集精子并评估它们的形态和几个功能参数（密度、运动性、存活力、线粒体功能、顶体完整性）。此外，在2个实验期间评估了精子细胞的DNA片段化和染色质状态。除降低曲细精管的直径之外，暴露于铬酸钾不会引起小鼠睾丸或附睾的进一步组织病理学改变。关于精子形态，在第5天和第35天分别发现多种异常百分比的增加和正常精子百分比的降低。虽然精子线粒体功能或生存能力没有受到影响，但在2个实验期间，铬酸钾暴露均显著降低其运动性。在第35天处死的注射10 mg/kg剂量的小鼠中发现顶体完整性降低。暴露于铬酸钾不影响DNA片段化或染色质对精子细胞酸变性的易感性。铬酸钾可对精子生理参数如活力、形态和顶体状态产生影响，并且在一个生精周期后测试的剂量不会诱导精子细胞的DNA损伤[15]。

通过对小鼠胎儿的畸形分析评估了铬酸钾的胚胎毒性和致畸潜力。将试验化学品腹膜内给予雌性及雄性的瑞士白化小鼠共30天。对接受治疗的动物产生的胎儿进行畸形扫描，显示胎鼠存活数量和产仔数减少。吸收率和死亡高发生率表明测试化学品具有胚胎毒性效应，骨骼和形态畸形表明铬酸钾具有胎儿毒性的可能性[16]。

(4) 致癌性

六价铬是一种众所周知的人类致癌物，在职业和环境中都有暴露。尽管其肺吸入的致癌性已被证实，但饮用水暴露于六价铬的致癌危害尚未确定。使用裸鼠模型可以用来研究饮水中铬酸钾浓度对紫外线辐射（UVR）诱导的皮肤肿瘤的影响，分为裸鼠未暴露组、暴露于单独的UVR组（1.2 kJ/m^2）、铬酸钾单独暴露组（2.5 ppm和5.0 ppm）、UVR加铬酸钾组合暴露组（0.5 ppm、2.5 ppm、5.0 ppm）。每周观察小鼠出现大于2 mm的皮肤肿瘤。所有小鼠在第182天安乐死。切除皮肤肿瘤，随后通过组织病理学显微镜分析恶性肿瘤。在未处理的小鼠和仅暴露于铬酸盐的小鼠中未观察到皮肤肿瘤。然而，与仅暴露于紫外线的小鼠相比，接触铬酸钾和紫外线的小鼠中出现大于2 mm的皮肤肿瘤的数量呈剂量依赖性增加。在2个最高铬酸钾剂量组（2.5 ppm和5.0 ppm）中，紫外线和铬酸钾对大于2 mm肿瘤的增加具有统计学意义（$P<0.05$）。UVR加铬酸钾（5 ppm）组与单独紫外线暴露组相比，每只小鼠的恶性肿瘤数量显著增加。上述数据表明，铬酸钾以剂量依赖性方式增加UV诱导的皮肤肿瘤数量，支持了监管机构与广泛的人类接触饮用水中的六价铬引起的致癌危害[17]。

（5）致突变性

铬酸钾的Ames试验呈阳性，大肠杆菌wp2-反向突变实验也呈阳性[18]。在果蝇翅膀斑病实验中评估两种六价铬化合物（铬酸钾和重铬酸钾）和一种三价铬化合物（氯化铬）的遗传毒性效应（检测有丝分裂重组和各种类型的突变事件）发现，其遗传毒性效应是通过第三染色体隐性标记多刚毛（mwh）、翼斑（flr）、多刚毛杂合。翼斑可由不同的遗传毒性机制所致——点突变、缺失、染色体断裂和有丝分裂重组，而双斑仅由有丝分裂重组产生。结果显示两种六价铬化合物显著增加了突变克隆的发生率，而三价铬化合物不会增加突变克隆的频率[19]。

人类健康效应

六价铬通过吸入途径吸收被列为确认的人类致癌物。水溶性和不溶性六价铬无机化合物均为确认的人类致癌物。铬暴露工人的职业流行病学研究结果已建立铬暴露和肺癌的剂量-反应关系，动物数据与人类六价铬流行病学研究结果一致。

经口摄入可导致剧烈的胃肠炎和严重的循环衰竭[3]。眼部接触会对眼睛造成严重损害，甚至导致视力丧失[20]。六价铬对鼻、喉和支气管具有明显的刺激性，表现为咳嗽和（或）喘鸣。皮肤接触可能引起严重的刺激，造成深溃疡或过敏性皮疹[20]。铬酸雾和铬酸盐粉尘可能会严重刺激鼻、喉、支气管和肺部[21]。

参考文献

[1] HAYNES WM. CRC Handbook of Chemistry and Physics. 95th Edition[M]. Boca Raton：CRC Press，2015：4-82.

[2] NOAA. CAMEO Chemicals. Database of Hazardous Materials. Potassium Chromate（7789-00-6）. Natl Ocean Atmos Admin，Off Resp Rest；NOAA Ocean Serv：2015，http：//cameochemicals.noaa.gov/.

[3] GOSSELIN RE，SMITH RP，HODGE HC. Clinical Toxicology of Commercial Products. 5th ed[M]. Baltimore：Williams and Wilkins，1984：II-109.

[4] ANGER G，HALSTENBERG J，HOCHGESCHWENDER K，et al. Chromium Compounds. Ullmann's Encyclopedia of Industrial Chemistry. 7th ed[M]. New York：Wiley，2000.

[5] O'NEIL MJ. The Merck Index-An Encyclopedia of Chemicals，Drugs，and Biologicals[M]. Cambridge：Royal Society of Chemistry，2013：1418.

[6] MACKISON FW，STRICOFF RS，PARTRIDGE LJ. NIOSH/OSHA-Occupational Health Guidelines for Chemical Hazards[M]. Washington DC：DHHS（NIOSH），1981：3.

[7] USEPA. Ambient Water Quality Criteria Doc：Chromium p.54（1984）EPA 440/5-84-029：2015，http：//nepis.epa.gov/Exe/ZyPDF.cgi？Dockey=60000XZI.PDF.

[8] FRANKE C，STUDINGER G，BERGER G，et al. The assessment of bioaccumulation[J].

Chemosphere, 1994, 29: 1501-1514.

[9] TSUI MTK. Environ Pollut 138 (1): 59-68 (2005) as cited in the ECOTOX database: 2016, https: //cfpub.epa.gov/ecotox/quick_query.htm.

[10] BICHARA D. J Appl Toxicol 34: 214-219 (2014) as cited in the ECOTOX database: 2016, https: //cfpub.epa.gov/ecotox/quick_query.htm.

[11] LEWIS RJ. Sax's Dangerous Properties of Industrial Materials. 11th Edition[M]. Hoboken: Wiley, 2004: 3026.

[12] DAS NEVES RP, SANTOS TM, DE PEREIRA ML, et al. Chromium (Ⅵ) induced alterations in mouse spleen cells: a short-term assay[J]. Cytobios, 2001, 106 (Suppl 1): 27-34.

[13] ABRAHAM AS, SONNENBLICK M, EINI M, et al. The effect of chromium on established atherosclerotic plaques in rabbits[J]. American Journal of Clinical Nutrition, 1980, 33 (11): 2294-2298.

[14] KNUDSEN I. The mammalian spot test and its use for the testing of potential carcinogenicity of welding fume particles and hexavalent chromium[J]. Acta pharmacologica et toxicological, 1980, 47 (1): 66-70.

[15] OLIVEIRA H, SPANÒ M, GUEVARA MA, et al. Evaluation of in vivo reproductive toxicity of potassium chromate in male mice[J]. Experimental and Toxicologic Pathology, 2010, 62 (4): 391-404.

[16] GOWRISHANKAR B, VIVEKANANDAN OS, SRINATH BR, et al. Foetotoxic effect of potassium chromate (K_2CrO_4) in Swiss albino mice[J]. Journal of the Indian Institute of Science, 1996, 76 (3): 389-394.

[17] DAVIDSON T, KLUZ T, BURNS F, et al. Exposure to chromium (Ⅵ) in the drinking water increases susceptibility to UV-induced skin tumors in hairless mice[J]. Toxicology and Applied Pharmacology, 2004, 196 (3): 431-437.

[18] GENE-TOX Program: Current Status of Bioassay in Genetic Toxicology. U.S. Environmental Protection Agency, Washington, DC. Office of Toxic Substances and

Pesticides. For program information, contact Environmental Mutagen Information Center, Oak Ridge National Laboratory, Post Office Box Y, Oak Ridge, Tennessee 37830. Telephone (615):574-7871.

[19] AMRANI S, RIZKI M, CREUS A, et al. Genotoxic activity of different chromium compounds in larval cells of Drosophila melanogaster, as measured in the wing spot test[J]. Environmental and Molecular Mutagenesis, 1999, 34 (1): 47-51.

[20] POHANISH RP. Sittig's Handbook of Toxic and Hazardous Chemical Carcinogens 6th Edition Volume 1: A-K, Volume 2: L-Z[M]. Waltham: William Andrew, 2012: 2212.

[21] MACKISON FW, STRICOFF RS, PARTRIDGE LJ. NIOSH/OSHA-Occupational Health Guidelines for Chemical Hazards[M]. Washington DC: DHHS (NIOSH), 1981: 1.

铬酸钠
Sodium chromate

基本信息

化学名称：铬酸钠。

CAS 登录号：7775-11-3。

EC 编号：231-889-5。

分子式：Na_2CrO_4。

相对分子质量：161.974。

用途：用于油墨、染色、涂料颜料和皮革鞣革的生产，合成其他铬酸盐和防止铁锈蚀。

危害类别：具有致癌性、致突变性和生殖毒性，对人类致癌性证据充分。

结构式：

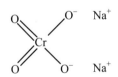

理化性质

物理状态：黄色正交晶体[1]，无气味[2]；因具有强氧化能力而有腐蚀性；易溶于水，水溶液呈碱性，微溶于乙醇；具有吸湿性，并能形成几种水合物——十水合物低于19.5℃，六水合物为19.5~25.9℃，四水合物为25.9~62.8℃，62.8℃以上转化为无水铬酸钠[3]。

熔点：794℃ [1]。

密度：2.723 g/m³ [4]。

水溶解度：876 g/L（25℃）[1]。

环境行为

铬酸钠用于钻井泥浆时易导致其直接释放到环境中。美国每年大约有1 t的铬酸钠被用于得克萨斯州的钻井泥浆，以防止钻柱疲劳、腐蚀开裂[5]。

生态毒理学

六价铬是一种海洋污染物，有研究评估了可溶性和不溶性六价铬颗粒对玳瑁海龟的细胞毒性和遗传毒性。$0.1\ \mu g/cm^2$、$0.5\ \mu g/cm^2$、$1\ \mu g/cm^2$ 和 $5\ \mu g/cm^2$ 铬酸盐颗粒暴露后，玳瑁海龟的相对存活率分别为108%、79%、54%和7%。此外，$0\ \mu g/cm^2$、$0.1\ \mu g/cm^2$、$0.5\ \mu g/cm^2$、$1\ \mu g/cm^2$ 和 $5\ \mu g/cm^2$ 铬酸盐颗粒分别诱导4%、10%、15%、26%和36%的细胞损伤，并在100个分裂细胞中分别引起4个、11个、17个、30个和56个染色体畸变。对于可溶性铬，0.25 μmol/L、0.5 μmol/L、1 μmol/L、2.5 μmol/L和5 μmol/L铬酸钠分别诱导84%、69%、46%、25%和3%的相对存活率，并在100个分裂细胞中分别引起3个、10个、16个、26个和39个染色体受损[6]。

毒理学

（1）急性毒性

大鼠经腹腔注射暴露于铬酸钠 LD_{50}=57 mg/kg，小鼠经腹腔注射 LD_{50}=32 mg/kg，猫经静脉注射 LD_{50}=164 mg/kg[7]。

大鼠腹腔注射10 mg/kg 或20 mg/kg 铬酸钠水溶液，分别在24小时和6小时后尿溶菌酶升高，并出现蛋白尿[8]。

（2）亚慢性/慢性毒性

兔每天6小时、每周5天暴露于0.9 mg/m³铬酸钠气溶胶，4～6周后巨噬细胞数量显著增加[9]。大鼠每天腹腔注射铬酸钠6 mg/kg，每周3天，共持续60天，可造成大鼠肝脏损伤[10]。

（3）发育与生殖毒性

铬酸钠中的六价铬可诱导叙利亚仓鼠次生胚胎细胞形态转变[11]。

通过评估铬酸钠对非洲爪蟾的胚胎毒性和致畸性，六价铬的 LC_{50} 和致畸中位数 TC_{50} 浓度值分别为89 μmol 和260 μmol，致畸指数 TI 为3.42，表明六价铬具有致畸潜力；胚胎的畸形包括尾部的卷绕和身体浮肿。此外，铬盐在25 μmol 暴露浓度下可导致青蛙生长显著迟缓[12]。

（4）致癌性

动物实验数据与六价铬的人类致癌性数据一致。动物暴露于六价铬可产生以下肿瘤类型：大鼠和小鼠肌内注射部位肿瘤、大鼠胸膜内植入部位肿瘤、大鼠吸入暴露支气管肿瘤和皮下注射部位肉瘤。体外数据提示了六价铬致癌作用的潜在作用模式，即六价铬细胞内还原为三价铬形式后导致 DNA 氧化性损伤。六价铬容易通过细胞膜并在细胞内快速还原以生成反应性五价铬和四价铬中间体及氧自由基。在还原六价铬期间形成许多潜在致突变的 DNA 损伤。六价铬通过细菌分析，在酵母菌和 V79 细胞中具有致突变性，六价铬化合物在体外降低了 DNA 合成的保真度。铬酸盐已被证明可转化原代细胞和细胞系[13]。

（5）致突变性

大肠杆菌 WP2 回复突变试验为阳性[14]，证明铬酸钠具有遗传毒性，可引起 DNA 链断裂和染色体损伤[15]。

人类健康效应

据统计估计，在美国有80 015名工人（其中3 487名为女性）可能接触铬酸钠[16]。在生产或使用铬酸钠的工作场所，其职业接触可能是通过吸入灰尘和微粒以及皮肤接触发生的[17]。

六价铬被列为确认的人类致癌物。水溶性和不溶性六价铬无机化合物均为确认的人类致癌物。铬暴露工人的职业流行病学研究结果已确立铬暴露和肺癌的剂量-反应关系，动物数据与人类六价铬流行病学研究结果一致。

眼部暴露会造成严重的损害，甚至会导致视力丧失[18]。鼻、咽和支气管暴露可能会引起刺激反应，伴有咳嗽和（或）喘息。皮肤接触会引起严重的刺激反应[18]。

铬酸盐急性中毒可导致急性肝损伤和弥漫性血管内凝血（DIC），而病理结果提示有轻微肾损伤，且主要体现为远端小管的损伤[19]。

参考文献

[1] HAYNES WM. CRC Handbook of Chemistry and Physics. 95th Edition[M]. Boca Raton：CRC Press LLC，2015：4-89.

[2] NOAA. CAMEO Chemicals. Database of Hazardous Materials. Sodium Chromate（7775-11-3）. Natl Ocean Atmos Admin，Off Resp Rest；NOAA Ocean Serv：2015，http：//cameochemicals.noaa.gov/.

[3] ANGER G，HALSTENBERG J，HOCHGESCHWENDER K，et al. Chromium Compounds. Ullmann's Encyclopedia of Industrial Chemistry. 7th ed[M]. New York：Wiley，2000.

[4] O'NEIL MJ. The Merck Index-An Encyclopedia of Chemicals，Drugs，and Biologicals[M]. Cambridge：Royal Society of Chemistry，2013：1597.

[5] AGE BJ，LOAR GW. Chromium Compounds. Kirk-Othmer Encyclopedia of Chemical Technology[M]. New York：John Wiley & Sons，2004.

[6] WISE SS，XIE H，FUKUDA T，et al. Hexavalent chromium is cytotoxic and genotoxic to hawksbill sea turtle cells[J]. Toxicology and Applied Pharmacology，2014，279（2）：113-118.

[7] LEWIS RJ. Sax's Dangerous Properties of Industrial Materials. 11th Edition[M].

Hoboken: Wiley-Interscience, Wiley & Sons, 2004: 1526.

[8] KIRSCHBAUM BB, SPRINKEL FM, OKEN DE. Proximal tubule brush border alterations during the course of chromate nephropathy[J]. Toxicology and Applied Pharmacology, 1981, 58 (1): 19-30.

[9] JOHANSSON A, WIERNIK A, JARSTRAND C, et al. Rabbit alveolar macrophages after inhalation of hexa- and trivalent chromium[J]. Environmental Research, 1986, 39 (2): 372-385.

[10] Laborda R, Díaz-Mayans J, Núñez A. Nephrotoxic and hepatotoxic effects of chromium compounds in rats[J].Bulletin of Environmental Contamination and Toxicology, 1986, 36 (3): 332-336.

[11] IARC. Monographs on the Evaluation of the Carcinogenic Risk of Chemicals to Humans. Geneva: World Health Organization, International Agency for Research on Cancer, 1972-PRESENT.(Multivolume work): 1980, http: //monographs.iarc.fr/ENG/Classification/index.php.

[12] BOSISIO S, FORTANER S, BELLINETTO S, et al. Developmental toxicity, uptake and distribution of sodium chromate assayed by frog embryo teratogenesis assay-Xenopus (FETAX) [J]. Science of the Total Environment, 2009, 407 (18): 5039-5045.

[13] U.S. Environmental Protection Agency's Integrated Risk Information System (IRIS). Summary on Chromium (Ⅵ) (18540-29-9): 2015, http: //www.epa.gov/iris/.

[14] IARC. Monographs on the Evaluation of the Carcinogenic Risk of Chemicals to Humans. Geneva: World Health Organization, International Agency for Research on Cancer, 1972-PRESENT.(Multivolume work): 1980, http: //monographs.iarc.fr/ENG/Classification/index.php.

[15] GRLICKOVA-DUZEVIK E, WISE SS, MUNROE RC, et al. XRCC1 protects cells from chromate-induced chromosome damage, but does not affect cytotoxicity[J]. Mutation Research, 2006, 610 (1-2): 31-37.

[16] NIOSH. NOES. National Occupational Exposure Survey conducted from 1981-1983.

Estimated numbers of employees potentially exposed to specific agents by 2-digit standard industrial classification (SIC): 2015, http: //www.cdc.gov/noes/.

[17] NJ Dept Health. Hazardous Substance Fact Sheet, Sodium Chromate (7775-11-3): 2015, http: //nj.gov/health/eoh/rtkweb/documents/fs/1692.pdf.

[18] POHANISH RP. Sittig's Handbook of Toxic and Hazardous Chemical Carcinogens 6th Edition Volume 1: A-K, Volume 2: L-Z[M]. Waltham: William Andrew, 2012: 2397.

[19] KUROSAKI K, NAKAMURA T, MUKAI T, et al. Unusual findings in a fatal case of poisoning with chromate compounds[J]. Forensic Science International, 1995, 75 (1): 57-65.

铬酸锶
Strontium chromate

基本信息

化学名称：铬酸锶。

CAS 登录号：7789-06-2。

EC 编号：232-142-6。

分子式：$SrCrO_4$。

相对分子质量：203.61。

用途：用于轻金属防锈底漆和制造耐高温涂料、塑料、橡胶制品的着色和各种拼色，也用于油墨、玻璃、陶瓷工业。

危害类别：具有致癌性。

结构式：

$$\begin{array}{c} O \\ \parallel \\ O=Cr-O^- \\ \parallel \\ O^- \end{array} \quad Sr^{2+}$$

理化性质

物理状态：黄色粉末。

pH 值：8.5。

密度：3.89 g/m³。

水溶解度：0.106 g/100 g 水（20℃，pH 值6～7）。

环境暴露

(1) 人体暴露的可能途径

工作场所暴露(灰尘、颗粒物吸入和皮肤接触)和职业性暴露都是铬酸锶可能的暴露途径[1]。

(2) 机体负荷

监测发现,21位在航空工业中使用铬酸锶喷漆的工作者的铬水平在 $1.38\sim17.10\ \mu g/m^3$;喷漆展台的铬酸锶浓度为 $22.90\ \mu g/m^3$;在油漆分割区域的控制人员的铬水平为 $0.02\sim0.07\ \mu g/m^3$,锶水平为 $0.07\ \mu g/m^3$ [2]。

毒理学

向15只12周大的雄性大鼠支气管注入铬酸锶的丸状物,9个月后处死,其中1只大鼠具有鳞状细胞癌的病灶,7只大鼠有原位癌或发育不良,8只大鼠具有鳞状上皮化生,5只大鼠具有杯状细胞增生[3]。

几种六价铬化合物在癌症生物学研究中被证明是致癌的。其中,只有铬酸钙可以通过几种给药途径在大鼠体内持续造成肺癌,其他的铬化合物——铬酸锶、铬酸锌、重铬酸钠、铬酸铅和三氧化铬能导致大鼠的气管、肌内、皮下和腹腔产生肉瘤或肺肿瘤。六价铬化合物在呼吸暴露中较难引起肺肿瘤。动物肿瘤生成的生物分析研究表明,六价铬化合物(特别是可溶性和少量可溶性化合物)可能是与铬有关的人类癌症的病因。根据 IARC 标准,动物生物分析研究将构成六价铬化合物致癌的充分证据[4]。

人类健康效应

铬酸锶以呼吸系统吸入为主,如果摄入会引起严重的胃肠炎、循环衰竭和毒性肾炎[5]。根据目前的指南(1986年),六价铬按照吸入路径被归类为 A 类已知的人类致癌物。铬暴露的工作人员同时也接触三价铬和六价铬化合物。六价铬是已知的吸入途径接触的致癌物。职业流行病学研究的结果确定了铬暴露和肺癌的剂量-反应关系。由于在动物研究中只有六价铬被发现具有致癌性，因此只有六价铬被归类为人类致癌物，且动物数据与人类六价铬致癌性的数据一致。有充分证据证明六价铬化合物在实验动物中的致癌性，并且可产生以下多种肿瘤：大鼠和小鼠肌内注射部位肿瘤、大鼠各种六价铬化合物的胸腔内植入部位肿瘤、骨内植入部位肿瘤、皮下注射部位肉瘤。体外数据提示了六价铬致癌可能的作用方式：六价铬致癌的发生可能是由于细胞内的三价结构发生氧化性改变的DNA病变。六价铬很容易通过细胞膜并在细胞内迅速减少生成反应性五价铬和四价铬中间体和活性氧。在六价铬降低的过程中，会形成一些潜在诱变的DNA损伤。六价铬在细菌检测、酵母和V79细胞中具有诱变作用，而六价铬化合物降低了体外DNA合成的保真度，并因DNA损伤而进行额外的DNA合成。

铬酸盐被证明可转化原核细胞和细胞系。人类致癌性流行病数据显示：在铬酸盐生产、镀铬和铬颜料、铬铁生产、黄金开采、皮革鞣革和铬合金生产等行业中，铬酸盐工业的工人同时暴露于三价铬化合物和六价铬化合物。日本、英国、德国和美国的铬酸盐生产工厂的流行病学研究已经揭示了职业性接触铬与肺癌之间的关系，但尚未确定导致癌症的铬的具体形式。对铬毒性工作者的研究表明，职业铬暴露（主要是六价铬）与肺癌之间存在联系。对镀铬工业的几项研究表明，癌症与铬化合物接触之间存在正相关关系。动物致癌性数据显示动物数据与人类六价铬流行病学研究结果一致[6]。

1975年，日本的5家铬酸盐生产商进行了一项关于铬酸盐致癌性的研究。这些公司生产铬酸铅、铬酸锌、钼酸盐和（或）铬酸锶。目前的研究涵盖了1950—1975年从事铬酸盐颜料生产至少一年的666名工人。这些工人被跟踪了15~40年，直至1989年。此前的许多报告都发现从事铬酸盐颜料和铬酸盐化学品生产的工人患肺癌的风险过高。在目前的研究中，研究对象按照工作年限、观察年限、公司特点、工作时间最长的类型、参与铬酸锌的生产等进行分类，暴露的途径主要是通过呼吸系统吸入。在日本从事铬酸盐颜料生产的工人中，没有一项研究结果显示出罹患恶性肿瘤，特别是肺癌的风险过高在统计学上的显著差异[7]。

参考文献

[1]　NJ Dept Health. Hazardous Substance Fact Sheet[M]. Strontium Chromate，1988.

[2]　LOVREGLIO P，D'ERRICO M N，BASSO A. A pilot risk assessment study of strontium chromate among painters in the aeronautical industry[J]. Med Lav，2013，104：448-459.

[3]　TAKAHASHI Y，KONDO K，ISHIKAWA S，et al. Microscopic analysis of the chromium content in the chromium-induced malignant and premalignant bronchial lesions of the rat[J]. Environ Res, 2005，99：267-272.

[4]　USEP A. Health Assessment Document：Chromium EPA[M]. California: Environmental Criteria and Assessment Office，1984：2-10.

[5]　GOSSELIN，RE.，SMITH RP，HODGE HC. Clinical Toxicology of Commercial Products. 5th ed[M]. timore：Williams and Wilkins，1984: II-109.

[6]　U.S. Environmental Protection Agency's Integrated Risk Information System（IRIS）. Summary on Chromium（Ⅵ）（18540-29-9）. 2015. http：//www.epa.gov/iris/.

[7]　KANO K, et al. Lung Cancer Mortality among a Cohort of Male Chromate Pigment Workers in Japan[J]. International Journal of Epidemiology，1993，22：16-22.

硅酸铅
Silicic acid lead salt

基本信息

化学名称：硅酸铅。

CAS 登录号：11120-22-2。

EC 编号：234-363-3。

分子式：O_3PbSi。

相对分子质量：283.29。

用途：主要用于制造光学玻璃、光导纤维、日用器皿和低熔点焊接等，还用作彩管 X 射线吸收剂，也用于玻璃搪瓷工业。

危害类别：具有生殖毒性。

结构式：

$$O^- - Si(=O)(O^-) - O^- \quad Pb^{2+(II)}$$

理化性质

物理状态：淡黄色至金黄色重质玻璃晶粒。

熔点：766℃。

密度（水=1）：6.49。

溶解性：不溶于普通溶剂、水和乙醇，微溶于强酸。

人类健康效应

硅酸铅几乎伤害人体所有器官,如神经系统、血液系统、新陈代谢和内分泌系统、消化系统、心血管系统等。铅中毒的早期症状为齿龈边缘出现铅线(明显中毒时可能没有铅线),还会出现所谓"铅色"皮肤(呈土色)。

过硼酸钠
Sodium perborate

基本信息

化学名称：过硼酸钠。

CAS 登录号：7632-04-4。

EC 编号：231-556-4。

分子式：$NaBO_3 \cdot 4(H_2O)$。

相对分子质量：81.80。

用途：用作氧化剂、消毒剂、杀菌剂、媒染剂、脱臭剂、电镀溶液添加剂、分析试剂和氧化剂，还用于防腐、脱臭、电镀、漂白和杀菌等。

危害类别：具有生殖毒性。

结构式：

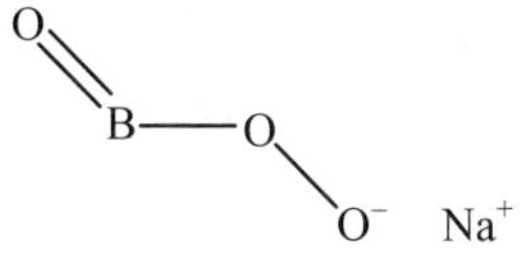

理化性质

物理状态：白色无定形粉末。

熔点：60℃。

溶解度：可溶于酸、碱及甘油中，微溶于水。

生态毒理学

德国的几种淡水和微咸水生物在污水（超过250 mg/L、5 000 mg/L或2 500 mg/L的过硼酸钠、硼酸和硼）中发生意外中毒。

毒理学

（1）急性毒性

急性试验：13个义齿清洁剂通过大鼠口服、对兔子的眼睛和皮肤刺激进行潜在毒性试验，结果显示，所有产品都是眼睛刺激物，其中有3种产品可产生皮肤刺激，有5种产品的口服LD_{50}值低于5 g/kg，有8种产品也是兔子的胃肠道刺激物。

10 μL过硼酸钠（$NaBO_3$）、次氯酸钠（$NaOCl$）、10%过氧化氢（H_2O_2）和15% H_2O_2直接施用于每只兔子的右眼角膜，在给药后3小时进行肉眼可见的刺激评估，并定期评估至35天。对在3小时、1天、3天和35天获得的组织进行光学显微镜检查，用体内共聚焦显微镜（CM）测量3小时和1天角膜上皮细胞和角膜细胞，用于定量初始角膜损伤；测量3小时、1天、3天、7天、14天和35天角膜上皮细胞和角膜细胞，用于定量角膜随时间的变化。结果显示，$NaBO_3$和$NaOCl$的变化与轻度刺激性一致，角膜损伤仅限于上皮和浅表基质；10% H_2O_2和15% H_2O_2的变化与严重刺激一致，均影响上皮和深基质，15% H_2O_2有时也会影响内皮细胞[1]。

（2）发育或生殖毒性

大鼠和狗在饲料中添加硼酸与钠盐，在睾丸内出现积聚，并且出现了生殖细胞耗竭和睾丸萎缩[2]。

（3）遗传毒性

在大肠杆菌Pol A测定中，过硼酸钠可通过转化为过氧化氢与DNA相互作用[3]。通过3种不同测定，对过硼酸钠的诱变潜力进行了调查（包括诱导DNA损伤、点突变和染色体畸变），结果表明：过硼酸钠能够在许多体外测试系统中产生诱变变化。在适合于探测由化学试剂诱导的氧化损伤的试验中,证明了过硼酸钠对 DNA 造成损害的可能性。过硼酸钠在80℃时能够显著氧化胸苷,但即使在40℃,这一氧化也是可测量的。在沙门氏菌-鼠伤寒沙门氏菌菌株(TA100和 TA102)中诱导点突变,TA98没有测量到。通过在大鼠肝 S9存在下孵育可完全消除诱变活性。当用过硼酸钠处理时,中国仓鼠卵巢细胞(CHO-K1株)经历了广泛的染色体损伤[4]。

人类健康效应

过硼酸钠与眼睛黏膜接触时会产生急性刺激性作用[5],可能会刺激鼻黏膜、呼吸道和眼睛[6],作为漱口水反复口服使用可能导致舌头丝状乳头肥大。作为义齿清洁剂会导致口腔和食道的腐蚀性损伤[7]。在口腔中局部使用高浓度的过硼酸钠可能会导致化学灼伤,引起创伤的抵抗力降低以及牙龈退缩[8]。

硼酸钠和硼酸用于各种化妆品中,包括面部化妆品、皮肤和头发护理制剂、除臭剂、保湿霜、口气清新剂和剃须膏,浓度可高达5%[3]。

硼酸、硼酸钠或过硼酸钠的致命剂量为0.1~0.5 g/kg[8]。

安全剂量

美国联邦饮用水指南(EPA):600 μg/L[9]。

美国国家饮用水指南:加利福尼亚州(CA)1 000 μg/L;新罕布什尔州(NH)630 μg/L;缅因州(ME)1 400 μg/L;明尼苏达州(MN)1 000 μg/L;威斯康星州(WI)960 μg/L[9]。

家畜的硼酸盐:5 μg/mL[10]。

参考文献

[1] MAURER JK, MOLAI A, PARKER RD, et al. Pathology of ocular irritation with bleaching agents in the rabbit low-volume eye test[J].Toxicol Pathol, 2001, 29 (3): 308-319.

[2] VICTOR O. SHEFTEL. Indirect Food Additives and Polymers: Migration and Toxicology[M]. American: CRC Press, 2000: 990.

[3] WHO.Environmental Health Criteria 204 [R].1998: 93.

[4] SEILER JP.The mutagenic activity of sodium perborate[J].Mutation Research, 1989, 224 (2): 219-227.

[5] ACGIH.1986. Documentation of the threshold limit values and biological exposure indices, 5th ed[C].Cincinnati, OH: American Conference of Governmental Industrial Hygienists.

[6] M.SITTIG.Handbook of Toxic and Hazardous Chemicals and Carcinogens (2nd ed) [M]. New Jersey: Noyes Publications, 1985: 737-739.

[7] GOSSELIN RE, SMITH RP, HODGE HC, et al.Clinical Toxicology of Commercial Products (5th ed) [M]. Baltimore: MD, 1984: 11-119.

[8] Dreisbach, R.H. Handbook of Poisoning (12th ed) [M]. Norwalk: CT, 1987: 360-361.

[9] USEPA/Office of Water; Federal-State Toxicology and Risk Analysis Committee (FSTRAC). Summary of State and Federal Drinking Water Standards and Guidelines (11/93) To Present[S].

[10] SEILER HG, SIGEL H, SIGEL A, et al.Handbook on the Toxicity of Inorganic Compounds[M]. New York: Marcel Dekker Inc, 1988: 135.

H

SVHC

环氧丙烷

Propylene oxide；1,2-Epoxypropane；Methyloxirane

基本信息

化学名称：环氧丙烷，别称甲基环氧乙烷，1,2-环氧丙烷。

CAS 登录号：75-56-9。

EC 编号：200-879-2。

分子式：C_3H_6O。

相对分子质量：58.08。

用途：重要的有机化合物原料。

危害类别：有毒，对黏膜和皮肤有刺激性，可损伤眼角膜和结膜，引起呼吸系统疼痛、皮肤灼伤和肿胀，甚至组织坏死。

结构式：

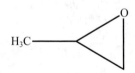

理化性质

物理状态：无色醚味液体，低沸点、易燃。

熔点：−112℃（101.3 kPa）。

沸点：34℃（101.3 kPa）。

密度：0.830 g/cm^3（20℃）。

水溶解度：易溶（405 g/L，20℃）。

辛醇-水分配系数：$\log K_{ow} = 0.03$。

环境行为

（1）降解性

环氧丙烷在100 mg/L的浓度下使用30 mg/L的活性污泥接种和日本MITI测试，在3周内达到了理论BOD的95%，表明生物降解是一个重要的降解过程，因此该化合物有望快速降解。

（2）生物蓄积性

用$\log K_{ow} = 0.03$和回归方程计算结果表明，环氧丙烷的BCF值约为3。根据分类方案，其在水生生物中的生物蓄积性很低。

（3）吸附解析

使用测量的$\log K_{ow}=0.03$和回归方程，估计环氧丙烷的K_{oc}值为25。根据分类方案，其在土壤中具有很高的流动性[1]。

（4）挥发性

根据其蒸气压538 mmHg和水溶性5.9×10^{-5} mg/L估计，环氧丙烷的亨利定律常数为6.96×10^{-5} atm·m^3/mol，表明其有望从水面挥发。根据亨利定律常数，模型河（1 m深，流速1 m/s，风速3 m/s）的挥发半衰期估计为12小时，模型湖（1 m深，流速0.05 m/s，风速0.5 m/s）的挥发半衰期估计为6天。根据538 mmHg的蒸气压，干燥土壤表面的环氧丙烷存在挥发的可能性。

生态毒理学

金鱼24 h-LC_{50} = 170 mg/L[7]，鲻鱼96 h-LC_{50} =89 ppm；在静态染毒条件下，蚊鱼96 h-LC_{50} =141 ppm[8]，蓝鳃太阳鱼96 h-LC_{50} =215 mg/L[2]。

毒理学

（1）急性毒性

在一项环氧丙烷的急性暴露毒性试验研究中，存活大鼠表现出以下症状：眼睛和鼻子受到刺激、呼吸困难、困倦、虚弱，偶尔还有一些不协调，当暴露于4 000 ppm 浓度时，6只大鼠中有4只在4小时内死亡[3]。

（2）亚慢性毒性

采用两年吸入生物法评价环氧乙烷和环氧丙烷的慢性吸入毒性和致癌性，5组雄性刚断奶的 Fisher 大鼠（80只/组）每天7小时、每周5天分别暴露于0 ppm（对照）、50 ppm、100 ppm 的环氧乙烷或100 ppm、300 ppm 的环氧丙烷。在接触过环氧丙烷的大鼠中，其鼻腔通道复杂上皮增生的发生率呈剂量依赖性增加，在接触过300 ppm 环氧丙烷的大鼠鼻腔通道中发现2个腺瘤。各组肾上腺显色细胞瘤的发生率均升高，但与剂量无关。所有大鼠均受肺支原体感染暴发的影响，该感染与环氧化物暴露联合发生，影响大鼠生存，同时环氧乙烷暴露导致大鼠鼻黏膜增生性病变。没有发现任何临床化学或尿液分析指标的治疗相关变化。接触过环氧丙烷的大鼠肾上腺嗜铬细胞瘤和鼻腔增生性病变增加[4]。

（3）发育与生殖毒性

在连续两代吸入环氧丙烷后，研究了 F344大鼠的生殖参数。30只雄性和30只雌性大鼠分别接触0 ppm、30 ppm、100 ppm 或300 ppm 的环氧丙烷6小时/天、5天/周，共14周，然后交配产生 F1代。断奶后，30只随机选择的F1代大鼠在17周内暴露于环氧丙烯中，然后交配产生 F2代。检查的生殖参数包括生育能力、产仔数和存活率。所有的成鼠和挑选的幼崽都进行了组织学检查。在300 ppm 剂量下，亲本 F0代和 F1代大鼠体重下降，证实了环氧丙烷的毒性。在 F0代或 F1代配对中均未观察到与治疗相关的对生育（交配或受孕）的影响。在接触过100 ppm 剂量的 F1代大鼠中，幼崽的体重减轻。而300 ppm 剂量组的幼崽与对照组相当，环氧丙烷对 F2代幼崽大小无影响，幼崽的体重也不受父母接触环氧丙烷的影响。成年大鼠和幼崽的病理检查均没有发现环氧丙烷引起的变化。基于这些结果我们得出结论，两代大鼠接触300 ppm的环氧丙烷不会对生殖功能产生任何不良影响。

人类健康效应

在人类中没有足够的证据证明环氧丙烷的致癌性，在实验动物中有足够的证据证明环氧丙烷的致癌性。综合评价：环氧丙烷可能致癌（2B类）。

参考文献

[1] CHEM A. Exploring QSAR[J]. Analytical Chemistry，1995，67（17）：563A.

[2] BOUBLIK，TOMAS，Al T B. The vapour pressures of pure substances: selected values of the temperature dependence of the vapour pressures of some pure substances in the normaland low pressure region[M]. The vapour pressures of pure substances: selected values of the temperature dependence of the vapour pressures of some pure substances in the normal and low pressure region. 1984.

[3] ISENSEE AR. Handbook of Environmental Data on Organic Chemicals，Second Edition[M]. New York：McGraw-Hill Book Co.，1983.

[4] CARNOW B W，MILLER A L，BOULOS B M，et al. A bookshelf on occupational health and safety[J]. American Journal of Public Health，1975，65（5）：503-520.

甲基六氢邻苯二甲酸酐
Methylhexahydrophthalic anhydride

基本信息

化学名称：甲基六氢邻苯二甲酸酐。

CAS 登录号：25550-51-0。

EC 编号：247-094-1。

分子式：$C_9H_{12}O_3$。

相对分子质量：168.19。

用途：用于生产树脂、橡胶、聚合物。

危害类别：有可能严重影响人类健康。

结构式：

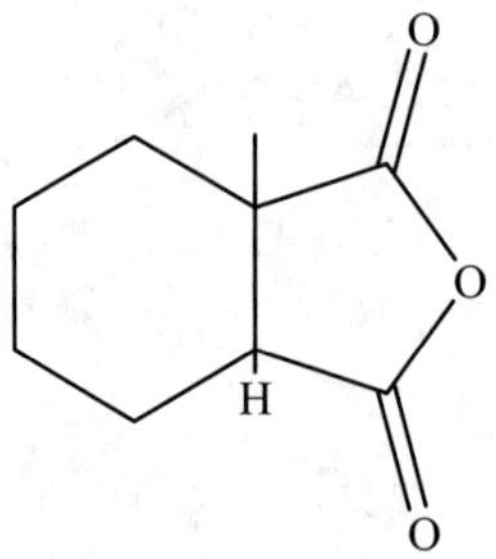

理化性质

物理状态：无色油状液体。

熔点：-29℃。

沸点：120℃（0.750 1 mmHg）。

蒸气压：1 Pa（20℃）。

密度：1.162 g/mL（25℃）。

溶解度：微溶于水（20℃）。

甲醛与苯胺共聚物
Formaldehyde, Oligomeric Reaction Products with Aniline

基本信息

化学名称：甲醛与苯胺共聚物。
CAS 登录号：25214-70-4。
EC 编号：500-036-1。
分子式：无。
用途：用于工业现场和制造业，如涂料、加工助剂等。
危害类别：有科学证据证明会对人类或环境造成严重影响。

毒理学

根据 ECHA 公布的相关机构在 REACH 注册的化学品分类信息表明，该物质会对器官造成损害，可能导致癌症；对水生生物毒性很大并具有长期持续影响；经口暴露有毒，会引起遗传缺陷，导致皮肤过敏性反应。

甲酰胺
Formamide

基本信息

化学名称：甲酰胺。

CAS 登录号：75-12-7。

EC 编号：200-842-0。

分子式：CH_3NO。

相对分子质量：45.04。

用途：用作纺丝溶剂和有机合成中间体，用于生产杂环化合物、药物、作物保护剂、杀真菌剂和农药，作为制造和加工塑料的溶剂，用于生产甲酸、去除导体表面的导电涂层，存在于丙烯腈共聚物的纺纱中，用于塑料微粒的防静电整理或导电涂料的形成。

危害类别：具有生殖毒性。

结构式：

$$\underset{H_2N}{}\overset{O}{\underset{\|}{C}}\underset{}{H}$$

理化性质

物理状态：透明油状液体，略有氨臭，具有吸湿性，可燃。

熔点：2～3℃。

沸点：210℃。

密度：1.133 g/mL（4℃）。

水溶解度：10^6 mg/L（25℃）。

解离常数：pK_a = –0.48（20℃）。

辛醇-水分配系数：$\log K_{ow}$= –1.51。

环境行为

（1）降解性

气相甲酰胺可在大气中通过与光化学产生的氢氧自由基的反应而降解，降解半衰期预测值为8天。研究表明，甲酰胺的生物降解作用显著[1]。根据亨利定律常数预测，其水解速度很慢。

（2）吸附解析

甲酰胺的 K_{oc} 值为3.6[2]。

（3）生物蓄积性

基于 $\log K_{ow}$=–1.51、BCF 预测值为3，表明甲酰胺在水生生物体内的生物富集潜力很低。

（4）挥发性

甲酰胺的亨利定律常数预测值为1.4×10^{-9} atm·m³/mol[3]，提示其不易从水面挥发。基于蒸气压6.1×10^{-2} mmHg，预计甲酰胺不会从干燥的土壤表面挥发[4]。

毒理学

（1）急性毒性

大鼠经口服暴露于甲酰胺 LD_{50}=6 g/kg[5]，兔经皮肤 LD_{50}=6 g/kg[5]，小鼠经口服 LD_{50}= 3.15 g/kg[6]。

杜邦公司的皮肤毒性研究显示，将甲酰胺经皮肤染毒后，家兔的致死剂量约为17 g/kg。用50%甲胺酮水溶液对豚鼠皮肤进行原发皮肤刺激性和过敏性皮肤敏化试验，发现对皮肤暴露处有强烈的刺激作用；5%～33%甲胺酮水溶液对豚鼠擦伤皮肤有轻度至中度刺激作用，未发现明显的皮肤敏化作用[5]。

对大鼠和小鼠的急性毒性反应强度大小顺序是甲酰胺、N-甲基甲酰胺、N,N-二甲基甲酰胺、N-乙基甲酰胺和 N,N-二乙基甲酰胺。小鼠比大鼠更容易受到影响。这些化合物暴露可导致睾丸损伤[7]。

（2）发育与生殖毒性

对妊娠11～16天的大鼠进行甲酰胺干预会造成36%的吸收胎，而在幸存胚胎中，有46%发育不良，存在上颚与四肢的缺陷[8]。在胎鼠器官发生期间，甲酰胺作用于怀孕大鼠的皮肤后表现出较小的致突变性和较好的生物相容性[9]。

受精后第6天至第18天通过胃管对兔进行甲酰胺灌胃，结果显示了甲酰胺的胚胎毒性和弱致畸作用，但对母体没有明显毒性[10]；每天给予79 mg/kg的甲酰胺可引起胎儿畸形[12]。

小鼠体内实验显示，用0.1 mL的甲酰胺（大约1/4的LD_{50}剂量）在胚胎发生后的1～2天内进行皮肤暴露，足以导致一半的胚胎死亡和所有幸存胚胎的畸形[11]。

（3）内分泌干扰性

对6只大鼠进行为期两周的1.5 g/kg 甲酰胺喂养实验，其中有4只大鼠在第10次喂药前死亡，另外2只在第10次灌胃后的2天内死亡，表明甲酰胺有累积毒性效应。在实验过程中，所有的大鼠都表现出明显的体重下降且病理检查发现存在胃炎及营养不良的现象[5]。

人类健康效应

甲酰胺对皮肤、眼睛和黏膜有刺激作用[13,14]。

甲酰胺是 N,N-二甲基甲酰胺的代谢产物，能够在合成革厂工人的尿液中检测到，其甲酰胺水平为7~69 mg/L[15]。

参考文献

[1] KAWASAKI M. Experiences with the test scheme under the chemical control law of Japan: an approach to structure-activity correlations[J]. Ecotoxicol Environ Saf, 1980 Dec; 4 (4): 444-454.

[2] VERSCHUEREN K. Handbook of Environmental Data on Organic Chemicals. 4th ed.[M]. NY, NY: John Wiley and Sons, 2001, 1: 1175.

[3] DAUBERT T E, DANNER R P. Physical and Thermodynamic Properties of Pure Chemicals: Data Compilation[M]. NY: Hemisphere Pub Corp.1989.

[4] EBERLING C L; Kirk-Othmer Encycl Chem Tech 3rd ed[M]. NY: Wiley Interscience, 1980, 11: 258-263.

[5] American Conference of Governmental Industrial Hygienists, Inc. Documentation of the Threshold Limit Values and Biological Exposure Indices 6th ed. Volumes I, II, III. Cincinnati, OH[M].ACGIH, 1991: 689.

[6] SNYDER R . Ethel Browning's Toxicity and Metabolism of Industrial Solvents. 2nd ed. Volume II: Nitrogen and Phosphorus Solvents[M]. Amsterdam-New York-Oxford: Elsevier, 1990: 162.

[7] PHAM H C, NGUYEN D X, AZUMGELADE M C.Toxicological study of formamide and its N-methyl and N-ethyl derivatives[J].Therapie. 1971, 26 (3): 409-424.

[8] SHEPARD T H. Catalog of Teratogenic Agents 5th ed[M]. Baltimore, MD: The Johns Hopkins University Press, 1986: 70.

[9] STULA E F, KRAUSS W C.Embryotoxicity in rats and rabbits from cutaneous application of amide-type solvents and substituted ureas[J]. Toxicol Appl Pharmacol. 1977, 41 (1): 35-55.

[10] MERKLE J, ZELLER H.Studies on acetamides and formamides for embryotoxic and

teratogenic activities in the rabbit（author's transl）[J]. Arzneimittelforschung，1980，30（9）：1557-1562.

[11] MARZULLI F N. MAIBACH H I. Dermatotoxicology 4th ed[M]. New York，NY：Hemisphere Publishing Corp，1991：707.

[12] SNYDER R . Ethel Browning's Toxicity and Metabolism of Industrial Solvents. 2nd ed. Volume II：Nitrogen and Phosphorus Solvents[M]. Amsterdam-New York-Oxford：Elsevier，1990: 163.

[13] The Merck Index. 10th ed.[M]. Rahway，New Jersey：Merck Co，Inc，1983: 605.

[14] LEWIS R J. Sax's Dangerous Properties of Industrial Materials. 9th ed. Volumes 1-3.[M] New York，NY：Van Nostrand Reinhold，1996: 1690.

[15] Lareo A C，Perbellini L.Biological monitoring of workers exposed to *N-N*-dimethylformamide. II. Dimethylformamide and its metabolites in urine of exposed workers[J]. Int Arch Occup Environ Health, 1995, 67（1）：47-52.

2-甲氧基-5-甲基苯胺

6-Methoxy-m-toluidine; P-cresidine

基本信息

化学名称：2-甲氧基-5-甲基苯胺。

CAS 登录号：120-71-8。

EC 编号：204-419-1。

分子式：$C_8H_{11}NO$。

相对分子质量：137.18。

用途：用于中间体、染料合成。

危害类别：具有致癌性。

结构式：

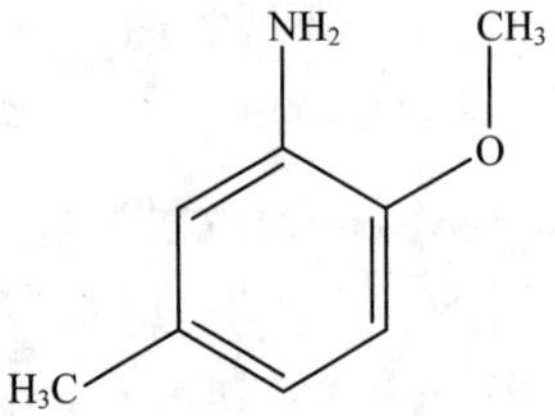

理化性质

物理状态：白色晶体。

熔点：51.5℃。

沸点：235℃。

蒸气压：$2.5×10^{-2}$ mmHg（25℃）。

水溶解性：微溶于水、氯仿，溶于乙醚、苯、石油醚和乙醇。
辛醇-水分配系数：$\log K_{ow} = 1.74$。

环境行为

（1）降解性

2-甲氧基-5-甲基苯胺如果释放到空气中，在25℃下蒸气压估计为2.5×10^{-2} mmHg，表明其仅在大气中以蒸气状态存在。气相2-甲氧基-5-甲基苯胺将通过与光化学反应介导的羟基自由基反应被降解，这种反应在空气中的半衰期估计为2小时。经日本 MITI 试验，2-甲氧基-5-甲基苯胺在2周内达到其理论 BOD 的0.7%，表明其生物降解不是一个快速的环境归趋过程[1,2]。

（2）迁移性

2-甲氧基-5-甲基苯胺如果释放到土壤中，基于其K_{oc}估计值为53，预计具有高迁移率。由于芳族氨基的高反应性，预期芳族胺会与悬浮固体和沉积物中的腐殖质或有机物强烈结合[1]。

（3）吸附解析

2-甲氧基-5-甲基苯胺如果释放到水中，根据估计的K_{oc}值，预计不会吸附到悬浮固体和沉积物上，但可能与腐殖质和有机物强烈结合[1]。

（4）挥发性

2-甲氧基-5-甲基苯胺的亨利定律常数估计为1.2×10^{-7} atm·m^3/mol，预计来自潮湿土壤表面的挥发不是其重要的环境归趋过程[1]。

生态毒理学

大鼠经口服暴露于2-甲氧基-5-甲基苯胺 LD_{50}=1 450 mg/kg[3]。

毒理学

2-甲氧基-5-甲基苯胺可能对人类致癌，被合理预期为人类致癌物质。

将50只雄性和50只雌性F344大鼠通过喂食暴露于两种浓度（0.5%和1.0%）的2-甲氧基-5-甲基苯胺中的任一种，持续104周，再以50只两种性别的大鼠仅喂食基础实验室饮食作为对照，停止处理后观察所有动物长达2周。在两种性别的暴露组大鼠中出现统计学意义的腺瘤、腺癌和鳞状细胞癌，在高剂量雄性和雌性大鼠中观察到更多的肿瘤。22只雄性大鼠（49%）显示浸润颅骨和脑的低分化腺癌，只有2只雄性大鼠（4%）患有鳞状细胞癌，而8只雌性大鼠（17%）患有鳞状细胞癌，14只雌性大鼠（30%）被诊断为患有鼻腔腺癌[6]。致癌性证据：雄性大鼠，阳性；雌性大鼠，阳性；雄性小鼠，阳性；雌性小鼠，阳性。

人类健康效应

2-甲氧基-5-甲基苯胺对皮肤和眼睛具有刺激作用[3]，并会诱发膀胱癌[7]。

参考文献

[1] MACKISON FW，STRICOFF RS，PARTRIDGE LJ. NIOSH/OSHA-Occupational Health Guidelines for Chemical Hazards[M]. Washington DC：DHHS（NIOSH），1981：2.

[2] Lide DR，Milne GWA. Handbook of Data on Organic Compounds. Volume I. 3rd ed[M]. Boca Raton，FL：CRC Press，Inc，1994：V1 529.

[3] LEWIS RJ. Sax's Dangerous Properties of Industrial Materials. 9th ed. Volumes 1-3 [M]. New York，NY：Van Nostrand Reinhold，1996：218.

[4] IARC. Monographs on the Evaluation of the Carcinogenic Risk of Chemicals to Humans[J]. Geneva：World Health Organization，International Agency for Research on Cancer，1972-PRESENT. http://monographs.iarc.fr/ENG/Classification/index.php p. S7 61（1987）.

[5] DHHS. Eleventh Report on Carcinogens: p-Cresidine（120-71-8）（January 2005） [R].

USA: National Toxicology Program. 2009. http://ntp.niehs.nih.gov/ntp/roc/eleventh/profiles/s050pcre.pd.

[6] REZNIK G, REZNIK-SCHÜLLER HM, HAYDEN DW, et al. Morphology of nasal cavity neoplasms in F344 rats after chronic feeding of p-cresidine, and intermediate of dyes and pigments[J]. Greece: Anticancer Res, 1981: 79-86.

[7] DOULL J, KLASSEN CD, AMDUR MD. Casarett and Doull's Toxicology. 3rd ed[M]. New York: Macmillan Co., Inc., 1986: 110.

甲氧基乙酸
Methoxyacetic acid

基本信息

化学名称：甲氧基乙酸。

CAS 登录号：625-45-6。

EC 编号：210-894-6。

分子式：$C_3H_6O_3$。

相对分子质量：90.08。

用途：用作有机化工原料，可与甲醇通过酯化反应合成甲氧基乙酸甲酯。甲氧基乙酸甲酯是极有价值的中间体，可用于手性胺类化合物的动力学拆分，又可用于合成维生素 B_6、磺胺-5-嘧啶等，另外还可用作聚合反应的催化剂等。

危害类别：具有生殖毒性。

结构式：

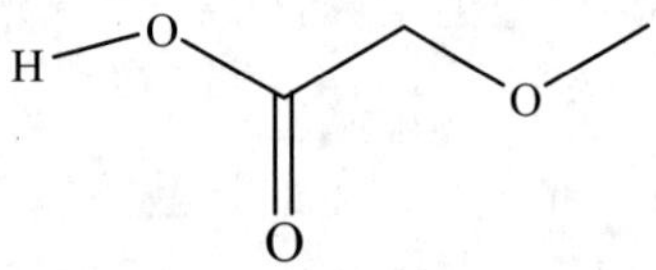

理化性质

物理状态：无色透明液体。

熔点：7℃。

沸点：201℃（760 mmHg）。

蒸气压：0.131 mmHg（25℃）。

密度：1.174 g/cm³。

溶解度：1 000 mg/mL（20℃）。

碱式硫酸铅
Lead Oxide Sulfate

基本信息

化学名称：碱式硫酸铅。

CAS 登录号：12036-76-9。

EC 编号：234-853-7。

分子式：H_4O_5PbS。

相对分子质量：323.293 8。

用途：用于塑胶制品制造、涂料产品和聚合物、化学品制造、油漆、颜料、涂料、陶瓷、塑料的热稳定剂。

危害类别：有科学证据证明具有生殖毒性。

结构式：

$$Pb = O \quad\quad O^- - S(=O)(=O) - O^- \quad Pb^{2+}$$
（Ⅱ）　　　　　　　　（Ⅱ）

理化性质

物理状态：白色单斜结晶，白色细粉末。

熔点：977℃。

密度：6.92 g/cm³。

环境行为

（1）毒性

碱式硫酸铅对水生生物毒性很大，并具有长期、持续性影响。

（2）稳定性

碱式硫酸铅具有较好的耐热、耐光、耐水性，是制造电绝缘材料聚氯乙烯的稳定剂[1]。

（3）溶解性

碱式硫酸铅微溶于热水、硫酸，不溶于水、有机溶剂、油脂和油[1]。

毒理学

（1）发育与生殖毒性

碱式硫酸铅可能对母乳喂养的儿童造成伤害。根据REACH的分类，碱式硫酸铅可能会损害生育能力或对未出生的胎儿造成损伤，长期或反复接触会对器官造成伤害。

（2）致癌性

碱式硫酸铅可能致癌。

人类健康效应

碱式硫酸铅经口及呼吸道吸入都有害，具有潜在致癌性，可能对母乳喂养的婴儿造成伤害。

参考文献

[1] 化工部西北橡胶工业制品研究所技术情报室编. 聚合物化学助剂手册[M]. 西安：化工部西北橡胶工业制品研究所，1979：225.

碱式碳酸铅
Lead carbonate basic; Trilead bis(carbonate) dihydroxide

基本信息

化学名称：碱式碳酸铅。

CAS 登录号：1319-46-6。

EC 编号：215-290-6。

分子式：$C_2H_2O_8Pb_3$。

相对分子质量：775.67。

用途：用于油漆、涂料、油墨、塑胶制品。

危害类别：具有生殖毒性。

结构式：

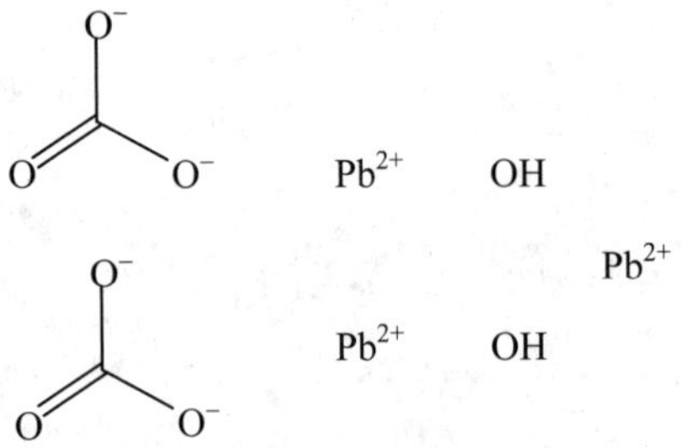

理化性质

物理状态：无色结晶或白色重质粉末，六方晶系。

熔点：400℃（分解）。

沸点：333.6℃（760 mmHg）。

密度：6.14 g/cm³。

水溶解度：不溶于水及乙醇，可溶于醋酸、硝酸。

环境行为

碱式碳酸铅在燃烧条件下可形成危险的分解产物——碳氧化物、铅氧化物；不溶于水及乙醇，微溶于碳酸水中，可溶于醋酸、硝酸、乙酸[1,2]；与含硫化氢的空气接触时逐渐变黑；有良好的耐候性。

生态毒理学

碱式碳酸铅对水生生物有剧毒，可能对水生环境造成长期的不利影响，其水危害级别为3，即对水是极其有害的，即使是少量产品渗入地下也会对饮用水造成危害。碱式碳酸铅对水中的有机物有剧毒和危害。

毒理学

（1）慢性毒性

暴露于碱式碳酸铅的早期症状为齿龈边缘出现铅线及尿中毒；慢性中毒表现为神经系统的变化，出现衰弱综合征、脑病、运动失调、血液系统的改变、代谢和内分泌障碍、胃肠道的改变及心血管系统的改变。

（2）发育与生殖毒性

碱式碳酸铅可能对胎儿造成伤害，有损害生育能力的危险。

（3）致癌性

碱式碳酸铅是已确定的动物致癌物[3]。铅及铅化合物被合理预计为人类致癌物质[4]。

人类健康效应

暴露于碱式碳酸铅可能导致呼吸道刺激、皮肤过敏,也会引起眼睛刺激,吸入及吞食有害。过度暴露于碱式碳酸铅会影响血液、神经和消化系统,抑制血红蛋白的合成并导致贫血,如果不及时治疗,可导致神经肌肉功能障碍,并且可能会出现瘫痪和脑病。过度暴露于碱式碳酸铅还会导致其他一些症状,如关节和肌肉疼痛、伸肌(常常是手和腕)无力、头痛、头晕、腹痛、腹泻、便秘、恶心、呕吐、齿龈边缘出现铅线、失眠和口中有金属味。人体内存在高水平碱式碳酸铅会导致脑脊髓压力增加、脑损伤和昏迷,而且常常会导致死亡。

参考文献

[1] IARC. Monographs on the Evaluation of the Carcinogenic Risk of Chemicals to Humans[J]. Geneva:World Health Organization,International Agency for Research on Cancer,1972-PRESENT:Multivolume work V1 41. http://monographs.iarc.fr/ENG/Classification/index.

[2] Carr DS,Spangenberg WC,Chronley K,et al.Lead Compounds. Kirk-Othmer Encyclopedia of Chemical Technology. New York:John Wiley & Sons,2004.

[3] ACGIH. Threshold Limit Values for Chemical Substances and Physical Agents and Biological Exposure Indices[M]. Cincinnati:American Conference of Governmental Industrial Hygienists TLVs and BEIs,2010:37.

[4] DHHS. Eleventh Report on Carcinogens:Lead,and Lead Compounds(January 2005)[R]. USA:National Toxicology Program,2009.

碱式乙酸铅
Lead acetate basic

基本信息

化学名称：碱式乙酸铅。

CAS 登录号：51404-69-4。

EC 编号：257-175-3。

分子式：$C_2H_4O_3Pb$。

相对分子质量：566.50。

用途：用于油漆、涂层、脱漆剂、稀释剂，填料、造型黏土和 pH 调节剂及水处理产品，化学品及电气、电子、光学设备制造。

危害类别：具有生殖毒性。

结构式：

$$Pb^{2+} \quad O^- - \underset{\underset{O}{\|}}{C} - CH_3$$

$$OH^-$$

理化性质

物理状态：白色重质粉末；溶于水，不溶于醇，吸收空气中的二氧化碳后难溶于水。

密度：1.33。

环境行为

（1）毒性

碱式乙酸铅对水生生物毒性很大，具有长期、持续的影响。

（2）溶解性

碱式乙酸铅溶于水，不溶于醇，吸收空气中的二氧化碳后难溶于水[1]。

（3）稳定性

碱式乙酸铅遇乙酸即生成乙酸铅，高温则分解为氧化铅，有毒。

毒理学

碱式乙酸铅可能会损害生育能力或对未出生的胎儿造成损伤，长期或反复接触会对器官造成伤害。

人类健康效应

碱式乙酸铅经口及呼吸道吸入都有害，长期或反复接触会对器官造成伤害。

参考文献

[1] 中国标准出版社第二编辑室编.化学工业标准汇编　化学试剂（下）[M]. 北京：中国标准出版社，1997：591.

结晶紫
Crystal Violet

基本信息

化学名称：结晶紫。

CAS 登录号：548-62-9。

EC 编号：208-953-6。

分子式：$C_{25}H_{30}ClN_3$。

相对分子质量：407.979。

用途：主要用作酸碱指示剂，非水溶液滴定指示剂，光度测定砷、金、硼、铱、硅、钽、锗、锑和铊等，生物染色。

危害类别：具有致癌性。

结构式：

理化性质

物理状态：深绿色粉末或带绿色光泽的金属片。

熔点：215℃（101.3 kPa）。

密度：0.947 g/m³。

溶解性：极易溶于水、氯仿，可溶于乙二醇单甲醚（30 mg/mL）、乙醇（30 mg/mL），不溶于二甲苯。

辛醇-水分配系数：$\log K_{ow}$ = 0.51。

环境行为

（1）降解性

结晶紫的降解分为生物降解与非生物降解。不同类型的生物（如细菌、放线菌、酵母和真菌）能够使结晶紫脱色和降解[1]。然而，现有的报告是基于小规模研究，并没有大规模数据支持[2]。白腐真菌在液体培养基中培养6天的培养物能够生物降解结晶紫（初始浓度为12.3 μmol/L），24小时后结晶紫的脱色率为100%[3]。

由于缺乏在环境条件下水解的官能团，结晶紫不会在环境中发生水解[4]。结晶紫含有紫外吸收基团，表明其在环境中可直接光解[5]。在590 nm 波长条件下，结晶紫的半脱色时间为50分钟[2]。据报道，结晶紫在水中的光反应可生成无色和非甲基化衍生物，包括对二甲基氨基苯酚、4,4′-双二甲基氨基二苯甲酮。

（2）生物蓄积性

基于 $\log K_{ow}$=0.51、BCF 预测值为3，根据分类标准，提示结晶紫在水生生物中的蓄积性较低。

（3）吸附解析

结晶紫的 K_{oc} 预测值为6.1×10⁵，根据分类标准[6]，其在土壤中不能移动。结晶紫是一种阳离子染料，估计 pK_a 值为8.64[7]，表明这种化合物在环境中几乎全部以阳离子形式存在。

（4）挥发性

结晶紫的 pK_a 预测值为8.64，表明其在 pH 值为5～9时几乎全部以阳离子形式存在，因此预计不会从水和潮湿的土壤表面挥发。根据片段常数法[8]，基于估算的蒸气压为$1.0×10^{-13}$ mmHg，预计结晶紫不会从干燥的土壤表面挥发。

毒理学

在570只雄性和570只雌性 F344大鼠中研究结晶紫的致癌性。将结晶紫溶解在乙醇中，并以0 ppm、100 ppm、300 ppm 和600 ppm 的剂量水平直接喷洒到饲料中，随后通过30分钟真空处理去除混入的乙醇。两种性别的大鼠分别接受所有4种剂量12个月（60只雄性、60只雌性）、18个月（60只雄性、60只雌性）或24个月（450只雄性、450只雌性）。喂食600 ppm 结晶紫的雄性和雌性大鼠在24个月时出现体重下降。所有组的平均饲料消耗基本相等。研究结束时（24个月）的死亡率在两性的对照组中约为33%，高剂量组的雌性为66%，中高剂量组的雄性分别为48%和39%。给药24个月后，雄性（600 ppm 5例）和雌性（300 ppm 和600 ppm 分别为4例和6例）的甲状腺滤泡细胞腺癌发病率与对照组（雌、雄均为1例）存在显著差异。肝细胞腺瘤的发生率虽然很低，但与对照组（雄性1例、雌性0例）相比，中、高剂量组雄性（分别为3例和4例）、中剂量组雌性（2例）在肝细胞腺瘤的发生方面有显著差异。在雌性中可观察到剂量-时间相关的单核细胞白血病的发生[9]。

人类健康效应

11名因接触三苯甲烷染料而过敏的患者接受了斑贴测试，使用了7种染料，其中包括结晶紫。斑贴测试开展20～24小时并连续评估6～7天。在8名患者中观察到结晶紫的阳性测试反应（瘙痒+/-；分离的丘疹+；水肿汇合丘疹和浸润++；囊泡反应+++）[9]。外部使用时没有报告过严重的副作用，但口服给药会引起胃肠道刺激，静脉注射会导致白细胞计数下降[10]。

参考文献

[1] MICHAELS G B，LEWIS D L. Microbial transformation rates of azo and triphenylmethane dyes [J]. Environmental Toxicology and Chemistry，1986，5：161-166.

[2] WAMIK A，RAJESH K S，UTTAM C B. Biodegradation of triphenylmethane dyes [J]. Enzyme and Microbial Technology，1998，22：185-191.

[3] BUMPUS J A，BROCK B J. Biodegradation of crystal violet by the white rot fungus Phanerochaete chrysosporium [J]. Applied and Environmental Microbiology，1988，54：1143-1150.

[4] LYMAN W J，REEHL W F，ROSENBLATT D H. Handbook of Chemical Property Estimation Methods [M]. Washington，DC：American Chemical Society，1990.

[5] GREEN F J. The Sigma-Aldrich Handbook of Stains，Dyes and Indicators. Milwaukee [M]. Milwaukee：Aldrich Chemical Co.，1990.

[6] SWANN R L，LASKOWSKI D A，MCCALL P J，et al. A rapid method for the estimation of the environmental parameters octanol/water partition coefficient，soil sorption constant，water to air ratio，and water solubility [J]. Residue Reviews，1983，85：17-28.

[7] SPARC. pK_a/property server. 2009. http：//archemcalc.com/sparc/.

[8] US EPA. Estimation Program Interface（EPI）Suite：2010. http：//www.epa.gov/oppt/exposure/pubs/episuitedl.htm.

[9] DIAMANTE C，BERGFELD W F，BELSITO D V. Final Report of the Cosmetic Ingredient Review Expert Panel；Final Report on the Safety Assessment of Basic Violet 1，Basic Violet 3，and Basic Violet 4 [J]. International Journal of Toxicology，2009，28：193S-204S.

[10] DOCAMPO R，MORENO S N. The metabolism and mode of action of gentian violet [J]. Drug Metabolism Reviews，1990，22：161-178.

肼
Hydrazine

基本信息

化学名称：肼，别称联胺。

CAS 登录号：302-01-2。

EC 编号：206-114-9。

分子式：H_4N_2。

相对分子质量：32.05。

用途：用于制造异烟肼、照相显影药剂、喷气式发动机燃料、火箭燃料、抗氧剂、还原剂、高压锅炉给水脱氧剂等。

危害类别：具有致癌性。

结构式：

$$H_2N\text{—}NH_2$$

理化性质

物理状态：无色油状液体。

沸点：113.5℃（760 mmHg）。

熔点：2.0℃。

解离常数：$pK_a = 7.96$。

辛醇-水分配系数：$\log K_{ow} = -2.07$。

pH 值：12.75（64 wt%的水溶液）。

环境行为

（1）降解性

在含有其他肼化合物的废水混合物中，肼的浓度为500 mg/L，经过24小时的迟滞期后，通过摄氧量测定发现这种化合物的混合物很容易发生生物降解[1]。

在含有大量有机物的河水中分别添加22.6%、96%和100%的肼，初始浓度为5 mg/L，分别在1小时、1天和2天后降解。在池塘水中分别添加20%、74%、80%和81.6%的肼，初始浓度为5 mg/L，分别在1小时、1天、2天和3天后降解[2]。肼与溶解氧的反应速率与肼的浓度成反比。添加52%、48%、21.4%和7.4%的肼样品于4天后分别在硬水、中度硬水、轻度硬水和软水样品中降解。

（2）土壤移动性

依据 $\log K_{ow}$=-2.07，K_{oc} 估计值为2，提示肼在土壤中有较高的移动性[3]。

（3）生物蓄积性

根据 $\log K_{ow}$=-2.07[4]和回归方程[3]计算出肼的 BCF 估计值为3。根据分类方案[5]，该 BCF 值表明肼在水生生物中潜在的生物浓度很低。采用硬水（440 mg/L $CaCO_3$）和软水（22 mg/L $CaCO_3$）[6]对孔雀鱼的生物浓度进行研究，发现软水实验中吸水量少，而硬水实验中生物浓度较低。96小时后，孔雀鱼的肼浓度约为144 μg/g。

毒理学

（1）致癌证据

肼对于人体有致癌作用的证据不充分，动物实验的致癌作用证据充分。总体评价：肼可能对于人体有致癌作用（2B 类）[7]。

在口服、吸入或腹腔注射肼和肼苯磺酸酯后，小鼠、大鼠和仓鼠体内均可诱发肿瘤。肼在许多实验中都有诱变作用[8]。

（2）急性毒性

用3~5 mL 肼涂抹到兔子的眼角膜会导致兔子产生中度严重刺激（1 mL 时刺激性少得多）[9]。用3 mL 肼处理家兔的皮肤，随后洗涤肼处理过的皮肤，60分钟和90分钟后家兔出现死亡。肼的急性毒性特征为脂肪聚集导致的肝损伤、红细胞破坏和贫血、厌食、体重减轻、虚弱、呕吐、兴奋、低血糖和痉挛[10]。

（3）亚慢性毒性

通过饲养法将肼用于金仓鼠（每日60个或100个单位剂量，相当于0.74 mg 和0.68 mg 的肼，分别喂养15周和20周），毒性作用包括肝脏病变、网状内皮细胞的增殖、肝硬化、胆管增殖、玻璃样变组织中的退行性纤维细胞[11]。

（4）发育与生殖毒性

大鼠和小鼠口服肼均会产生对胎儿和胚胎的不利影响，不良反应包括鼠胎吸收数增加、胎仔体重减少、围产期死亡率增加，10 mg/kg 剂量组中出现胎儿的异常[11]。

人类健康效应

肼的职业暴露途径为工作场所中吸入或皮肤接触该化合物。普通人群可通过香烟烟雾、食物摄取以及皮肤接触蒸气或其他含有肼的产品[12]而暴露。

接触肼会导致腐蚀性烧伤、毛发溶解和严重的皮炎[13]，还会导致结膜炎、肺水肿、贫血（溶血性）、共济失调、抽搐、肾毒性和肝毒性[14]。

在一项对从事肼生产的男性研究中（包括了423名男性，其中64%的人确定了病理状态）发现，在接触最多的那一组中没有发生特定的5种癌症（3种胃癌、1种前列腺癌和1种神经源性癌），其后续研究将观察结果延长到1982年。所有原因导致的死亡率均未升高（实际观察49例，预期61.5例），唯一增加的是2例暴露程度最高的肺癌病例，相对风险为1.2（95%CI：0.2～4.5）[15]。

参考文献

[1] WACHINSKI AM，FARMWALD JA.The Toxicity and Biodegradability of Hydrazine Wastewaters Treated With UV-Chlorinolysis. Final Report December 1978-February 1979[M]. Eng Serv Lab，Air Force Eng Serv Cent，Tyndall AFB，FL USA，AFESC/ESL/ESL-TR-80-31. 1980.

[2] SLONIM A R，GISCLARD J B. Hydrazine degradation in aquatic systems[J]. Bull Environ Contam Toxicol. 1976，16：301-309.

[3] HANSCH C, et al. Exploring QSAR. Hydrophobic，Electronic，and Steric Constants[M]. ACS Prof Ref Book. Heller SR，consult. ed.，Washington，DC：Amer Chem Soc 1995：3.

[4] BOUBLIK T，FRIED V，HALA E. The Vapor Pressures of Pure Substances[M]. Amsterdam，Netherlands：Elsevier Sci Publ，1984：Vol.17.

[5] MEYLAN W M，PHILIP H H，ROBERT S B，et al. Improved method for estimating bioconcentration/bioaccumulation factor from octanol/water partition coefficient[J]. Environ Toxicol Chem. 1999，18：664-672.

[6] FRANKE C，STUDINGER G，BERGER G，et al. The assessment of bioaccumulation[J]. Chemosphere. 1994，29：1501-1514.

[7] SLONIM A R，GISCLARD J B. Hydrazine degradation in aquatic systems[J]. Bull Environ Contam Toxicol. 1976，16：301-309.

[8] AMOORE J E，HAUTALA E. Odor as an aid to chemical safety：Odor thresholds compared with threshold limit values and volatilities for 214 industrial chemicals in air and water dilution[J]. J Appl Toxicol. 1983，3：272-290.

[9] U.S. Environmental Protection Agency's Integrated Risk Information System（IRIS）. Summary on Hydrazine/Hydrazine sulfate（302-01-2）：2000. http：//www.epa.gov/iris/.

[10] BINGHAM E, COHRSSEN B, POWELL C H. Patty's Toxicology Volumes 1-9 5th ed[M]. John Wiley & Sons. New York, N.Y. 2001: 1286.

[11] American Conference of Governmental Industrial Hygienists. Documentation of Threshold Limit Values for Chemical Substances and Physical Agents and Biological Exposure Indices for 2001[M]. Cincinnati, OH, 2001: 1.

[12] SHEFTEL V O. Indirect Food Additives and Polymers. Migration and Toxicology[M]. Lewis Publishers, Boca Raton, FL, 2000: 208.

[13] TOSSAVAINENE A, JAAKKOLA J. Occupational Exposure to Chemical Agents in Finland[J]. Appl Occup Environ Hyg, 1994, 9: 28-31.

[14] SEILER H G, SIGEL H, SIGEL A. Handbook on the Toxicity of Inorganic Compounds[M]. New York, NY: Marcel Dekker, Inc., 1988: 481.

[15] WHO; Environ Health Criteria: Hydrazine p.62. 1987: http://www.inchem.org/documents/ehc/ehc/ehc68.htm#PartNumber: 6.

邻氨基苯甲醚
o-Anisidine

基本信息

化学名称：邻氨基苯甲醚。

CAS 登录号：90-04-0。

EC 编号：201-963-1。

分子式：C_7H_9NO。

相对分子质量：123.15。

用途：主要用于文身和制造纸以及聚合物和铝箔的着色染料。

危害类别：具有致癌性。

结构式：

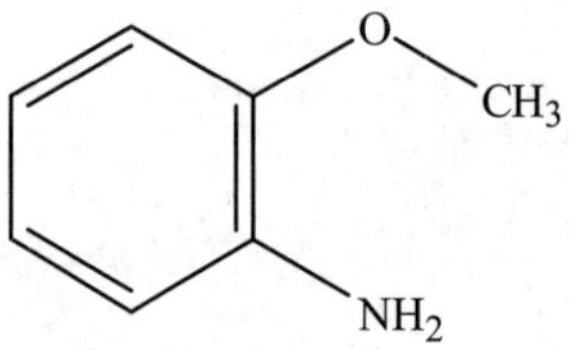

理化性质

物理状态：淡黄色液体，暴露于空气中会变成褐色，有类似胺的气味。

熔点：6.2℃（101.3 kPa）。

沸点：224℃（101.3 kPa）。

蒸气压：8.0×10^{-2} mmHg（25℃）。

密度：1.092 3 g/cm^3（20℃）。

水溶解度：易溶于乙醇、苯、乙醚和丙酮，不溶于水。

环境行为

（1）降解性

在25℃下，邻氨基苯甲醚与光化学反应介导的羟基自由基的气相反应速率常数约为$1.2×10^{-10}$ cm^3/（mol·s），即在大气浓度为$5×10^5$个/cm^3羟基自由基的条件下，其大气半衰期约4.1小时。由于缺乏在环境条件下水解的官能团，邻氨基苯甲醚不会在环境中发生水解。芳香胺如苯胺对超过290 nm 的生色基团有弱吸收作用，因此邻氨基苯甲醚可能对直接光解敏感，但该反应的动力学未知。邻氨基苯甲醚可能与自然光和水中的光化学物产生氧化反应，或与悬浮固体和沉积物中的腐殖质强烈结合。估计芳香胺与光化学反应介导的羟基自由基和烷基过氧自由基反应的典型半衰期在自然阳光照射的水中为19~30小时，因此预计邻氨基苯甲醚会在天然水中进行间接光解[1]。

（2）生物蓄积性

由 log K_{ow}=1.18和回归方程得出，邻氨基苯甲醚在鱼中估算的 BCF 值为2。根据分类方案，该 BCF 表明邻氨基苯甲醚潜在的水生生物浓度低[2]。

（3）吸附解析

由 log K_{ow}=1.18和回归方程确定的 K_{oc} 值估计为46，表明邻氨基苯甲醚预计在土壤中具有非常高的流动性[2]。邻氨基苯甲醚的酸度系数为4.53，表明该化合物在环境中会部分以阳离子形式存在，阳离子通常可与含有有机碳和黏土的土壤强烈吸附。由于芳香族氨基的高反应性，苯胺类可与土壤中的腐殖质或有机物强烈结合[3]。

（4）挥发性

使用片段常数估计方法估计的亨利定律常数为$9.3×10^{-7}$ atm·m^3/mol，根据该常数值，预计邻氨基苯甲醚会从湿润的土壤表面挥发。基于$8.0×10^{-2}$ mmHg的蒸气压力判断，邻氨基苯甲醚预计不会从干燥的土壤表面挥发[4]。

生态毒理学

在静态条件下，斑马鱼（*Brachydanio rerio*）96 h-LC$_{50}$＞100 mg/L；伊蚊（*Leuciscus idus*）96 h-LC$_{50}$=80 mg/L；孔雀鱼（*Poecilia reticulata*）14 d-LC$_{50}$=165 mg/L；大米夜蛾（*Oryzia latipes*）14 d-LC$_{50}$=100 mg/L，96 h-LC$_{50}$=196 mg/L；水蚤（*Daphnia magna*）48 h-LC$_{50}$=12 mg/L。[5]

毒理学

（1）急性毒性

邻氨基苯甲醚的急性暴露与其他芳香胺类似，可以诱导高铁血红蛋白形成。Wistar 大鼠经口 LD$_{50}$=1 890 mg/kg，兔经口 LD$_{50}$=870 mg/kg[6]。

（2）亚慢性毒性

一项亚慢性经口毒性试验中，F344大鼠和 B6C3F1小鼠通过饮食摄入邻氨基苯甲醚盐酸盐7周，大鼠每日的暴露剂量分别为75 mg/kg、225 mg/kg、750 mg/kg 或2 250 mg/kg，小鼠每日的暴露剂量分别为150 mg/kg、450 mg/kg、1 500 mg/kg 或4 500 mg/kg。大鼠的暴露剂量≥750 mg/kg 可导致体重下降超过10%，中度脾脏增大并呈黑色和颗粒状；暴露剂量为75 mg/kg 或225 mg/kg 的雄性大鼠的脾脏是颗粒状的。在小鼠中，≥450 mg/kg 的剂量可导致体重下降超过10%；在≥1 500 mg/kg 的剂量下，脾呈现黑色并明显增大[6]。

（3）发育与生殖毒性

在用大鼠和小鼠进行的为期两年的致癌性研究中，雌性的卵巢和子宫，雄性的精囊、前列腺和睾丸的组织病理学检查没有明显变化，表明邻氨基苯甲醚对雄性和雌性的生殖器官没有破坏作用[6]。

（4）致突变性

在几种常用的含原核生物的体外试验系统中（Ames 试验或鼠伤寒沙门氏菌的试验、大肠杆菌中的回复突变试验），邻氨基苯甲醚在有代谢活化或无代谢活化的情况下均呈阴性结果[6]。在有或没有代谢活化的情况下，在用 CHO 细胞的染色体畸变试验和姐妹染色单体交换试验中以及在小鼠淋巴瘤试验中获得阳性结果。只有在存在代谢活化的情况下，在用小鼠淋巴瘤细胞的碱性洗脱测定中显示阳性结果，而用大鼠肝细胞的不定期 DNA 合成测定为阴性[6]。

人类健康效应

邻氨基苯甲醚可通过皮肤、眼睛或黏膜吸收，其暴露会刺激眼睛、皮肤和呼吸道，引起灼热感和皮疹，此外会干扰血液携带血红蛋白（高铁血红蛋白血症）的能力，从而导致头痛、头晕、皮肤和嘴唇发绀，较高暴露水平会导致呼吸困难、瘫痪和死亡。长期接触邻氨基苯甲醚可能导致人类致癌（IARC：2B 类，有限的人体证据）。与邻氨基苯甲醚相似的芳香胺具有潜在致癌性，反复暴露于这些异构体可能会导致贫血、皮肤过敏、肺部刺激和支气管炎、神经和肾脏受损[7]。工作人员持续6个月每天暴露于0.4 ppm 的邻氨基苯甲醚3.5小时，没有发现贫血症或慢性中毒、头痛和眩晕，同时也没有发现血红蛋白、高铁血红蛋白和红细胞包涵体（海因茨体）的明显增加[8]。

安全剂量

OSHA 标准：8小时加权平均容许浓度为0.5 mg/m^3（皮肤暴露）[9]。
NIOSH 推荐浓度：10小时加权平均值为0.5 mg/m^3（皮肤暴露）[10]。

参考文献

[1] Mill T，Mabey W. Environmental Exposure from Chemicals Vol. 1；Neely WB，Blau GE eds[M]. Boca Raton，FL：CRC Press，1985：175-216.

[2] Hansch C, et al. Exploring QSAR. Hydrophobic，Electronic，and Steric Constants. ACS

Prof Ref Book. Heller SR, consult. ed. [M]. Washington, DC: Amer Chem Soc, 1995: 32.

[3] Doucette WJ. Handbook of Property Estimation Methods for Chemicals. Boethling RS, Mackay D, eds [M]. Boca Raton, FL: Lewis Publ, 2000: 141-188.

[4] Perry RH, Green D. Perry's Chemical Handbook. Physical and Chemical Data. 6th ed [M]. New York, NY: McGraw Hill, 1984.

[5] European Commission, ESIS; IUCLID Dataset, o-Anisidine (90-04-0) p.19 (2000 CD-ROM edition).

[6] European Chemicals Bureau; Risk Assessment for o-Anisidine (CAS No. 90-04-0).

[7] Pohanish, R.P.. Sittig's Handbook of Toxic and Hazardous Chemical Carcinogens 5th Edition Volume 1: A-H, Volume 2: I-Z. [M]. Norwich, NY: William Andrew, 2008: 219.

[8] American Conference of Governmental Industrial Hygienists. Documentation of the TLV's and BEI's with Other World Wide Occupational Exposure Values. CD-ROM Cincinnati, OH 45240-1634 2007.

[9] 29 CFR 1910.1000 (USDOL); U.S. National Archives and Records Administration's Electronic Code of Federal Regulations. Available from, as of June 2, 2010.

[10] NIOSH. NIOSH Pocket Guide to Chemical Hazards & Other Databases CD-ROM. Department of Health & Human Services, Centers for Disease Prevention & Control. National Institute for Occupational Safety & Health. DHHS (NIOSH) Publication No. 2005-151 (2005).

邻氨基偶氮甲苯

o-Aminoazotoluene; 4-o-Tolylazo-o-Toluidine

▌基本信息

化学名称：邻氨基偶氮甲苯。

CAS 登录号：97-56-3。

EC 编号：202-591-2。

分子式：$C_{14}H_{15}N_3$。

相对分子质量：225.28。

用途：用于染料中间体。

危害类别：具有致癌性。

结构式：

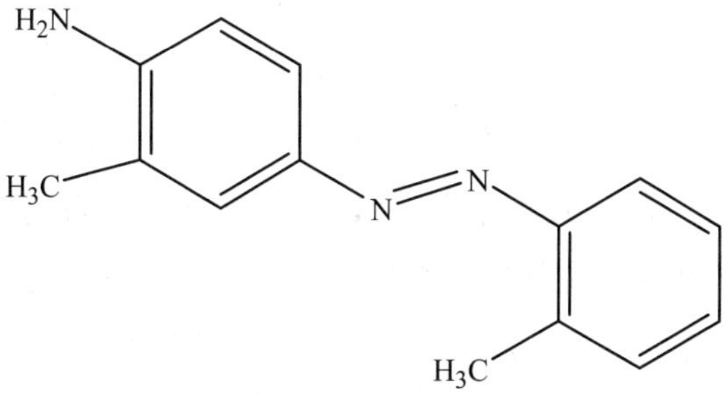

▌理化性质

物理状态：黄色至红棕色晶体。

熔点：101～102℃。

蒸气压：$7.5×10^{-7}$ mmHg（25℃）。

辛醇-水分配系数：$\log K_{ow} = 3.92$。

环境行为

（1）降解性

邻氨基偶氮甲苯吸收紫外线，表明其有可能在大气中直接发生光化学降解，也可以在清水的上层直接发生光化学降解。

（2）生物蓄积性

邻氨基偶氮甲苯如果释放到水中，通过水溶性和估算的 $\log K_{ow}$ 得到生物浓缩系数预测值为196～562，表明其可在鱼类和水生生物中富集[1]。

（3）吸附解析

邻氨基偶氮甲苯的 K_{oc} 预测值为1 426～3 236，表明其可以吸附到沉积物和悬浮有机物质上[1]。

（4）挥发性

基于25℃时的亨利定律常数预测值为2.91×10^{-8} atm·m^3/mol[1]，表明邻氨基偶氮甲苯只能从潮湿和干燥的土壤中缓慢挥发到大气中，预计不会从水中挥发，河流模型挥发的半衰期估计为1 888天。

（5）迁移性

如果释放到土壤中，估计邻氨基偶氮甲苯仅显示出有限的移动性。根据其水溶性和 $\log K_{ow}$，K_{oc} 预测值为1 426～3 236[1]，表明邻氨基偶氮甲苯在土壤中仅显示出低至轻微的移动性[2]。此外，邻氨基偶氮甲苯的氨基可与土壤中的活性位点共价结合，进一步限制了其迁移率[3]。

（6）溶解性

邻氨基偶氮甲苯溶于乙醇、醚、氯仿[4]、油和脂肪[5]、丙酮、甲苯[6]。

毒理学

（1）致癌性

邻氨基偶氮甲苯可能对人类致癌[6]，被合理预期为人类致癌物质[7]。

（2）致突变性

在具有大鼠肝微粒分数加上辅助因子（S-9 MIX）的代谢激活系统中，使用 CHO 细胞，邻氨基偶氮甲苯在激活后引起微弱反应或没有反应，可应用于染色体畸变试验。在 S9 混合物（用多氯联苯预先处理来自大鼠肝脏）存在的情况下，邻氨基偶氮甲苯在鼠伤寒沙门氏菌 TA100 和 TA98 中发生诱变，但在没有 S9 存在的情况下没有诱变作用。剂量为 25 μg/板（0.11 μm/板）时，邻氨基偶氮甲苯在鼠伤寒沙门氏菌 TA1535、TA1536 或 TA1537 中没有发生诱变，但在代谢活化后可在 TA1538、TA98 和 TA100 中发生诱变。

人类健康效应

邻氨基偶氮甲苯在生产、配制或使用的过程中，皮肤接触和吸入是其暴露的主要途径。

参考文献

[1] LYMAN W J，REEHL W F，ROSENBLATT D H.Handbook of Chemical Property Estimation Methods[M].Washington DC：Amer Chem Soc，1982：15-1 to 15-29.

[2] SWANN RL，LASKOWSKI DA，MCCALL PJ, et al.A rapid method for the estimation of the environmental parameters octanol/water partition coefficient，soil sorption constant，water to air ratio，and water solubility[J]. Residue Reviews，1983，85：17-28.

[3] Parris GE，Diachenko GW，Entz RC，et al. Waterborne methylenebis（2-chloroaniline）and 2-chloroaniline contamination around Adrian，Michigan[J]. USA：Bull Environ Contam Toxicol，1980：497-403.

[4] BUDAVARI S. The Merck Index - An Encyclopedia of Chemicals，Drugs，and

Biologicals[M]. Whitehouse：Merck and Co，1989：69.

[5] Hawley GG. The Condensed Chemical Dictionary. 9th ed[M]. New York：Van Nostrand Reinhold Co.，1977：41.

[6] IARC. Monographs on the Evaluation of the Carcinogenic Risk of Chemicals to Humans[J]. Geneva：World Health Organization，International Agency for Research on Cancer，1972-PRESENT：Multivolume work V8 61.http：//monographs.iarc.fr/ENG/ Classification/index.php p. V100C 164（1975）.

[7] DHHS/National Toxicology Program. Eleventh Report on Carcinogens：o-Aminoazotoluene （97-56-3）（January 2005）[R]. 2009. http：//ntp.niehs.nih.gov/ntp/roc/eleventh/profiles/ s009amin.pdf.

邻苯二甲酸二丁酯
Dibutyl phthalate

基本信息

化学名称：邻苯二甲酸二丁酯（简称 DBP）。

CAS 登录号：84-74-2。

EC 编号：201-557-4。

分子式：$C_{16}H_{22}O_4$。

相对分子质量：278.34。

用途：主要用作硝化纤维、醋酸纤维、聚氯乙烯等的增塑剂。

危害类别：有科学证据证明会对人类或环境造成严重影响。

结构式：

理化性质

物理状态：无色油状液体，有芳香气味。

熔点：−35℃。

沸点：340℃。

蒸气压：1.58 kPa（200℃）。

密度：1.045 9～1.046 5 g/m^3（20℃）。

水溶解度：11.2 mg/L（20℃）。

辛醇-水分配系数：log K_{ow} = 4.50。

环境行为

（1）降解性

邻苯二甲酸二丁酯的降解分为生物降解与非生物降解，其中生物降解可分为需氧与厌氧两种不同情况。在生物降解的需氧条件下，摇瓶生物降解试验中，28天后68%～99%的邻苯二甲酸二丁酯可降解，80.6%～99%转化为二氧化碳，滞后期平均为4.5天[1]。在三个处理厂中使用活性污泥可降解60%～70%的邻苯二甲酸二丁酯。在起始浓度分别为50 mg/L、100 mg/L、150 mg/L 和200 mg/L 时，邻苯二甲酸二丁酯在污泥中的生物降解半衰期分别为45.3小时、45.3小时、46.8小时和47.5小时。在生物降解的厌氧条件下，邻苯二甲酸二丁酯两周内可在沼气池污泥中完全矿化[2]，在堆肥混合物中可在7天后降解28%[3]。在天然水中，邻苯二甲酸二丁酯的厌氧生物降解半衰期估计为2天。

邻苯二甲酸二丁酯与大气中羟基自由基反应的速率常数为9.3×10^{-12} cm^3/（mol·s），即在羟基自由基为5×10^{5}个/m^{3}的条件下，预测其间接光解半衰期约为42小时（25℃）[4]。邻苯二甲酸二丁酯在陆地上的大气中停留时半衰期为34小时，海上为19小时，光降解半衰期为43小时[8]。邻苯二甲酸二丁酯具备可吸收＞290 nm 的生色基团，因此在太阳光下可直接发生光解[5]。

(2) 生物蓄积性

有报道称，鲤鱼暴露于浓度为0.015 μg/L 和0.05 μg/L 的邻苯二甲酸二丁酯8周后，BCF 值分别为5.2～176和3.1～21.2[6]。另有报道表明，鲤鱼暴露于邻苯二甲酸二丁酯的 BCF 值为3.6，而蓝鳃鱼为117。邻苯二甲酸二丁酯的 BCF 值在甲壳动物、昆虫和藻类中分别为662、624和3 399。根据分类标准，BCF 值在0～30时为低值，100～1 000时为高值，因此邻苯二甲酸二丁酯在水生生物中具有潜在的生物蓄积性。

(3) 吸附解析

邻苯二甲酸二丁酯在典型单片类型的沙质土壤中测得的 log K_{oc} 值为3.05～3.06。根据分类标准[15]，这一 K_{oc} 值表明邻苯二甲酸二丁酯在土壤中具有低迁移率。

(4) 挥发性

基于蒸气压值和水溶解度，邻苯二甲酸二丁酯的亨利定律常数预测值为$1.81×10^{-6}$ atm·m³/mol，提示邻苯二甲酸二丁酯可从水面挥发[7]。根据亨利定律常数，从模拟河（1 m 深，流量1 m/s，风速3 m/s）估计的挥发半衰期为34天，从模型湖（1 m 深，流速0.05 m/s，风速0.5 m/s）估计的挥发半衰期为250天[8]。邻苯二甲酸二丁酯的亨利定律常数表明其可能从潮湿的土壤表面挥发，$2.01×10^{-5}$ mmHg 的蒸气压表明其不会从干土表面挥发。

生态毒理学

10日龄的野鸭经口8 d-LC_{50}＞5 000 mg/kg[9]。通过接触实验，蚯蚓48 h-LC_{50}=1.4 mg/cm²[10]。在25℃、静态、淡水条件下，(5～6)×10⁵个细胞/mL栅藻（绿藻）96 h-LC_{50}=210 μg/L[11]。在24℃、pH 值8.0～9.3的静态、淡水条件下，指数生长期的淡水藻（绿藻）48 h-EC_{50}=9 000 μg/L[12]，毒性作用表现为群体减少。短裸甲藻（水藻）96 h-EC_{50}=200 μg/L，毒性作用于叶绿素 a[13]。

卤虫藻（卤虫属）染毒浓度为10 mg/L时，24小时内孵化幼虫数减少20%[14]；96 h-LC_{50}= 8 mg/L[15]。小长臂虾幼虫24 h-LC_{50}=10～50 μg/L[16]。叉肢螯虾属（小龙虾）在静水条件下，96 h-LC_{50}>10 mg/L[17]。斑马鱼在半静态条件下，96 h-LC_{50}=2.2 mg/L[18]。在流动的淡水、20℃、pH值7.4、$CaCO_3$ 272 mg/L的条件下，1.1 g重的黑头呆鱼24 h-LC_{50}=4 800 μg/L（95%CI：4 300～5 300 μg/L）[19]。在流动的淡水、10℃、pH值7.4、$CaCO_3$ 272 mg/L的条件下，2.2 g重的虹鳟鱼24 h-LC_{50}= 4 200 μg/L（95%CI：3 800～4 600 μg/L）[18]。在17℃、静态、淡水条件下，斑点叉尾鮰48 h-LC_{50}=2 910 μg/L[20]。在流动的淡水、20℃、pH值7.4、$CaCO_3$ 272 mg/L的条件下，1.7 g重的蓝鳃太阳鱼96 h-LC_{50}= 1 550 μg/L（95%CI：1 380～1 740 μg/L）[21]。

毒理学

（1）急性毒性

年龄5～6周、体重60～75 g的大鼠通过口服和肌内注射两种方式给药，第一次按体重给予相当高的致死剂量LD_{50}=8～10 g/kg（4 g/kg所有动物存活，8 g/kg中9个死亡4个，16 g/kg时全部死亡）。因8 g/kg剂量未导致单一动物死亡，其致命的剂量可能更高[22]。通过给兔子皮下注射邻苯二甲酸二丁酯观察刺激反应，10分钟、15分钟时外渗程度较轻微，20分钟时中度外渗[23]。猫吸入1 mg/L邻苯二甲酸二丁酯气溶胶5.5小时后引起鼻刺激[24]。

（2）亚慢性毒性

经口暴露于高剂量（2 g/kg）邻苯二甲酸二丁酯7天后观察大鼠、小鼠和豚鼠肝脏及睾丸的变化：大鼠的睾丸 NOEL 为152～177 mg/kg；NOEL在小鼠中较高；豚鼠对邻苯二甲酸二丁酯的肝脏毒作用具有抗性；通过吸入暴露于邻苯二甲酸二丁酯对大鼠的肝脏或睾丸无影响[25]。另有研究显示，通过饮食分别给予雄性 Wistar 大鼠20 mg/kg、62 mg/kg、200 mg/kg、600 mg/kg和2 000 mg/kg（相当于按体重给予1.1 mg/kg、5.2 mg/kg、19.9 mg/kg、

60.6 mg/kg 和 212.5 mg/kg）的邻苯二甲酸二丁酯，两周后发现棕榈酰辅酶 A 氧化酶（PCoA）活性的 NOAEL 为 600 mg/kg（按体重为 60.6 mg/kg），11-月桂酸羟化酶和 12-月桂酸羟化酶（LAH-11 和 LAH-12）活性的 NOAEL 为 200 mg/kg（按体重为 19.9 mg/kg）[26]。

（3）发育与生殖毒性

既往研究观察了邻苯二甲酸二丁酯对雄激素受体拮抗剂氟他胺的影响。将怀孕的 CD 大鼠分成两组，一组（$n=10$）给予玉米油，另一组（$n=5$）在妊娠 12~21 天每日按体重给予 100 mg/kg 的氟他胺，两组每日均按体重暴露于 10 mg/kg、100 mg/kg、250 mg/kg 和 500 mg/kg 的邻苯二甲酸二丁酯。雄性在大约 100 天时死亡，雌性在 25~30 天时死亡。在 F1 代雄性中，邻苯二甲酸二丁酯（500 mg/kg 剂量组）和氟他胺暴露会引起尿道下裂、隐睾以及前列腺、附睾和输精管发育不全，睾丸上皮细胞变性和间质细胞增生，同样可观察到在 250 mg/kg 剂量下，附睾发育不良。氟他胺和邻苯二甲酸二丁酯（250 mg/kg 和 500 mg/kg 剂量组）可引起胸廓乳头回缩和肛殖距减小。在同一窝别中，2 只雄性大鼠在 500 mg/kg 剂量下出现了间质细胞腺瘤，在 100 mg/kg 剂量下可观察到包皮的分离延迟。邻苯二甲酸二丁酯诱导的腹内睾丸发生率低于邻苯二甲酸二丁酯+氟他胺观察到的腹股沟睾丸发生率。因此，邻苯二甲酸二丁酯生殖毒性的敏感期为产前期，雌性后代的子宫和阴道发育不受邻苯二甲酸二丁酯的影响。除出生时出现 16% 的体重减轻和 1 只在 500 mg/kg 剂量时胎儿全部死亡外，未发现明显的母体毒性迹象。此外，3 月龄时，在 500 mg/kg 剂量组的雄性大鼠中观察到睾丸间质细胞增生和腺瘤，该实验中的 LOAEL=100 mg/kg[26]。一项关于邻苯二甲酸二丁酯对成年大鼠、小鼠、豚鼠和仓鼠睾丸毒性效应的研究显示，经口按体重分别给予 2 000 mg/kg 或 3 000 mg/kg 的邻苯二甲酸二丁酯 7 天或 9 天后，上述多种啮齿类动物的睾丸重量减少，组织病理学损伤严重，精子细胞和精原细胞减少，生精小管损伤严重。而小鼠睾丸受影响较小，仓鼠未观察到明显损伤[27]。邻苯二甲酸二丁酯对于小鼠和兔子是致畸因子，大鼠暴露导致流产。长期定量暴露可引起大鼠生育力下降，表明该化合物具有母体毒性效应。蜕膜细胞反应和大鼠怀孕率是评估邻苯二甲酸二丁酯是否有母体毒性的重要生理参数，研究显示邻苯二甲酸二丁酯对妊娠早期或假妊娠的蜕膜细胞反应、怀孕子宫重量、着床位置数、卵巢重量或血清黄体酮浓度无明显影响[27]。

（4）致突变性

在邻苯二甲酸二丁酯暴露的体外研究中，对伤寒沙门氏菌菌株 TA98、TA100、TA1535 和 TA1537（含或不含 S9 代谢活化系统）的研究显示，在浓度高达 10 mg/板时，邻苯二甲酸二丁酯的致突变性为阴性。然而，在不存在 S9 的情况下，邻苯二甲酸二丁酯在菌株 TA100 和 TA1535 中的致突变性是阳性[28]。

（5）内分泌干扰作用

邻苯二甲酸二丁酯在儿童中的暴露被认为是导致女孩性早熟的原因之一。青春期是从下丘脑促性腺激素释放激素开始的，该过程受多种因素的影响，包括神经递质神经激肽 B 及其受体 GPR54。在新生儿或青春期前期，这些神经递质及其受体的生成或重组可能是邻苯二甲酸二丁酯暴露的靶窗。雌性 SD 大鼠在出生后 1～5 天（新生儿）或出生后 26～30 天（青春期前期），通过皮下注射 0.5 mg/kg、5 mg/kg 和 50 mg/kg 的邻苯二甲酸二丁酯发现，新生儿和青春期前期暴露于邻苯二甲酸二丁酯可促进性早熟，且伴随不规则的发情周期和性腺功能障碍。与新生儿暴露相比，青春期前期暴露后发情周期延长、阴道开放较大、血清雌二醇水平升高。数据显示，大鼠出生 1～5 天暴露于邻苯二甲酸二丁酯后，其神经激肽 B 的信使核糖核酸（mRNA）表达上调，下丘脑区弓形区的免疫反应性增强，但 GPR54 mRNA 表达下调；在出生 26～30 天暴露于邻苯二甲酸二丁酯后，神经激肽 B 的 mRNA 表达和免疫反应性水平较低。这些结果表明，小剂量的邻苯二甲酸二丁酯可以诱导女性性早熟，新生儿和青春期前期都是邻苯二甲酸二丁酯暴露的关键窗口[29]。

人类健康效应

邻苯二甲酸二丁酯几乎没有刺激皮肤、眼睛或诱发致敏的潜力。在人类中，仅有几例暴露于邻苯二甲酸二丁酯致敏的报道。体外研究表明，与大鼠皮肤相比，人类皮肤对邻苯二甲酸二丁酯的渗透性差。邻苯二甲酸二丁酯的大剂量暴露（一名化学工人意外吞咽约10 g邻苯二甲酸二丁酯）会产生明显的病理体征和症状，包括恶心、呕吐、眩晕、头痛、疼痛、眼睛刺激、流泪、畏光和结膜炎，两周内可完全恢复，有证据显示会对肾脏有轻微的影响。最近的一份报告描述了曾在马来西亚（1948—1960年）服役的新西兰士兵的孩子中尿道下裂（$P<0.05$）、隐睾症（$P<0.05$）和乳腺癌（$P<0.05$）的发生率增加，其原因可能是每天应用邻苯二甲酸二丁酯作为衣服的杀螨剂（防止经蜱传播的丛林斑疹伤寒）。在其他研究中，邻苯二甲酸二丁酯的高度暴露与男孩性早熟相关，而人白细胞培养中的邻苯二甲酸二丁酯暴露不会导致染色单体畸变。邻苯二甲酸二丁酯可诱导雌激素反应性乳腺癌细胞株MCF-7和ZR-75的增殖。

参考文献

[1] RICHARD H S, DEAN P O, SUJIT B, et al.Shake Flask Biodegradation of 14 Commercial Phthalate Esters[J].Appl Environ Microbiol, 1984 Apr; 47（4）: 601‐606.

[2] SHELTON DR, BOYD SA, TIEDJE JM.Anaerobic biodegradation of phthalic acid esters in sludge[J].Environ Sci Technol, 1984 Feb; 18（2）: 93-7.

[3] Snell Environ Group Inc; Rate of biodegradation of toxic organic compounds while in contact with organics which are actively composting NSF/CEE[M]. 1982. 82024 p 100.

[4] US EPA; Estimation Program Interface（EPI）Suite. Ver. 4.1. Nov, 2012. http://www.epa.gov/oppt/exposure/pubs/episuitedl.htm.

[5] LYMAN WJ, et al. Handbook of Chemical Property Estimation Methods[M]. Washington, DC：Amer Chem Soc, 1990: 8-12.

[6] NITE；Chemical Risk Information Platform（CHRIP）. Biodegradation and Bioconcentration. Tokyo，Japan：Natl Inst Tech Eval. March 9，2015：http：//www. safe.nite.go.jp/english/db.html.

[7] LYMAN WJ. et al；Handbook of Chemical Property Estimation Methods[M]. Washington, DC：Amer Chem Soc, 1990: 15-1 to 15-29.

[8] HILL EF，et al. USFWS.No.191，Special Scientific Report-Wildlife.1975. http：//cfpub.epa.gov/ecotox/quick_query.htm.

[9] European Chemicals Bureau；European Union Risk Assessment Report，Dibutyl Phthalate（84-74-2）1st Priority List Vol 29 p.56 Report 003（2003）. http：//esis.jrc.ec.europa.eu/.

[10] HUANG GL, et al. Bull Environ Contam Toxicol .1999，63（6）: 759-765. http：//cfpub.epa.gov/ecotox/quick_query.htm.

[11] KUHN R，PATTARD M. Water Res. 1990，24（1）：31-38.http：//cfpub.epa.gov/ecotox/quick_query.htm.

[12] USEPA. Ambient Water Quality Doc：Phthalate Esters. 1980. p.B-14. EPA 440/5-80-067.

[13] Nat Research Council Canada. Phthalate Esters. NRCC 1980.No .17583.p.83

[14] European Chemicals Bureau. European Union Risk Assessment Report，Dibutyl Phthalate（84-74-2）1st Priority List. 2008. Vol 29 p.53 Report 003. http://esis.jrc.ec.europa.eu/.

[15] VERSCHUEREN K. Handbook of Environmental Data on Organic Chemicals. 3rd ed[M].New York，NY： Van Nostrand Reinhold Co. 1996: 646.

[16] European Chemicals Bureau；IUCLID Dataset，Dibutyl Phthalate（84-74-2）2000. p.109 .http://esis.jrc.ec.europa.eu/.

[17] European Chemicals Bureau；European Union Risk Assessment Report，Dibutyl Phthalate

(84-74-2) 1st Priority List Vol 29.2003. p.52 Report 003. http：//esis. jrc.ec.europa.eu/.

[18] MAYER F L.ELLERSIECK M R. USDOI，FWiS Resour Publ .1986.No.160：505. http：//cfpub. epa.gov/ecotox/quick_query.htm.

[19] MAYER F L. SANDERS H O. Environ Health Perspect. 1973，3：153-7. http：//cfpub. epa.gov/ecotox/quick_query.htm.

[20] LEWIS，R.J. Sr. Sax's Dangerous Properties of Industrial Materials[M]. 11th Edition. Wiley-Interscience，Wiley & Sons，Inc. Hoboken，NJ. 2004: 1164.

[21] USEPA；Ambient Water Qual Doc：Phthalate Esters .1980.p.C-21 EPA 440/5-80-067.

[22] European Chemicals Bureau；European Union Risk Assessment Report，Dibutyl Phthalate (84-74-2) 1st Priority List Vol 29 .2003.p.92 Report 003. http：//esis. jrc.ec.europa.eu/.

[23] BINGHAM E, COHRSSEN B, POWELL C H. Patty's Toxicology Volumes 1-9 5th ed. John Wiley & Sons[M]. New York，N.Y. 2001，p. V6 825.

[24] European Chemicals Bureau；European Union Risk Assessment Report，Dibutyl Phthalate (84-74-2) 1st Priority List Vol 29.2003. p.100 Report 003. http：//esis. jrc.ec.europa.eu/.

[25] NTP/CERHR. Monograph on the Potential Human Reproductive and Developmental Effects of Di-n-Butyl Phthalate (DBP) p. II-16. http：//cerhr.niehs.nih.gov/evals/ index.html.

[26] NTP/CERHR. Monograph on the Potential Human Reproductive and Developmental Effects of DinButyl Phthalate (DBP) p. II-20. http：//cerhr.niehs.nih.gov/evals/ index.html.

[27] CUMMINGS AM1，GRAY LE Jr. Dibutyl phthalate：maternal effects versus fetotoxicity.[J]Toxicol Lett. 1987 Nov；39 (1)：43-50.

[28] BINGHAM E, COHRSSEN B, POWELL C H. Patty's Toxicology Volumes 1-9 5th ed[M]. John Wiley & Sons. New York，N.Y. (2001)，p. V6 828.

[29] Hu J，DU G，Zhang W，et al.Short-term neonatal/prepubertal exposure of dibutyl phthalate(DBP)advanced pubertal timing and affected hypothalamic kisspeptin/GPR54 expression differently in female rats.[J]Toxicology. 2013 Dec 6；314 (1)：65-75.

邻苯二甲酸二甲氧乙酯
Bis (2-methoxyethyl) phthalate

基本信息

化学名称：邻苯二甲酸二甲氧乙酯。

CAS 登录号：117-82-8。

EC 编号：204-212-6。

分子式：$C_{14}H_{18}O_6$。

相对分子质量：282.289。

用途：用作气相色谱固定液、三乙酸片基的增感剂和溶剂。

危害类别：有科学证据证明会对人类或环境造成严重影响。

结构式：

理化性质

物理状态：浅黄色油状液体，有芳香气味。

凝固点：–40℃。

沸点：340℃。

蒸气压：2.28×10^{-4} mmHg（25℃）。

密度：1.159 6 g/m³（20℃）。

水溶解度：20℃时在水中的溶解度为3.4%。

辛醇-水分配系数：$\log K_{ow} = 1.11$。

环境行为

（1）降解性

在需氧条件下，使用从诺卡菌属红平红球菌提取的酶[1]降解邻苯二甲酸二甲氧乙酯，其生物降解率为19.3%。邻苯二甲酸二甲氧乙酯与大气中的羟基自由基反应的速率常数为1.9×10^{-11} cm³/（mol·s），在羟基自由基为5×10^5个/m³的条件下，预测其间接光解的半衰期约为20小时（25℃）。使用结构估计方法[2]预测由碱催化的二级水解速率常数为0.16 L/（mol·s），这相当于 pH 值为7和8时，半衰期分别为1.3年和49天。邻苯二甲酸二甲氧乙酯具备可吸收>290 nm 的生色基团，因此在太阳光下可直接发生光解[3]。

（2）生物蓄积性

基于$\log K_{ow} = 1.11$[4]，BCF 预测值为1.4。根据分类标准[7]，提示邻苯二甲酸二甲氧乙酯在水生生物中浓度很低。

（3）吸附解析

邻苯二甲酸二甲氧乙酯的 K_{oc} 预测值为38[5,6]，根据分类标准[10]，其在土壤中有非常高的移动性。

（4）挥发性

基于片段常数估计法，邻苯二甲酸二甲氧乙酯的亨利定律常数预测值

为 2.8×10^{-13} atm·m^3/mol[7]，提示其从水面是不挥发的[12]。基于片段常数法估算的蒸气压为 2.3×10^{-4} mmHg，预计邻苯二甲酸二甲氧乙酯不会从干燥的土壤表面挥发[8]。

毒理学

（1）急性毒性

邻苯二甲酸二甲氧乙酯会引起兔子和豚鼠轻微的皮肤刺激，向兔子眼睛中滴注100 mg 时会引起轻微的刺激[9]。小鼠经口暴露于邻苯二甲酸二甲氧乙酯 LD_{50}=3.2～6.4 g/kg，经腹腔注射 LD_{50}= 2 510 mg/kg[10,11]。大鼠经口 LD_{50}=4.4 g/kg，经腹腔注射 LD_{50}=3 735 mg/kg[10,11]。

（2）亚慢性毒性

经口分别给予大鼠0 mg/kg、100 mg/kg、1 000 mg/kg的邻苯二甲酸二甲氧乙酯2周[12]，在1 000 mg/kg时，大鼠的体重和食物消耗量减少；在100 mg/kg和1 000 mg/kg时，血红蛋白和血细胞比容降低，红细胞和白细胞计数在1 000 mg/kg时降低；肝脏、肾脏、胸腺和睾丸重量在1 000 mg/kg时下降，胸腺和睾丸萎缩可在精原细胞中被观察到。

（3）发育与生殖毒性

在雄性大鼠中，腹膜内注射1.19～2.38 mL/kg 邻苯二甲酸二甲氧乙酯会导致生育力降低，并有剂量依赖性。通过检测口服1 mg/kg、1.5 mg/kg 或2 mg/kg 的邻苯二甲酸二甲氧乙酯对雄性大鼠生育力的影响发现：在高剂量组中观察到精子头部增加，并且在中、高剂量组中观察到异常精子头部所占百分比显著增加；尽管在所有组中均观察到睾丸重量下降，但没有发现组织病理学异常[9]。

在雌性大鼠中，妊娠期间腹腔注射374～600 mg/kg的邻苯二甲酸二甲氧乙酯，其子代会出现肌肉骨骼、中枢神经和（或）心血管系统发育异常。经口给予妊娠10天或13天的大鼠593 mg/kg的邻苯二甲酸二甲氧乙酯，其后代中也观察到类似的缺陷[9]。

（4）神经毒性

邻苯二甲酸二甲氧乙酯可影响鸡胚中枢神经系统的发育，在孵化后可观察到严重的行为异常，如震颤、无意识的身体活动、不能站立或正常行走。在卵黄囊注射0.025 mL邻苯二甲酸二甲氧乙酯后，50粒胚胎中有46粒死亡[13]。

（5）致突变性

在Ames试验中，当达到每板10 000个单位的邻苯二甲酸二甲氧乙酯时，鼠伤寒沙门氏菌菌株TA98仍没有被激活。然而，在使用S9激活的TA98和活化或不活化的TA100的测定中呈阴性[13]。

人类健康效应

人类可通过吸入和皮肤接触含有邻苯二甲酸二甲氧乙酯的产品而暴露[15]。WI38细胞的LD_{50}=3 500 μmol/L[16]。

参考文献

[1] KURANE R. Microbial degradation of phthalate esters[J]. Microbiol Sci，1986，3：92-95.

[2] MILL T. Environmental Fate and Exposure Studies Development of a PC-SAR for Hydrolysis：Esters，Alkyl Halides and Epoxides[Z]. Menlo Park，CA：SRI International，1987，EPA Contract No. 68-02-4254.

[3] LYMAN W J. Handbook of Chemical Property Estimation Methods[M]. Washington DC：Amer Chem Soc，1990.

[4] MEYLAN W M，HOWARD P H. Atom/fragment contribution method for estimating octanol-water partition coefficients[J]. J Pharm Sci，1995，84：83-92.

[5] US EPA.US Environmental Protection Agency，Environ Criter Assess Off，Cinc，OH[R]. 1991，321，ECAO-CIN-D009，PB92-173442.

[6] LYMAN W J. Handbook of Chemical Property Estimation Methods[M]. Washington DC: Amer Chem Soc, 1990, 4-9.

[7] LYMAN W J. Handbook of Chemical Property Estimation Methods[M]. Washington DC: Amer Chem Soc, 1990.

[8] LYMAN W J. p. 31 in Environmental Exposure From Chemicals Vol I, Neely WB, Blau GE, eds, Boca Raton[M]. FL: CRC Press, 1985.

[9] BINGHAM E, COHRSSEN B, POWELL C H. Patty's Toxicology Volumes 1-9 5th ed[M]. New York: John Wiley & Sons, 2001: 875.

[10] LEWIS R J. Sax's Dangerous Properties of Industrial Materials. 11th Edition[M]. Hoboken NJ: Wiley-Interscience, 2004: 1366.

[11] USEPA.Ambient Water Quality Criteria Doc: Phthalate Esters[S].1980: 21, EPA 440/5-80-067.

[12] BINGHAM E, COHRSSEN B, POWELL C H. Patty's Toxicology Volumes 1-9 5th ed[M]. New York: John Wiley & Sons, 2001: 874.

[13] BOWER R K, HABERMAN S, MINTON P D. Terotogenic effects in the chick embryo caused by esters of phthalic acid[J]. J Pharmacol Exp Ther, 1970, 171 (2): 314-324.

[14] DHHS/NTP. Salmonella Study Overview A59190, Di (2-methoxyethyl) phthalate (1993): 2008. http://ntpapps.niehs.nih.gov/ntp_tox/index.cfm? fuseaction=salmonella. overallresults&cas_no=117-82-8&endpointlist=SA.

[15] NIOSH, NOES. National Occupational Exposure Survey conducted from 1981-1983. Estimated numbers of employees potentially exposed to specific agents by 2-digit standard industrial classification (SIC): 2008. http: //www.cdc.gov/noes/.

[16] USEPA. Ambient Water Quality Criteria Doc: Phthalate Esters[S].1980, V-24, EPA 440/5-80-067.

邻苯二甲酸二异戊酯
Diisopentyl phthalate

基本信息

化学名称：邻苯二甲酸二异戊酯（简称 DIPP）。

CAS 登录号：605-50-5。

EC 编号：210-088-4。

分子式：$C_{18}H_{26}O_4$。

相对分子质量：306.40。

用途：用作纤维素树脂、聚甲基丙烯酸甲酯、聚苯乙烯和氯化橡胶的增塑剂。

危害类别：具有生殖毒性。

结构式：

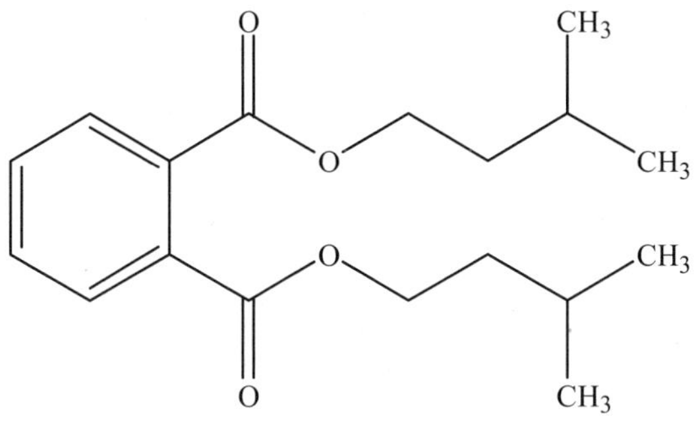

理化性质

物理状态：无色液体，几乎无味，能溶于醇及醚等有机溶剂，不溶于水。

熔点：−37℃。
沸点：225℃（5.33 kPa）。
蒸气压：3.54×10^{-4} mmHg（25℃）。
密度：1.028 g/cm^2。

毒理学

（1）发育与生殖毒性

大鼠子宫内暴露于活性邻苯二甲酸盐会引起胎儿睾丸发育异常和相关激素紊乱，特别是由睾酮功能不全导致的生殖器官畸形[1]，并导致子代发生一系列雄性生殖道异常，即大鼠邻苯二甲酸酯综合征，其特征是睾丸未下降、尿道下裂、性附属腺偏小或畸形、肛门生殖器距离缩短以及附睾和睾丸改变。

（2）内分泌干扰性

邻苯二甲酸二异戊酯可导致睾酮生成减少，且呈剂量依赖性，ED_{50}=93.6 mg/kg（95%CI：62.9～139.3 mg/kg）[1]。

人类健康效应

据巴西库里提巴一个试验性妊娠队列分析显示，孕妇尿液样本普遍存在邻苯二甲酸二异戊酯的代谢物[1]。

参考文献

[1] Souza MB，Passoni MT，Pälmke C，et al. Unexpected，ubiquitous exposure of pregnant Brazilian women to diisopentyl phthalate，one of the most potent antiandrogenic phthalates[J]. Environment International，2018，119：447-454.

邻苯二甲酸正戊基异戊基酯
N-Pentyl-isopentylphthalate

基本信息

化学名称：邻苯二甲酸正戊基异戊基酯。

CAS 登录号：776297-69-9。

分子式：$C_{18}H_{26}O_4$。

相对分子质量：306.4。

用途：用作增塑剂。

危害类别：具有生殖毒性，是邻苯二甲酸酯类之一，具有明显的胚胎毒性和致畸性。

结构式：

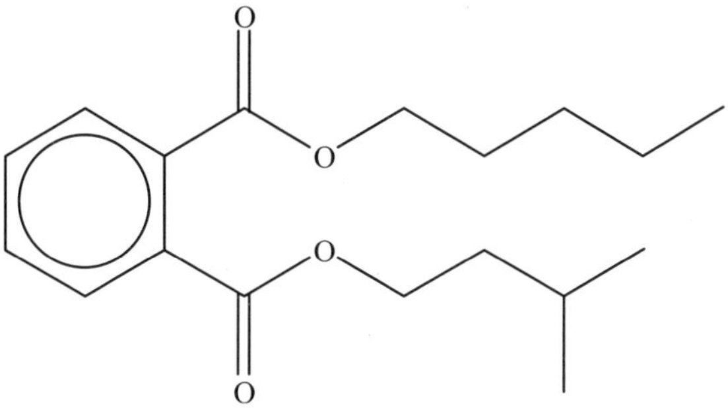

生态毒理学

可能会杀死植物、鱼、鸟或其他动物和昆虫，或对水生生物具有长期的毒性，从而影响环境生态和食物供应，但其具体的生态毒性尚不清楚[1]。

人类健康效应

如果吸入邻苯二甲酸正戊基异戊基酯可能会引起皮肤过敏反应、严重的眼睛刺激、过敏或哮喘症状、呼吸困难[1]。

参考文献

[1] CHEMISTRY DATABASE：2013，https：//pubchem.ncbi.nlm.nih.gov/compound/Isopentyl_ pentyl_phthalate#section=IUPAC-Name.

六氢邻苯二甲酸酐
Hexahydrophthalic anhydride

基本信息

化学名称：六氢邻苯二甲酸酐。

CAS 登录号：85-42-7。

EC 编号：201-604-9。

分子式：$C_8H_{10}O_3$。

相对分子质量：154.163。

用途：用作中间体、树脂改性剂和环氧树脂固化剂。

危害类别：有可能严重影响人类健康。

结构式：

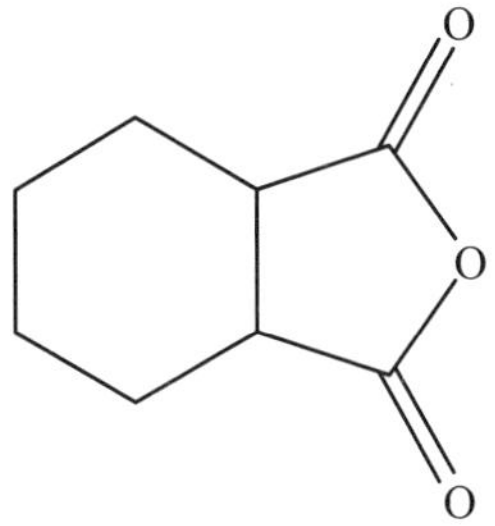

理化性质

物理状态：无色透明、黏稠的液体。

熔点：32℃。

蒸气压：$5.35×10^{-2}$ mmHg（25℃）。

密度：1.19 g/cm³（40℃）。

溶解度：可与苯、甲苯、丙酮、四氯化碳、氯仿、乙醇和乙酸乙酯混溶，微溶于石油醚。

水溶解度：1.76×10³ mg/L（25℃）。

辛醇/水分配系数：log K_{ow} = 2.17。

环境行为

（1）降解性

日本 MITI 试验中，六氢邻苯二甲酸酐在28天内可达到其理论 BOD 的 4%[1]。使用结构估计方法[2]，在25℃时估计六氢邻苯二甲酸酐与光化学反应介导的羟基自由基的气相反应速率常数为6.8×10⁻¹² cm³/(mol·s)，这相当于在每立方厘米的大气浓度为5×10⁵个羟基自由基时，大气的半衰期约为19小时。由于存在环境条件下水解的官能团，预期六氢邻苯二甲酸酐在环境中会发生水解[3]。

（2）生物蓄积性

使用估计的 log K_{ow}=2.17[4] 和回归推导的方程[5]，在鱼中计算出六氢邻苯二甲酸酐的 BCF 估计值为13。根据分类方案，该 BCF 值表明六氢邻苯二甲酸酐在水生生物中的生物富集潜力低。

（3）吸附解析

使用基于分子连接性指数的结构估计方法，六氢邻苯二甲酸酐的 K_{oc} 值可估计为10。根据分类方案[6]，该 K_{oc} 值表明预期六氢邻苯二甲酸酐在土壤中具有非常高的移动性。

（4）挥发性

使用片段常数估计方法估算六氢邻苯二甲酸酐的亨利定律常数为 2.1×10⁻⁵ atm-cm³/mol，表明六氢邻苯二甲酸酐预计会从水面挥发，模型湖（1 m 深，流速0.05 m/s，风速0.5 m/s）的挥发半衰期估计为20天，还可能发生潮湿土壤表面的挥发。六氢邻苯二甲酸酐根据估算的5.3×10^{-2} mmHg 蒸气压，从碎片常数法确定其预计在干土表面不会挥发。

生态毒理学

在静态条件下，甲壳动物（Daphnia magna）21 d-LC_{50}=88 mg/L；24 h-LC_{50}=103 mg/L[7]。在静态、溶解氧7.3～4.3 mg/L、温度23～27℃的条件下，青鳉（Medaka）24 h-LC_{50}＞500 mg/L。[8]

毒理学

新西兰白兔经皮暴露于六氢邻苯二甲酸酐 LD_{50}≥2 000 mg/kg，大鼠经口 LD_{50}=4 040 mg/kg，经吸入 LC_{50}=1 100 mg/m^3。实验室研究表明，六氢邻苯二甲酸酐的急性暴露具有刺激性，可以损伤皮肤和眼睛。在 Draize 试验中以100 mg/kg 剂量给予新西兰白兔眼刺激，六氢邻苯二甲酸酐的刺激效果长达21天且具有强刺激性；对新西兰白兔进行皮肤刺激，具有弱刺激性。[8]

遗传毒性试验显示：在 Ames 试验中，鼠伤寒沙门氏菌的 TA98、TA100、TA1535、TA1537和 TA1538菌株在浓度高达每板1 000 μg（最大浓度）时没有代谢活化，表明六氢邻苯二甲酸酐没有遗传毒性[7]。

人类健康效应

六氢邻苯二甲酸酐对皮肤和眼睛具有强烈的刺激性。一项人群暴露实验显示，53人暴露于5%的六氢邻苯二甲酸酐悬浮液，其中有4人出现低过敏性反应，1人出现显著过敏性反应[8]。

安全剂量

接触极限：0.005 mg/m^3，可吸入部分蒸气，致敏[9]。

参考文献

[1] Y Sakuratani JY, Kasai K. External validation of the biodegradability prediction model CATABOL using data sets of existing and new chemicals under the Japanese Chemical Substances [J]. SAR QSAR Environ Res, 2005, 16: 403-431.

[2] Meylan, WM, Howard, PH. Computer estimation of the atmospheric gas-phase reaction rate of organic compounds with hydroxyl radicals and ozone[J].Chemosphere, 1993, 26: 2293-2299.

[3] WJ Lyman WFR, Rosenblatt DH. Handbook of Chemical Property Estimation Methods [M]. Washington, DC: Amer Chem Soc, 1990: 7-5, 8-12.

[4] US EPA. Predictive Models and Tools for Assessing Chemicals under the Toxic Substances Control Act (TSCA). http: //www.epa.gov/oppt/exposure/pubs/episuitedl.htm.

[5] C Franke GS, G Berger SB. The assessment of bioaccumulation[J]. Chemosphere, 1994, 29: 1501-1514.

[6] RL Swann DAL, PJ McCall KVK. A rapid method for the estimation of the environmental parameters octanol/water partition coefficient, soil sorption constant, water to air ratio, and water solubility[J]. Residue Reviews, 1983, 85: 17-28.

[7] European Chemicals Bureau; IUCLID Dataset for cyclohexane-1,2-dicarboxylic anhydride, p.11 (2000 CD-ROM edition). http: //esis.jrc.ec.europa.eu/.

[8] EPA. Office of Pollution Prevention and Toxics; High Production Volume Information System (HPVIS) on 1,3-Isobenzofurandione, hexahydro- (85-42-7). http: //iaspub.epa.gov/oppthpv/quicksearch.chemical? pvalue=85-42-7.

[9] American Conference of Governmental Industrial Hygienists TLVs and BEIs. Threshold Limit Values for Chemical Substances and Physical Agents and Biological Exposure Indices. Cincinnati, 2010: 33.

六溴环十二烷及所有主要的非对映异构体
α-HBCDD，β-HBCDD，γ-HBCDD

基本信息

化学名称：1,2,5,6,9,10-六溴环十二烷。

CAS 登录号：25637-99-4；3194-55-6（134237-51-7，134237-50-6，134237-52-8）。

EC 编号：247-148-4，221-695-9。

分子式：$C_{12}H_{18}Br_6$。

相对分子质量：641.7。

用途：用于聚丙烯塑料和纤维、聚苯乙烯泡沫塑料的阻燃，也可用于涤纶织物阻燃后的整理和维纶涂塑双面革的阻燃；用作添加型阻燃剂，适用于聚苯乙烯、不饱和聚酯、聚碳酸酯、聚丙烯、合成橡胶等。

危害类别：具有难分解性、生物累积性及生殖毒性。

结构式：

理化性质

物理状态：白色无味固体，为非特异性六溴环十二烷混合物。商品化的六溴环十二烷主要由α-HBCDD、β-HBCDD、γ-HBCDD三种非对映异构体构成，其中γ-HBCDD最常见。六溴环十二烷有易熔、难熔两种形式，其中易熔的六溴环十二烷由70%～80%的γ-HBCDD、20%～30%的α-HBCDD和β-HBCDD异构体组成，难熔的六溴环十二烷中γ-HBCDD的占比超过90%。

熔点：167～168℃（低熔点型），195～196℃（高熔点型）。

水溶解度：0.065 6 mg/L。

环境行为

（1）降解性

有氧土壤降解实验确定了六溴环十二烷的半衰期为63～441天，而生物抑制土壤的半衰期是其2～4倍，表明生物降解参与了重要的降解过程。一项微观研究发现，六溴环十二烷在有氧和厌氧土壤中，其生物转化半衰期分别为63天和6.9天[1]；在有氧和无氧河水中，其生物转化半衰期分别为11～32天和1.1～1.5天；在20℃和12℃时，沉积物中的半衰期为101天和191天[2]。六溴环十二烷在25℃时的蒸气压为4.7×10^{-7} mmHg，表明其可通过与光化学反应介导的羟基反应在大气中降解，在空气中这种反应的半衰期估计为2.6天[3]。紫外光谱数据表明，六溴环十二烷在波长＞290 nm处不吸收，因此预计不会发生光解[4]。

（2）生物蓄积性

在18 200尾呆鲦鱼[5]和8 974尾虹鳟鱼[6]中检测的BCF值表明，六溴环十二烷在水生生物中的生物浓度非常高，提示该化合物不会被生物体代谢。

（3）吸附解析

六溴环十二烷的K_{oc}估计值为91 000，提示其在土壤中是固定不动的[7]，在水中主要吸附于悬浮固体和沉淀物。

（4）挥发性

基于蒸气压值和水溶解度，六溴环十二烷的亨利定律常数的预测值为 $6.1×10^{-6}$ atm·m³/mol，提示其主要从潮湿土壤表面挥发，在水中的挥发半衰期分别为15.6天和122天。然而土壤吸附作用会减轻六溴环十二烷的挥发，水中的悬浮固体和沉淀物的吸附作用估计使六溴环十二烷的挥发半衰期＞10年。据其蒸气压推测，六溴环十二烷不会从干土表面挥发[8]。

毒理学

（1）急性毒性

六溴环十二烷对皮肤无刺激性和腐蚀性[9]，但对眼睛有刺激性[10]，无接触敏感性[11]，有轻度皮肤过敏原[12]。大鼠经口暴露于六溴环十二烷 LD_{50}＞10 000 mg/kg，兔子经皮 LD_{50}＞8 000 mg/kg。10只 Wistar 大鼠（雌雄各半）通过管饲法单次给予10 g/kg 六溴环十二烷，连续14天，未观察到有毒或严重的病理变化。5只 Wistar 大鼠暴露于浓度为200 mg/L 含六溴环十二烷的粉尘1小时，随后观察2周，没有动物死亡，没有观察到总体变化。

（2）亚慢性或慢性毒性

SD 大鼠每日分别暴露于剂量为0 mg/kg、100 mg/kg、300 mg/kg、1 000 mg/kg 的六溴环十二烷，持续90天。结果发现，1 000 mg/kg 剂量组大鼠的谷氨酰转移酶水平升高。第13周所有雄性剂量组和300 mg/kg、1 000 mg/kg 雌性剂量组大鼠的甲状腺素（T4）水平比对照低。所有剂量组大鼠的平均肝脏重量增加，肝细胞空泡化。经口 NOAEL=1 000 mg/kg。Wistar 大鼠通过管饲给予六溴环十二烷28天，每日剂量分别为0 mg/kg、0.3 mg/kg、1 mg/kg、3 mg/kg、10 mg/kg、30 mg/kg、100 mg/kg 和200 mg/kg。雌性大鼠中观察到显著的剂量依赖性肝重增加和肝酶 T4-UGT 的诱导作用，雌性大鼠卵泡细胞高度和核大小均降低，股骨骨小梁和胫骨干骨后端矿物密度增加。

（3）致癌性

400只B6C3F1小鼠（雌雄各半）经口服暴露于六溴环十二烷18个月，暴露剂量分别为0 ppm、100 ppm、1 000 ppm或10 000 ppm（相当于0 mg/kg、13 mg/kg、131 mg/kg和1 300 mg/kg）。暴露组出现肝细胞肿胀、变性、坏死、液泡形成和脂肪浸润，但无明显剂量-反应关系。结果提示，六溴环十二烷可能增加雌性的肝癌患病率。

（4）发育与生殖毒性

母体毒性和发育毒性的无效应水平（NOEL）为每日1 000 mg/kg。在28天的喂养研究中（不按照本标准进行），40只SD大鼠雌雄各半，每日分别以0 mg/kg、940 mg/kg（低）、2 400 mg/kg（中）或4 700 mg/kg（高）剂量暴露。高剂量组的雌性卵泡中出现抑制卵子发生的迹象，卵巢中成熟卵泡稀少，繁殖能力降低。

用斑马鱼胚胎评估六溴环十二烷非对映异构体（α-HBCDD、β-HBCDD和γ-HBCDD）的发育毒性，将受精后4小时的斑马鱼胚胎暴露于不同浓度的六溴环十二烷非对映异构体（0 mg/L、0.01 mg/L、0.1 mg/L和1.0 mg/L），直至受精后120小时。结果表明，六溴环十二烷可以以剂量依赖性和非对映选择性方式影响斑马鱼胚胎/幼虫的发育。0.01 mg/L的α-HBCDD、β-HBCDD和γ-HBCDD对斑马鱼胚胎的发育影响不大，除了暴露于0.01 mg/L的γ-HBCDD会明显延迟孵化。0.1 mg/L的α-HBCDD会导致斑马鱼胚胎心率降低（受精后96小时）、延迟孵化，而β-HBCDD和γ-HBCDD均会显著地延长孵化时间并抑制生长（$P<0.05$）。另外，0.1 mg/L的γ-HBCDD暴露组的死亡率和畸形率显著增加（$P<0.05$）。在1.0 mg/L剂量下，α-HBCDD、β-HBCDD和γ-HBCDD显著影响了所有监测终点（$P<0.05$）。此外，六溴环十二烷非对映异构体可以以剂量依赖的方式诱导活性氧（ROS）的产生以及胱天蛋白酶-3和胱天蛋白酶-9的活性。结果表明，六溴环十二烷可以通过诱导ROS导致细胞凋亡而引起斑马鱼胚胎的发育毒性。总体结果表明，六溴环十二烷对斑马鱼

的发育毒性顺序为γ-HBCDD＞β-HBCDD＞α-HBCDD[13]。

（5）内分泌干扰性

六溴环十二烷可能通过破坏脂质和葡萄糖的体内平衡来增强饮食诱导的体重增加和代谢功能障碍，从而加速肥胖[14]。

人类健康效应

斑贴试验证实，10%的六溴环十二烷无皮肤致敏作用。因六溴环十二烷与化合物没有化学键合，所以可以迁移到环境中，污染室内灰尘和食物。通过研究16名比利时成年人（20～25岁）的血清中六溴环十二烷的浓度与饮食和室内粉尘混合暴露中三种六溴环十二烷异构体之间的关系，发现六溴环十二烷的饮食摄取量平均为7.2 ng/d，而粉尘暴露量为3.2～8.0 ng/d，血清中六溴环十二烷的平均脂质重量为2.9 ng/g（1周）。在食物中以γ-HBCDD为主，而在灰尘中以α-HBCDD为主，α-HBCDD还是血清中唯一的异构体，在血清中显著富集。粉尘暴露与血清中的HBCDD浓度显著相关（$P<0.01$），但饮食摄入没有明显的相关性（$P>0.1$）[15]。

六溴环十二烷为内分泌干扰物质，体外实验证实该物质会刺激雌激素受体阳性肿瘤细胞的生长[16]。六溴环十二烷暴露导致自然杀伤（NK）细胞结合功能降低及细胞表面标志物表达改变，由此推测其具有增加癌症发病率和病毒感染的潜力[17]。同时，六溴环十二烷可能具有神经毒性[18]。

参考文献

[1] DAVIS JW, GONSIOR S, MARTY G, et al. The transformation of hexabromocyclododecane in aerobic and anaerobic soils and aquatic sediments[J]. Water Research, 2005, 39: 1075-1084.

[2] ECHA. European Chemicals Agency. SHVC Support Document. Substance name: Hexabromocyclododecane（HBCDD）and all major diastereoisomers identified. EC

number: 247-148-4 and 221-695-9: 2015, http: //echa.europa.eu/.

[3] US EPA; Estimation Program Interface (EPI) Suite. Ver. 4.11. Nov, 2012: 2015, http: // www.epa.gov/oppt/exposure/pubs/episuitedl.htm.

[4] ZHAO YY, ZHANG XH, SOJINU OS, et al. Thermodynamics and photochemical properties of alpha, beta, and gamma-hexabromocyclododecanes: a theoretical study[J]. Chemosphere, 2010, 80: 150-156.

[5] MCKAY D, EISENREICH SJ, PATTERSON S, et al. Physical Behavior of PCBs in the Great Lakes[M]. Stoneham: Butterworth Publishers, 1983: 269-281.

[6] HARDY ML. A comparison of the fish bioconcentration factors for brominated flame retardants with their nonbrominated analogues[J]. Environmental Toxicology and Chemistry, 2004, 23: 656-661.

[7] USEPA; Estimation Program Interface (EPI) Suite: 2015, http: //www.epa.gov/oppt/exposure/pubs/episuitedl.htm.

[8] ECHA. Search for Chemicals. Hexabromocyclododecane (CAS 25637-99-4) Registered Substances Dossier. European Chemical Agency: 2015, http: //echa.europa.eu/.

[9] EPA/Office of Pollution Prevention and Toxics; High Production Volume Information System (HPVIS) on Cyclododecane, hexabromo- (25637-99-4): 2009, http: //www.epa.gov/hpvis/index.html.

[10] European Commission, ESIS; Risk Assessment: Hexabromocyclododecane (25637-99-4) p.391 (May 2008): 2009, http: //esis.jrc.ec.europa.eu/.

[11] PA/Office of Pollution Prevention and Toxics; High Production Volume Information System (HPVIS) on Cyclododecane, hexabromo- (25637-99-4): 2009, http: //www.epa.gov/hpvis/index.html.

[12] MOMMA J, KANIWA M, SEKIGUCHI H, et al. Dermatological evaluation of a flame retardant, hexabromocyclododecane (HBCD) on guinea pig by using the primary irritation, sensitization, phototoxicity and photosensitization of skin[J]. Eisei Shikensho Hokoku, 1993, 111: 18-24.

[13] DU M, ZHANG D, YAN C, et al. Developmental toxicity evaluation of three hexabromocyclododecane diastereoisomers on zebrafish embryos[J]. Aquatic Toxicology, 2012, 112-113: 1-10.

[14] YANAGISAWA R, KOIKE E, WIN-SHWE TT, et al. Impaired lipid and glucose homeostasis in hexabromocyclododecane-exposed mice fed a high-fat diet[J]. Environmental Health Perspectives, 2014, 122 (3): 277-283.

[15] ROOSENS L, ABDALLAH MA, HARRAD S, et al. Exposure to hexabromocyclododecanes (HBCDs) via dust ingestion, but not diet, correlates with concentrations in human serum: preliminary results[J]. Environmental Health Perspectives, 2009, 117 (11): 1707-1712.

[16] PARK MA, HWANG KA, LEE HR, et al. Cell growth of BG-1 ovarian cancer cells is promoted by di-n-butyl phthalate and hexabromocyclododecane via upregulation of the cyclin D and cyclin-dependent kinase-4 genes[J]. Molecular Medicine Reports, 2012, 5 (3): 761-766.

[17] HINKSON NC, WHALEN MM. Hexabromocyclododecane decreases tumor-cell-binding capacity and cell-surface protein expression of human natural killer cells[J]. Journal of Applied Toxicology, 2010, 30 (4): 302-309.

[18] AL-MOUSA F, MICHELANGELI F. The sarcoplasmic-endoplasmic reticulum Ca (2^+)-ATPase (SERCA) is the likely molecular target for the acute toxicity of the brominated flame retardant hexabromocyclododecane (HBCD) [J]. Chemico-Biological Interactions, 2014, 207: 1-6.

硫酸二甲酯
Dimethyl sulphate

基本信息

化学名称：硫酸二甲酯。

CAS 登录号：77-78-1。

EC 编号：201-058-1

分子式：$C_2H_6O_4S$。

相对分子质量：126.13。

用途：用于制造染料，可作为胺类和醇类的甲基化剂。

危害类别：蒸气毒性强，曾用作战争毒气；用作测定煤焦油类的试剂，在有机合成中用作甲基取代剂。

结构式：

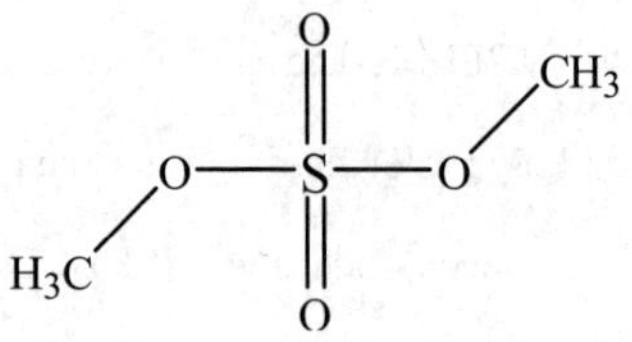

理化性质

物理状态：无色至微棕色油状液体，有醚样气味，能被强碱分解。

熔点：27℃（101.3 kPa）。

沸点：188℃（101.3 kPa）。

蒸气压：15 mmHg（76℃）。

密度：1.332 2 g/cm³（20℃）。

水溶解度：2.8 g/100 mL。

辛醇-水分配系数：log K_{ow} = 0.16（估计值）。

环境行为

（1）降解性

硫酸二甲酯作为甲基化剂、稳定剂和化学中间体，在生产和使用中可能导致其通过各种废物流释放到环境中。如果释放到空气中，在25℃时0.677 mmHg的蒸气压表明，硫酸二甲酯在大气中可以作为蒸气存在。气相硫酸二甲酯通过与光化学反应介导的羟基自由基反应而在大气中降解，该反应在空气中的半衰期约为82天。气相硫酸二甲酯与水反应会在大气中降解。硫酸二甲酯不含有在波长＞290 nm处吸收的生色团，因此不易受阳光直接光解的影响[1]。

（2）生物蓄积性

基于硫酸二甲酯在水环境中的水解过程[1]，其在水生系统中不能被去除[2]。

（3）吸附解析

如果释放到土壤中，硫酸二甲酯可在潮湿的土壤中水解。因其水解作用，可认为土壤吸附和挥发不是硫酸二甲酯最主要的降解过程[3]。

（4）挥发性

如果将其释放到水中，则预期硫酸二甲酯的水解半衰期为1.15小时；甲醇和硫酸为其水解产物。由于水解的存在，硫酸二甲酯不会发生挥发、悬浮固体的吸附、沉积物和生物降解、生物浓缩等过程。在硫酸二甲酯的生产或使用场所，吸入和皮肤接触该化合物可能会发生职业接触。监测数据表明，一般人群可能通过吸入暴露于硫酸二甲酯[4]。

生态毒理学

静态染毒条件下,淡色库蚊48 h-LC$_{50}$ = 14 mg/L,96 h-LC$_{50}$ =34 mg/L;蓝鳃鱼96 h-LC$_{50}$= 7.5 mg/L[6];美洲原银汉鱼96 h-LC$_{50}$ =15 mg/L。

毒理学

(1)急性毒性

硫酸二甲酯急性暴露会刺激兔子眼睛,在8天后结膜处有强烈的红肿,角膜混浊,并伴有化脓性肿。吸入75 ppm硫酸二甲酯后,小鼠、大鼠和豚鼠出现明显的肺水肿、肺气肿、支气管炎、脂肪变性和肝脏区域坏死等症状。

(2)亚慢性毒性

亚慢性毒性试验显示,27只 BD 大鼠(100天龄)吸入55 mg/m^3(约10 ppm)硫酸二甲酯,每周5次,每次1小时,共19周,数例大鼠发生鼻腔炎症,甚至是肺炎的早期死亡。在15只存活动物中,3只患鼻腔鳞状细胞癌,1只患小脑胶质瘤,1只患胸部淋巴肉瘤并伴有肺部转移。

(3)发育与生殖毒性

发育毒性试验研究显示,8只怀孕的 BD 大鼠在妊娠第15天按体重进行单次静脉注射硫酸二甲酯,剂量为20 mg/kg。在观察超过1年的59个子代中,有7个发展为恶性肿瘤,包括3个大脑肿瘤(466天、732天和907天),其他肿瘤包括1例甲状腺腺瘤、2例肝细胞癌和1例子宫癌。在另一项研究中,小鼠和大鼠在妊娠期间连续暴露于0.1~4 ppm 的硫酸二甲酯,导致胚胎植入前死亡和胚胎毒性作用,包括心血管系统异常。

(4)基因毒性

硫酸二甲酯在包括伤寒沙门氏菌在内的细菌系统中具有诱变作用,在正向和反向诱变试验和宿主介导试验中均未激活,但仍有报道称该化合物暴露会导致碱基对替换和移位突变。

人类健康效应

急性硫酸二甲酯中毒常经过6~8小时的潜伏期后迅速发病，潜伏期越短症状越重。人接触500 mg/m^3（97 ppm）硫酸二甲酯10分钟即致死，刺激反应表现为一过性眼结膜及上呼吸道刺激症状，肺部无阳性体征。硫酸二甲酯轻度中毒表现为明显的眼结膜及呼吸道刺激症状，如畏光、流泪、眼结膜充血水肿、咳嗽咳痰、胸闷等，两肺有散在干性啰音或少量湿性啰音，肺部X射线显示支气管炎或支气管周围炎；中度中毒表现为明显的咳嗽、咳痰、气急，伴有胸闷及轻度发绀，两肺有干性啰音或哮喘音，伴有散在湿性啰音，胸部X射线显示支气管肺炎、间质性肺炎或局限性肺泡性肺水肿；重度中毒表现为咳嗽，咳大量白色或粉红色泡沫痰，明显的呼吸困难、发绀、两肺广泛湿性啰音，胸部X射线符合弥漫性肺泡性肺水肿，严重者可导致呼吸窘迫综合征，或窒息（喉头水肿、大块坏死的支气管黏膜脱落），或出现较严重的纵隔气肿、气胸、皮下气肿。

参考文献

[1] BIDLEMAN T F. Atmospheric processes: wet and dry deposition of organic compounds are controlled by their vapor-particle partitioning.[J]. Environmental Science & Technology，1988，22（4）：361-367.

[2] JAPER S M，SZKARLAT A C，GORSE R A，et al. Comparison of solvent extraction and thermal-optical carbon analysis methods: application to diesel vehicle exhaust aerosol[J]. Environmental Science & Technology，1984，18（4）：231.

[3] CLAYTON G D，CLAYTON F E. Patty's industrial hygiene and toxicology. Volume 2A: Toxicology.[J]. Journal of Occupational & Environmental Medicine，1981，23（9）：592.

硫酸二乙酯
Diethyl sulfate

▍基本信息

化学名称：硫酸二乙酯。

CAS 登录号：64-67-5。

EC 编号：200-589-6。

分子式：$C_4H_{10}O_4S$。

相对分子质量：154.184 8。

用途：用于有机合成中的乙基化剂。

危害类别：高热、明火或与氧化剂接触时，有引起燃烧的危险；吸入后出现恶心、呕吐，其液体或雾状对眼有强烈刺激性，可引起眼灼伤；皮肤适时接触会引起刺激，较长时间接触可发生水疱；大量口服会引起恶心、呕吐、腹痛和虚脱。

结构式：

$$H_3C-CH_2-O-\underset{\underset{O}{\|}}{\overset{\overset{O}{\|}}{S}}-O-CH_2-CH_3$$

▍理化性质

物理状态：无色油状液体，略有醚的气味。

熔点：-24.0℃（101.3 kPa）。

沸点：208℃（101.3 kPa）。

蒸气压：0.13（47.0℃）。

密度：1.18。

水溶解度：1.34 mg/L（20℃）。

辛醇-水分配系数：log K_{ow}=1.14。

环境行为

（1）降解性

硫酸二乙酯作为各种有机官能团的乙基化剂，在生产和使用中可能导致其通过各种废物流释放到环境中。气相硫酸二乙酯通过与光化学反应介导的羟基自由基反应在大气中降解，该反应在空气中的半衰期约为9天。硫酸二乙酯在大气中也可被水和湿气降解，该反应的半衰期小于1天。如果释放到土壤中，硫酸二乙酯可在潮湿的土壤中迅速水解。由于存在经土壤吸附后的生物降解，故挥发不是硫酸二乙酯在土壤环境中的重要过程。如果释放到水中，预期硫酸二乙酯的水解半衰期为1.7小时；因为水解速率快，乙醇和硫酸是其水解产物。在硫酸二乙酯生产或用于合成多种中间体和产品的工作场所，通过吸入和皮肤接触该化合物可发生职业接触。

（2）挥发性

如果释放到空气中，在25℃时，该化学物的蒸气压为0.212 mmHg，表明硫酸二乙酯仅作为蒸气存在于环境空气中。

生态毒理学

硫酸二乙酯可以干扰矮牵牛花粉的DNA合成，诱导水稻减数分裂细胞和叶绿素的染色体畸变、大蒜根尖的环染色体和后期罂粟根分生组织细胞的末期畸变。

毒理学

（1）急性毒性

大鼠经口暴露于硫酸二乙酯 LD_{50}=880 mg/kg[1]；兔子经皮 LD_{50}=600 mg/kg。

（2）亚慢性毒性

家兔开放性刺激试验中，经皮暴露于10 mg 的硫酸二乙酯24小时，会产生重度刺激；经眼暴露于2 mg 的硫酸二乙酯，也会产生重度刺激。

（3）发育与生殖毒性

小鼠受精卵暴露于环氧乙烷（ETO）或甲基磺酸乙酯（EMS）可导致胎儿死亡和某些类型胎儿畸形的发病率增高，这些效应与诱发的染色体畸变无关，也不是由基因突变引起的。研究显示，其配合物甲基磺酸甲酯（MMS）、硫酸二甲酯（DMS）和硫酸二乙酯（DES）对 ETO 和 EMS 具有相似的 DNA 结合特性。DMS 和 DES 诱导效应类似于 ETO 和 EMS 诱导的效应，但 MMS 未发现类似作用。因此，没有位点特异性烷基化产物可识别为这些合子来源异常的关键靶标，由此推测发育异常是胚胎发育过程中基因表达编程改变的结果[2]。

人类健康效应

没有足够证据证明硫酸二乙酯对人类的致癌性，但较多证据表明硫酸二乙酯在实验动物中具有致癌性，因此硫酸二乙酯可能对人类致癌（2A 类）。在进行总体评价时，考虑到硫酸二乙酯是一种很强的直接烷基化剂，可致使 DNA 乙基化，因此，其在几乎所有的测试系统中均具有遗传毒性，包括在体内暴露的哺乳动物体细胞和生殖细胞中的烷化作用[3]。

参考文献

[1] GREENSTEIN G R. The Merck Index: An Encyclopedia of Chemicals, Drugs, and Biologicals (14 th edition) [J]. Reference Reviews, 2006, 21 (6): 40.

[2] FRITZ W. WHO-IARC-Monographs on the Evaluation of Carcinogenic Risk of Chemicals to Man. International Agency for Research on Cancer. Bd. 6 u. 7. Lyon 1974[J]. Molecular Nutrition & Food Research, 2010, 20 (2): 226.

[3] IARC. Monographs on the Evaluation of the Carcinogenic Risk of Chemicals to Humans. Geneva: World Health Organization, International Agency for Research on Cancer. 1999. http://monographs.iarc.fr/ENG/Classification/index.php.

硫酸钴
Cobalt sulfate

基本信息

化学名称：硫酸钴。

CAS 登录号：10124-43-3。

EC 编号：233-334-2。

分子式：$CoSO_4$。

相对分子质量：154.96。

用途：用于陶瓷釉料和油漆催干剂，也用于电镀、碱性电池、生产含铬颜料和其他铬产品，还用于催化剂、分析试剂、饲料添加剂、轮胎胶黏剂。

危害类别：具有致癌性和生殖毒性。

结构式：

$$\begin{array}{c} O \\ \| \\ O{-}S{-}O^- \\ \| \\ O^- \end{array} \quad Co^{2+}$$

理化性质

物理状态：玫瑰红色单斜晶体。

熔点：735℃。

密度：3.71（25℃/4℃）。

水溶解度：38.3 g/100 g 水（25℃）；84 g/100 mL 水（100℃）。

环境行为

（1）挥发性

无机钴化合物属非挥发性物质，以颗粒形式释放到大气中[1]，可以通过湿法和干法沉积从空气中去除颗粒相钴化合物。目前已在大气沉降[2]和雨雪降水[3]中检测到了钴。在20℃条件下，七水合硫酸钴的蒸发性可忽略不计[4]。

（2）环境生物浓缩

仅在恒定暴露条件下，七水合硫酸钴生物浓缩200~1 000倍[5]。

生态毒理学

在淡水、静态、20.4℃、pH 值8.35、硬水、碱度234 mg/L、溶解氧7.93 mg/L的条件下，水蚤（12小时新生，喂养）48 h-LC_{50}=7 370 μg/L；水蚤（12小时新生，未喂食）48 h-LC_{50}=6 830 μg/L（95%CI：5 100~8 990 μg/L）。在流水、25.4℃、pH 值8.16、硬水、碱度235 mg/L、溶解氧7.02 mg/L 的条件下，黑头呆鱼（8年龄，长12~16 mm）96 h-LC_{50} =3 460 μg/L（95%CI：2 670~4 570 μg/L），8 d-LC_{50} =2 720 μg/L[6]。

毒理学

（1）致癌性

硫酸钴具有实验动物致癌性的充分证据，在2004年第11次致癌物报告中首次被列为预期的人类致癌物[7, 8]。钴金属粉末对实验动物有致癌作用。含有钴、铬和钼的金属合金在实验动物中的致癌性证据有限[9]。暴露于1.14 mg/m^{3}的小鼠显示出肺泡以及细支气管肿瘤的发病率增加[8]。将50只雄性、50只雌性 F344/N 大鼠和 B6C3F1小鼠每周5天、每天6小时、共104周分别暴露于剂量为0 mg/m^3、0.3 mg/m^3、1.0 mg/m^{3}或3.0 mg/m^{3}的七水合硫酸钴中，所有暴露组中均可观察到肺中蛋白质沉积、肺泡上皮化生、肉芽肿性肺泡炎和间质纤维化。与对照组相比，暴露于3.0 mg/m^{3}剂量的雄性大鼠和暴露于1.0 mg/m³或3.0 mg/m³剂量的雌性大鼠中可观察到肺泡以及细支气管肿瘤的发生率增加；暴露于1.0 mg/m³剂量的雄性大鼠和3.0 mg/m³剂量的雌性大鼠中可观察到肾上腺嗜铬细胞瘤的发病率增加。在小鼠中，暴露于3.0 mg/m³剂量时，发现肺泡以及细支气管肿瘤的发病率大于对照组，并且肺肿瘤的发生具有显著的正向趋势。总之，通过吸入途径暴露于硫酸钴会导致大鼠和小鼠呼吸道中肺泡及细支气管肿瘤的发病率增加。另外，在雌性大鼠中发现肾上腺嗜铬细胞瘤增加，并有可能在雄性大鼠中也增加[10]。

（2）发育与生殖毒性

暴露于硫酸钴会使小鼠的精子活力降低，并且在高剂量下精子生成异常，睾丸和附睾重量减少。暴露于19 mg/m³剂量超过16天时，大鼠出现睾丸萎缩，但在小鼠中没有发现。小鼠暴露于1.14 mg/m³剂量13周后，发现精子运动性下降，并且发现睾丸萎缩。雌鼠暴露于11.4 mg/m³剂量13周时，发现其发情周期显著增长[8]。

使用怀孕的 C57BI 小鼠、OFA-SD 大鼠和新西兰兔研究硫酸钴对其胎儿的影响。母体血液中的钴浓度与给药剂量成比例增加。钴可以穿过胎盘出现在胎儿的血液以及母体羊水中。无论使用的硫酸钴剂量是多少，给药后2小时血液中的钴浓度都会达到峰值。钴会产生剂量依赖性的母体毒性，并且在上述三种物种中都被发现具有胚胎毒性，如出现胎儿体重或骨骼发育迟缓和胚胎死亡。钴能导致小鼠和大鼠出现显著异常，包括小鼠的眼、肾、颅骨、脊椎和胸骨的异常，以及大鼠泌尿生殖系统的异常。硫酸钴不会使兔产生畸形。产后检查显示，暴露组围产期指数下降。在暴露组中，幼鼠牙齿形成、睾丸下降、耳朵塑形以及听力发育均延迟，肌肉力量和运动系统的发育也同样迟缓。总之，硫酸钴暴露降低了胎儿在围产期的存活率，但对于围产期发育迟缓的胎儿，其功能在产后2～3周会得到恢复，此后胎儿的发育不受干扰[11]。

（3）急性毒性

通过吸入途径短期暴露于硫酸钴的大鼠、小鼠表现出呼吸道上皮的坏死和炎症，大鼠发生胸腺坏死和睾丸萎缩；暴露于高剂量时，小鼠表现出鼻、喉和肺的急性炎症，也表现出纵隔淋巴结增生和睾丸萎缩，并且雌鼠的发情周期延长。羊暴露于单剂量浓度为15～55 g的水合硫酸钴可致死，平均致死剂量为330 mg/kg[12]。在大鼠中研究硫酸钴暴露的急性毒性发现，经口服途径暴露，大鼠7 d-LD_{50}=279 mg/kg；经腹膜内给药途径暴露，大鼠LD_{50}=11.5 mg/kg。大部分死亡发生在暴露后48小时内，中毒后出现的身体和临床症状大部分在72小时后消失。

（4）亚慢性与慢性毒性

大鼠暴露于硫酸钴2～3个月发现心脏酶活性水平显著降低。大鼠和小鼠经吸入途径每天6小时、每周5天分别暴露于0 mg/m^3、0.3 mg/m^3、1.0 mg/m^3、3.0 mg/m^3、10 mg/m^{3}和30 mg/m^{3}的七水合硫酸钴共13周，发现其对呼吸系统产生了副作用。在较高的浓度下，大鼠和小鼠均会发生喉部鳞状上皮化生。暴露于高剂量时，大鼠出现喉部慢性炎症，并且在鼻、喉和肺中更严重。在相似的暴露水平下，大鼠和小鼠都表现出肺部组织细胞浸润。蛋白质缺乏饮食组和钴给药组大鼠出现了严重的心肌病，与在人类中看到的心脏损伤相似。对大鼠进行蛋白质限制预处理10天（饮食中有4%的酪蛋白），然后通过口服灌胃途径给予硫酸钴2周，在每日按体重暴露于12.5 mg/kg剂量组与低蛋白饮食组处理的动物中观察到严重的心肌病。20只雄性豚鼠中用高剂量硫酸钴（每日20 mg/kg）饲喂5周，发现心脏重量、心脏与体重的比率增加，并且在9只（45%）动物中观察到心包渗出物，15只（75%）动物存在心肌退行性改变。与对照组相比，大鼠暴露于11.4 mg/m^{3}硫酸钴浓度下超过13周，会导致心肌病严重程度略微增加。

人类健康效应

反复或长时间接触硫酸钴可能导致皮肤过敏，反复或长时间吸入硫酸钴可能导致哮喘。硫酸钴可能对心脏、甲状腺和骨髓有影响，以接触途径暴露会导致心肌病、甲状腺肿和红细胞增多症[13]。在生产或使用硫酸钴的工作场所，通过吸入气溶胶粉尘和皮肤接触该化合物可能会造成职业性暴露。

参考文献

[1] WHO. Cobalt and Inorganic Cobalt Compounds. Concise International Chemical Assessment Document 69[S]. Geneva，Switzerland：World Health Organization，2017. http：//www.who.int/ipcs/publications/cicad/cicad69%20.pdf.

[2] BARI MA，KINDZIERSKI WB，CHO S. A wintertime investigation of atmospheric deposition of metals and polycyclic aromatic hydrocarbons in the Athabasca Oil Sands Region，Canada[J]. Netherlands：Sci Total Environ，2014：180-192.

[3] FENG X，MELANDER AP，KLAUE B . Contribution of Municipal Waste Incineration to Trace Metal Deposition on the Vicinity[J]. Netherlands：Water Air Soil Pollut，2000：295-316.

[4] CDC. International Chemical Safety Cards（ICSC） 2012[J]. Atlanta，GA：Centers for Disease Prevention & Control. National Institute for Occupational Safety & Health （NIOSH），Ed Info Div，2017. http：//www.cdc.gov/niosh/ipcs/default.html.

[5] NOAA.CAMEO Chemicals. Database of Hazardous Materials. Cobalt Sulfate （10124-43-3）[M]. USA：Natl Ocean Atmos Admin，Off Resp Rest，2017.http：//cameochemicals.noaa.gov/.

[6] KIMBALL G. The Effects of Lesser Known Metals and One Organic to Fathead Minnows（Pimephales promelas） and Daphnia magna[J]. Minnesota：Dept Entomol，2017. https：//cfpub.epa.gov/ecotox/quick_query.htm.

[7] NTP. Cobalt and Cobalt Compounds That Release Cobalt Ions In Vivo[R]. Carcinogens: Fourteenth Edition, 2017. https://ntp.niehs.nih.gov/pubhealth/roc/index-1.html.

[8] DHHS. Eleventh Report on Carcinogens: Cobaltous Sulfate (10124-43-3) (January 2005) [R]. USA: National Toxicology Program, 2009.

[9] IARC. Monographs on the Evaluation of the Carcinogenic Risk of Chemicals to Humans[J]. Geneva: World Health Organization, International Agency for Research on Cancer, 1972-PRESENT: Multivolume work. http://monographs.iarc.fr/ENG/Classification/index.

[10] BUCHER J, HAILEY JR, ROYCROFT JR, et al. Inhalation toxicity and carcinogenicity studies of cobalt sulfate[J]. Japan: Toxicol Sci, 1999: 56-67.

[11] SZAKMARY E, UNGVÁRY G, HUDÁK A, et al. Effects of cobalt sulfate on prenatal development of mice, rats, and rabbits, and on early postnatal development of rats[J]. London: J Toxicol Environ Health A, 2001: 367-386.

[12] CLARKE ML, HARVEY DG, HUMPHREYS DJ. Veterinary Toxicology. 2 nd ed[J]. London: Bailliere Tindall, 1981: 44.

[13] IPCS, CEC. International Chemical Safety Card on Cobalt (II) Sulfate[J]. Canada: International Chemical Safety Cards, 2017. http://www.inchem.org/documents/icsc/icsc/eics1128.htm.

氯化镉
Cadmium chloride

基本信息

化学名称：氯化镉。

CAS 登录号：10108-64-2。

EC 编号：233-296-7。

分子式：$CdCl_2$。

相对分子质量：183.32。

用途：用于照相、印染、电镀等工业，并用于制造特殊镜子。

危害类别：具有致癌性、致突变性和生殖毒性。

结构式：

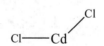

理化性质

物理状态：呈六角形，无色晶体，无气味。

熔点：568℃。

沸点：960℃。

蒸气压：10 mmHg（960℃）。

密度：4.08 g/cm³。

溶解度：溶于丙酮，几乎不溶于醚，微溶于乙醇。

辛醇/水分配系数：$\log K_{ow}$ =0.21。

生态毒理学

日本鹌鹑（14日龄），经口服5 d-LC_{50}=2 584 mg/kg；野鸡（10日龄），经口服5 d-LC_{50}=767 mg/kg；野鸭（10日龄），经口服5 d-LC_{50}＞5 000 mg/kg（到1 580 mg/kg 没有死亡，5 000 mg/kg 达到8%）[1]；土鳖（4月龄），经口服14 d-EC_{50}=350 μg/g[2]。

毒理学

（1）急性毒性

小鼠经口暴露于氯化镉 LD_{50}=60 mg/kg，经腹腔注射 LD_{50}=9 300 μg/kg，经皮下注射 LD_{50}=3 200 μg/kg，经静脉注射 LD_{50}=3 500 μg/kg；大鼠经口 LD_{50}=88 mg/kg，经腹腔注射 LD_{50}=1 800 μg/kg[5]。使用以氯化镉作为有毒气溶胶颗粒的模型以研究颗粒大小在肺部效应发展中的作用，并通过比较预测值和实际值来评估人和大鼠气道 PM 沉积模型。将大鼠（每组10只）暴露于各种尺寸（33 nm、170 nm、637 nm 和1 495 nm）的氯化镉颗粒4小时，目标浓度均为1 mg/m³。暴露后立即杀死每组10只大鼠中的4只，收集并保存其气管、肺叶、心脏、肝脏和肾脏，以确定每种器官中存在的氯化镉的量。暴露于33 nm 颗粒的大鼠显示出最高水平的呼吸毒性，其次是暴露于637 nm 颗粒的大鼠，然后是暴露于170 nm 颗粒的大鼠，最后是暴露于1 495 nm 颗粒的大鼠。肺镉水平表现出类似的关系。该研究结果表明，经吸入暴露于30～1 500 nm 的可溶性氯化镉颗粒后，诱导的肺毒性取决于沉积材料的量，而沉积材料的量又取决于初始（空气动力学）粒径[6]。EXPTL 研究显示，静脉注射氯化镉会严重损害颅骨并导致癌症发生，AMT 感染的肝脏和肾脏表现为脂肪浸润[7]。以单次剂量（0.6～4.2 mg/kg）给雄性小鼠腹腔注射氯化镉，没有显性致死效应[8]。

（2）亚慢性毒性

雄性 Wistar 大鼠每日按体重分别口服5 mg/kg 和10 mg/kg 氯化镉，在实验开始后第1周、第2周、第4周、第6周和第8周处死大鼠,并立即取出肾脏。经研究表明,镉暴露会引起大鼠肾脏组织病理学改变,观察到的变化主要是肾小球肿胀(初始阶段)、肾小球收缩(后期)、肾小管扩张、肾小管上皮肥大、肾小球和肾小管变性,以及肾小球和肾小球中曙红阳性物质的沉积。然而,病变取决于治疗的剂量和持续时间[9]。雄性大鼠暴露于氯化镉气溶胶(0.1%溶液)5~15天(1小时/天)会产生实验性的肺气肿[10]。

(3)致癌性

15只体重为100~300 g的雄性Wistar大鼠按体重接受0.02~0.03 mmol/kg(3.7~5.5 mg/kg)氯化镉的单次皮下注射(未指定部位)并观察11个月。在13只大鼠中发现了睾丸间质细胞肿瘤,并且有2只大鼠在注射部位发生多形性肉瘤。

80只12周龄雄性Wistar大鼠按体重单次臀部注射0.03 mmol/kg(5.5 mg/kg)氯化镉——实验中将3.4 mg/kg镉溶解于无菌蒸馏水中配成水合氯化镉使用,观察长达2年。在给予镉后的2个月内,在注射部位观察到皮肤萎缩、溃疡性坏死、急性和慢性炎症、纤维化和矿化。存活至7个月的大鼠(在注射部位出现第一个肉瘤的时间)中,6/45在18个月后出现局部梭形细胞肉瘤[10]。

(4)发育或生殖毒性

兔子按体重给予9~18 mg/kg氯化镉,在5~21天内显示出睾丸细胞(精原细胞和间质性细胞)的破坏,出现高血压和间质性出血,肾脏、脾脏和肝脏也受到影响[10]。大鼠每日按体重口服剂量为40 mg/kg的氯化镉,在6~19天的时间内增加吸收胎,导致胎儿骨骼、肾脏和心脏的异常。骨骼缺陷的发生率和强度随镉剂量的增加而增加,但肾脏和心脏异常与剂量无关[11]。

人类健康效应

氯化镉的短时间暴露会导致皮肤变得敏感,甚至出现一度烧伤[12]。据报道，摄入氯化镉会使血清血红蛋白浓度升高、血细胞比容增加和凝血功能改变[13]。

将大鼠肝实质细胞癌（HTC）细胞剥夺胱氨酸和/或甲硫氨酸12小时，然后暴露于氯化镉12小时；将人肝癌（HepG2）细胞剥夺胱氨酸3小时和5小时，并暴露于氯化镉3小时，此外，剥夺蛋氨酸12小时，然后暴露于氯化镉5小时和12小时，结果表明，只有胱氨酸消耗增加了HTC细胞中的镉毒性，但是中性红测定显示在HepG2细胞中没有此现象，这种结果是由谷胱甘肽消耗导致的，蛋氨酸消耗对HepG2细胞的存活率仅有轻微影响[14]。

镉及镉化合物被认为是人类致癌物[15]。

安全剂量

8小时加权总平均容许浓度为0.01 mg/m³ [16]。

可吸入部分：8小时加权平均容许浓度为0.002 mg/m³。

生物接触指数（BEI）：尿中的镉，BEI=5 μg/g 肌酐；血液中的镉，BEI=5 μg/L[16]。

参考文献

[1] U.S. DEPARTMENT OF THE INTERIOR，FISH AND WILDLIFE SERVICE，BUREAU OF SPORTS FISHERIES AND WILDLIFE. Lethal Dietary Toxicities of Environmental Pollutants to Birds，Special Scientific Report - Wildlife No. 191[M]. Washington：Government Printing Office，1975：12.

[2] STERENBORG I，VORK N A，VERKADE S K，et al. Dietary zinc reduces uptake but not metallothionein binding and elimination of cadmium in the springtail，Orchesella cincta[J].Environ Toxicol Chem，2003，22（5）：1167-1171.

[3] CROMMENTUIJN T，STAB J A，DOORNEKAMP A，et al.Comparative ecotoxicity

of cadmium, chlorpyrifos and triphenyltin hydroxide for four clones of the parthenogenetic collembolan Folsomia candida in an artificial soil[J]. Funct Ecol, 1995, 9: 734-742.

[4] US EPA.Ambient Water Quality Criteria Doc: Cadmium[S].1985: 63.

[5] LEWIS R J S R.Sax's Dangerous Properties of Industrial Materials (11th Ed) [M]. Hoboken: Wiley & Sons Inc, 2004: 657.

[6] CASSEE F R, MUIJSER H, DUISTERMAAT E, et al.Particle size-dependent total mass deposition in lungs determines inhalation toxicity of cadmium chloride aerosols in rats. Application of a multiple path dosimetry model[J].Arch Toxicol, 2002, 76 (5-6): 277-286.

[7] BROWNING E.Toxicity of Industrial Metals (2 nd ed) [M]. New York: Appleton-Century-Crofts, 1969: 100.

[8] EPSTEIN S S, ARNOLD E, ANDREA J, et al. Detection of chemical mutagens by the dominant lethal assay in the mouse[J].Toxicol Appl Pharm, 1972, 23: 288.

[9] TRIPATHI S, SRIVASTAV A K.Cytoarchitectural alterations in kidney of Wistar rats after oral exposure to Cd chloride[J].Tissue cell, 2011, 43: 131-136.

[10] IARC. Monographs on the Evaluation of the Carcinogenic Risk of Chemicals to Humans (1972): 1993.http: //monographs.iarc.fr/ENG/Classification/index.php.

[11] VENUGOPAL B, LUCKEY T D. Metal Toxicity in Mammals-2: Chemical Toxicity of Metals and Metalloids[M].New York: Plenum Press, 1978: 83.

[12] US Coast Guard. Department of Transportation.CHRIS - Hazardous Chemical Data (Volume II) [M]. Washington D.C: Government Printing Office, 1984: 5.

[13] IPCS.Poisons Information Monograph 89: Cadmium(January 26, 1992): 2011. http: //www. inchem.org/pages/pims.html.

[14] FOTAKIS G, TIMBRELL J A. Sulfur amino acid depriva-tion in cadmium chloride toxicity in hepatoma cells[J]. Envi-ronmental toxicology and pharmacology, 2006, 22: 334-337.

[15] DHHS. National Toxicology Program.Eleventh Report on Carcinogens: Cadmium and Cadmium Compounds(January 2005): 2009. http: //ntp.niehs.nih.gov/ntp/roc/eleventh/profiles/s028cadm.pdf.

[16] ACGIH. American Conference of Governmental Industrial Hygienists. 2011 Threshold Limit Values for Chemical Substances and Physical Agents and Biological Exposure Indices[C]. Cincinnati, 2011: 16, 101.

氯化钴
Cobaltous chloride

基本信息

化学名称：氯化钴。

CAS 登录号：7646-79-9。

EC 编号：231-589-4。

分子式：$CoCl_2$。

相对分子质量：129.839。

用途：在仪器制造中用作生产气压计、比重计、干湿指示剂等；在陶瓷工业中用作着色剂；在涂料工业中用于制造油漆催干剂；在畜牧业中用于配制复合饲料；在化学反应中用作催化剂。此外，还用于制造隐显墨水、氯化钴试纸、变色硅胶、氨的吸收剂等。

危害类别：具有致癌性和生殖毒性。

结构式：

$$[Cl^-]_2\ [Co^{2+}]$$

理化性质

物理状态：无水物为淡蓝色结晶，有吸湿性；水合氯化钴为粉红色或红色结晶，轻微刺鼻气味。

熔点：735℃（101.3 kPa）。

沸点：1 049℃（101.3 kPa）。

密度：3.36 g/m^3（25℃）。

pH 值：0.2 mol/L 水溶液的 pH 值为4.6。

水溶解度：1.16 kg/L（0℃）。

环境行为

（1）人体暴露的可能途径

根据2012年美国有毒物质管制法（Toxic Substance Control Act，TSCA）数据库显示，美国在制造、加工或使用氯化钴期间每个工厂暴露的人数可能少于10人，也可能高达10～24人；由于商业机密，这一数据可能会被大大低估[1]。据美国国家职业安全与健康研究所（NIOSH）1981—1983年的调查统计估计，美国有9 392名工人（其中4 192名是女性）可能接触到氯化钴[2]。这些工人可能在生产或使用氯化钴的工作场所通过吸入粉尘或皮肤接触而导致职业暴露。有数据表明，一般人群可能通过皮肤接触含有氯化钴的消费品而暴露。

（2）环境富集

微生物可将水中的钴（氯化钴）浓缩至200～1 000倍[3]。

毒理学

（1）急性毒性

豚鼠经口暴露于氯化钴 LD_{50}=55 mg/kg；小鼠经腹腔注射 LD_{50}=49 mg/kg，经口 LD_{50}=80 mg/kg；大鼠经静脉注射 LD_{50}=20 mg/kg[4]，经口 LD_{50}=80 mg/kg[5]。

（2）亚慢性或慢性毒性

兔子暴露于氯化铬（金属为0.4～0.6 mg/m^3）的气溶胶中1个月（5天/周、6小时/天），其肺泡灌洗液中巨噬细胞的数量和细胞直径有所增加，许多细胞含有片状包涵体，约50%的细胞表面具有细胞质泡，然而电镜下少见；多形核嗜中性粒细胞和小淋巴细胞明显增多，表明发生了肺实质损伤。Cd^{2+}暴露的动物细胞用大肠杆菌刺激后氧化代谢活性增加，杀菌能力增强[6]。

经口服给予大鼠和兔子剂量范围为10～100 mg/kg 的钴（硫酸钴和氯化钴），持续超过2周，产生与胃肠外给药后观察到的相同的心脏毒性作用[7]。通过每日食物亚慢性或慢性暴露于150 μg 钴后，大鼠甲状腺浓缩碘的能力降低[8]。狗每周两次经静脉注射0.5 g 氯化钴，持续10周后出现呼吸困难、嗜睡、运动不耐受的症状，部分发生心脏衰竭；解剖后显示，其心脏苍白、松弛，心房扩张，表现出以弥漫性胞浆空泡化、横纹消失或变淡、间质性水肿为特征的心肌变性，但未发现炎症反应[9]。

（3）致癌

实验动物中，钴的致癌性证据有限。钴及钴化合物可能对人类致癌（2B类）[10]。

（4）发育与生殖毒性

慢性钴暴露可损伤小鼠生精小管的生殖上皮和支持细胞[11]。氯化钴已被证实会损害大鼠和小鼠的睾丸功能。用含有浓度为100 ppm、200 ppm 和400 ppm（分别相当于每日23 mg/kg、42 mg/kg 和72 mg/kg）氯化钴的饮用水对雄性小鼠染毒13周，发现氯化钴可引起睾丸重量降低且呈剂量和时间依赖性、附睾精子浓度降低、精子运动性和运动形式百分比下降、血清睾酮（Testosterone，T）水平显著增加，而卵泡刺激素（Follicle-Stimulating Hormone，FSH）和黄体生成素（Luteinizing Hormone，LH）血清水平正常[12]。氯化钴慢性染毒可降低雄性小鼠的生育能力[13]。用氯化钴（400 ppm）对雄性 B6C3F1小鼠染毒10周并配对，发现钴染毒组精子与正常卵子结合发育成胚胎的2细胞阶段和发育速度都没有受到影响，胚胎植入前损失增加，总生育和活产减少，但在妊娠第19天，胚胎的植入后损失没有变化。[14]

大鼠从妊娠第14天至哺乳期的第21天通过管饲法接受12～48 mg/kg 氯

化钴染毒。结果发现，氯化钴导致了后代数量和生存率的下降。小鼠染毒试验则发现早期胚胎损失显著增加。大鼠怀孕期间通过饮用水给予0.05～5.0 mg/L 氯化钴可引起胚胎毒性和死亡[13]。大鼠在怀孕后期和产后早期暴露于氯化钴会导致亲代和子代肝脏损伤（抗氧化酶活性降低和脂质过氧化）[15]。

将氯化钴注射入鸡蛋卵黄囊后，在孵化的第4天发现涉及眼睛和四肢异常的轻微致畸作用（发生率2.7%～2.8%）[16]。

（5）神经毒性

氯化钴可导致神经系统氧化应激[17]，不仅可引起神经元直接损伤，也可引发小胶质细胞激活、炎症因子水平增加，从而间接导致神经元损伤[18]。

（6）致突变性

小鼠单次口服1/40～1/10的致死剂量，发现氯化钴诱导染色体畸变呈剂量依赖性[13]。BALB/c 小鼠单次腹腔注射氯化钴12.4 mg/kg 或22.3 mg/kg，30小时后观察到微核形成增加[19]。

人类健康效应

钴可显著延长血液凝固时间。研究显示，每日服用含1 mg 钴的氯化钴溶液，连续服用3天后血液凝固时间延长35%，血栓形成活性降低28%，血块停留时间增加20%[20]。

钴是一种强力的皮肤敏化剂和普遍接触的过敏原。最近的研究已经认识到暴露于皮革制品是钴过敏的潜在原因[21]。瑞典对853个从事硬质合金的工人进行斑贴试验，39人（男性9名和女性30名）对1%氯化钴有过敏反应[22]。氯化钴水溶液的 ED_{10}（10%实验动物产生阳性效应的剂量）值介于0.066 3～1.95 μg 钴/m³ [23]。

对氯化钴的反应包括厌食、恶心和呕吐、腹泻、心前肌痛、心肌病、面部和四肢潮红、皮疹、耳鸣、神经性耳聋、肾损伤、弥漫性甲状腺肿大和甲状腺功能减退,大剂量可能会减少红细胞的产生[24]。该物质刺激眼睛、皮肤和呼吸道,吸入气雾形态的氯化钴可能会引起哮喘反应[25]。

参考文献

[1] USEPA. Chemical Data Reporting(CDR). Non-confidential 2012 Chemical Data Reporting information on chemical production and use in the United States: 2017, http://www.epa.gov/chemical-data-reporting.

[2] CDC. International Chemical Safety Cards(ICSC) 2012. Atlanta, GA: Centers for Disease Prevention & Control. National Institute for Occupational Safety & Health (NIOSH): 2017, http://www.cdc.gov/niosh/ipcs/default.html.

[3] NOAA. CAMEO Chemicals. Database of Hazardous Materials. Cobalt Chloride (7646-79-9). Natl Ocean Atmos Admin, Off Resp Rest; NOAA Ocean Serv: 2017, http://cameochemicals.noaa.gov/.

[4] LEWIS RJ. Sax's Dangerous Properties of Industrial Materials. 11th Edition[M]. Hoboken: Wiley, 2004: 973.

[5] SHEFTEL VO. Indirect Food Additives and Polymers. Migration and Toxicology[M]. Boca Raton: Lewis, 2000: 463.

[6] JOHANSSON A, CAMNER P, JARSTRAND P, et al. Rabbit alveolar macrophages after inhalation of soluble cadmium, cobalt, and copper: A comparison with the effects of soluble nickel[J]. Environmental Research, 1983, 31(2): 340-354.

[7] NORDBERG GF, FOWLER BA, NORDBERG M. Handbook on the Toxicology of Metals 4th ed. Vol. 2[M]. Waltham: Academic Press, 2015: 754.

[8] NORDBERG GF, FOWLER BA, NORDBERG M. Handbook on the Toxicology of Metals 4th ed. Vol. 2[M]. Waltham: Academic Press, 2015: 755.

[9] SANDUSKY GE, HENK WG, ROBERTS ED. Histochemistry and ultrastructure of the heart in experimental cobalt cardiomyopathy in the dog[J]. Toxicology and Applied

Pharmacology, 1981, 61 (1): 89-97.

[10] IARC. Monographs on the Evaluation of the Carcinogenic Risk of Chemicals to Humans. Geneva: World Health Organization, International Agency for Research on Cancer, 1972-PRESENT.(Multivolume work): 1991, http: //monographs.iarc.fr/ENG/Classification/index.php.

[11] ANDERSON MB, PEDIGO NG, KATZ RP, et al. Histopathology of testes from mice chronically treated with cobalt[J].Reproductive Toxicology, 1992, 6 (1): 41-50.

[12] Pedigo N, George WJ, Anderson MB. Effects of acute and chronic exposure to cobalt on male reproduction in mice[J]. Reproductive Toxicology, 1988, 2 (1): 45-53.

[13] SHEFTEL VO. Indirect Food Additives and Polymers. Migration and Toxicology[M]. Boca Raton: Lewis, 2000: 464.

[14] PEDIGO NG, VERNON MW. Embryonic losses after 10-week administration of cobalt to male mice[J].Reproductive Toxicology, 1993, 7 (2): 111-116.

[15] GAROUI EL M, FETOUI H, AYADI MF, et al. Cobalt chloride induces hepatotoxicity in adult rats and their suckling pups[J]. Experimental and Toxicologic Pathology, 2011, 63 (1-2): 9-15.

[16] GRANT WM. Toxicology of the Eye. 3rd ed[M]. Springfield: Thomas Publisher, 1986: 248.

[17] RANI A, PRASAD S. $CoCl_2$-induced biochemical hypoxia down regulates activities and expression of super oxide dismutase and catalase in cerebral cortex of mice[J]. Neurochemical Research, 2014, 39 (9): 1787-1796.

[18] MOU YH, YANG JY, CUI N, et al. Effects of cobalt chloride on nitric oxide and cytokines/chemokines production in microglia[J]. International Immunopharmacology, 2012, 13 (1): 120-125.

[19] DHHS/ATSDR. Toxicological Profile for Cobalt[M]. Atlanta: Agency for Toxic Substances and Disease Registry Division of Toxicology/Toxicology Information Branch, 2001: 112 (PB/93/110724/AS).

[20] TERNOVI KS, MOSKETI KV. Effect of cobalt chloride on the state of the coagulation and anticoagulation system of the blood[J]. Fiziol Zh, 1968, 14: 348-352.

[21] BREGNBAK D, THYSSEN JP, ZACHARIAE C, et al. Association between cobalt allergy and dermatitis caused by leather articles-a questionnaire study[J]. Contact Dermatitis, 2015, 72 (2): 106-114.

[22] NORDBERG GF, FOWLER BA, NORDBERG M. Handbook on the Toxicology of Metals 4th ed. Vol. 2[M]. Waltham: Academic Press, 2015: 750.

[23] FISCHER LA, JOHANSEN JD, VOELUND A, et al. Elicitation threshold of cobalt chloride: analysis of patch test dose-response studies[J]. Contact Dermatitis, 2016, 74 (2): 105-109.

[24] SWEETMAN SC. Martindale-The Complete Drug Reference, 36th ed.[M]. London: The Pharmaceutical Press, 2009: 2285.

[25] IPCS, CEC. International Chemical Safety Card on Cobalt (II) chloride. (October 1997): 2017, http: //www.inchem.org/documents/icsc/icsc/eics0783.html.

煤焦油沥青,高温
Pitch, coal tar, high-temp

基本信息

化学名称:煤焦油沥青,高温。

CAS 登录号:65996-93-2。

EC 编号:266-028-2。

用途:作为塑料生产、合成纤维、染料、橡胶、医药、耐高温材料等的重要原料,可以用来合成杀虫剂、糖精、染料、药品等多种工业品。

危害类别:具有致癌性、持续生物蓄积毒性(PBT)、高持久累积毒性(vPvB)。

米氏碱

BIS[p-(dimethylamino)phenyl]methane

基本信息

化学名称：米氏碱。

CAS 登录号：101-61-1。

EC 编号：202-959-2。

分子式：$C_{17}H_{22}N_2$。

相对分子质量：254.37。

用途：用作染料中间体及测定铅、锰、臭氧等的灵敏试剂，其盐酸盐用作铅试剂、染料中间体，与氧化剂作用时形成深蓝色氧化物用以检验铅、臭氧及其他氧化剂、沉淀钨。

结构式：

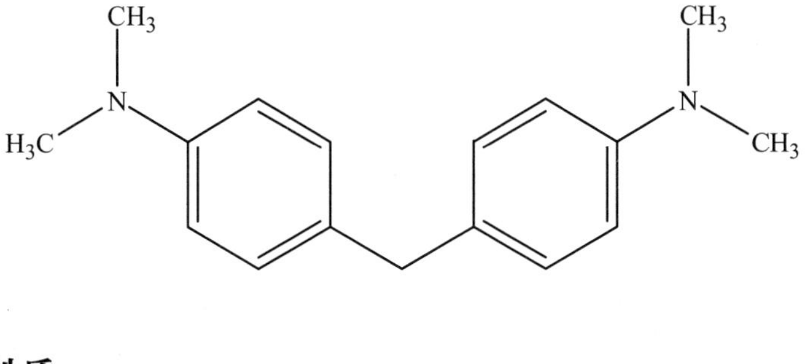

理化性质

物理状态：淡黄色小叶或闪亮的板状。

熔点：91.5℃。

沸点：390℃。

蒸气压：3.32×10⁻⁶ mmHg（25℃）。

水溶解度：不溶于水，微溶于冷乙醇，易溶于热醇，溶于酸，极易溶于乙醚、苯、二硫化碳。

辛醇-水分配系数：$\log K_{ow}$ = 4.37。

环境行为

（1）降解性

在 MITI 试验中，使用30 mg/L 的活性污泥接种物，100 mg/L 的米氏碱在4周内达到其理论 BOD 的0%[1]。

米氏碱与光化学反应介导的羟基自由基的气相反应速率常数在25℃下约为$2.1×10^{-10}$ cm³/（mol·s），相当于在每立方厘米$5×10^5$个羟基自由基[2]的大气浓度下，大气的半衰期约为1小时。由于缺乏在环境条件下水解的官能团，判断米氏碱不会在环境中发生水解[3]。米氏碱不含有在＞290 nm 波长处吸收的生色团，因此判断其不会受到太阳光直接光解的影响。

（2）生物蓄积性

鲤鱼在含0.50 mg/L 和0.050 mg/L 米氏碱的水中暴露4周，其 BCF 值分别为629和423[3]。这些 BCF 值表明，米氏碱在水生生物中的生物富集程度很高。

（3）吸附解析

据报道，米氏碱的 $\log K_{oc}$ 为3.96[4]，对应的 K_{oc} 值为9 100。该 K_{oc} 值表明，米氏碱预计在土壤中不能移动。

（4）挥发性

米氏碱的亨利定律常数估计为$1.2×10^{-7}$ atm·m³/mol。该亨利定律常数表明，米氏碱预计基本不会从水和潮湿的土壤表面挥发[5]。

毒理学

（1）亚慢性毒性

分别给两组6周龄的雄性（50只）和雌性（50只）F344大鼠喂食含有375 mg/kg 或750 mg/kg 米氏碱的食物，持续59周，再观察45周。以每组性别的20只大鼠为对照，观察104周。研究结束时，对照组、低剂量组和高剂量组分别有80%、78%和88%的雄性及85%、82%和74%的雌性存活。在暴露组中观察到甲状腺滤泡细胞腺瘤和癌症发生率具有统计学意义且呈剂量相关性[6]。

（2）致突变性

米氏碱不会在酿酒酵母中诱导有丝分裂重组[7]。在多氯联苯诱导或未诱导大鼠的肝微粒体的研究中，未发现每板400 μg的剂量对鼠伤寒沙门氏菌具有诱变性[7]。

人类健康效应

预期米氏碱是人类致癌物[7]。

参考文献

[1] NITE. Chemical Risk Information Platform(CHRIP). Biodegradation and Bioconcentration. Tokyo，Japan：Natl Inst Tech Eval. 2012：http：//www.safe.nite.go.jp/english/db.html.

[2] MEYLAN W M, HOWARD P H. Computer estimation of the atmospheric gas-phase reaction rate of organic compounds with hydroxyl radicals and ozone[J]. Chemosphere, 1993，26：2293-2299.

[3] LYMAN W J. Handbook of Chemical Property Estimation Methods[M]. Washington，DC：Amer Chem Soc, 1990：4-12.

[4] SCHUURMANN G, EBERT R U, KÜHNE R. Prediction of the Sorption of Organic Compounds into Soil Organic Matter from Molecular Structure[J]. Environ Sci Technol

(supplemental material) 40: 7005-7011.

[5] LYMAN W J. Handbook of Chemical Property Estimation Methods[M]. Washington, DC: Amer Chem Soc, 1990: 15-29.

[6] IARC. Monographs on the Evaluation of the Carcinogenic Risk of Chemicals to Humans. Geneva: World Health Organization, International Agency for Research on Cancer: 1982. http: //monographs.iarc.fr/ENG/Classification/index.php p. V27 121.

[7] DHHS/National Toxicology Program. Twelfth Report on Carcinogens: 4,4′-Methylenebis (*N*,*N*-dimethyl) benzamine (101-61-1): 2011. http: //ntp.niehs.nih.gov/? objectid= 03C9AF75-E1BF-FF40-DBA9EC0928DF8B15.

钼铬红
Molybdate red

基本信息

化学名称：C.I.颜料红104（C.I. Pigment Red 104）。

CAS 登录号：12656-85-8。

EC 编号：235-759-9。

分子式：$Pb(Cr,Mo,S)O_4$。

相对分子质量：不确定。

用途：一种含有铬酸铅、钼酸铅和硫酸铅的颜料，用于汽车和家电涂料、印刷油墨、塑料、纸张、橡胶、纺织印花等。

危害类别：有科学证据证明会对人类或环境造成严重影响。

理化性质

物理状态：暗橘色或淡红色粉末。

水溶解度：＜0.01 mg/L（20℃）。

毒理学

（1）急性毒性

大鼠经口暴露于钼铬红 LD_{50}＜5 000 mg/kg[1]。

（2）致突变性

用次氮基三乙酸（0.5 mol/L）、铬酸铅[上清液为$4.6×10^{-4}$ mol/L，实际浓度为0.06 gamma/mL（以铬计）]在果蝇中做性染色体连锁隐性致死突变试验，两种化合物在3种相对比例下分别预先孵育（次氮基三乙酸 5×10^{-2} mol/L，铬酸铅分别为 64.6×10^{-4} mol/L、4.6×10^{-5} mol/L 和 9.2×10^{-1} mol/L），用甲基磺酸乙酯（5×10^{-3} mol/L）作阳性对照（具有明显的诱变结果）。用次氮基三乙酸或单独使用铬酸铅处理不会引起突变频率的增加，次氮基三乙酸和 $PbCrO_4$ 的混合物会引起性染色体连锁致死突变的频率显著增加，并与铬酸铅有显著的剂量-效应关系[2]。

（3）致癌性

25只雄性和25只雌性F344大鼠每月一次静脉注射8 mg悬浮于三辛酸甘油酯中的铬酸铅（Ⅵ），共处理9个月，或注射4 mg 铬酸钙（Ⅵ）12个月。5/45的大鼠注射铬酸钙后产生了3个纤维肉瘤和2个横纹肌肉瘤，而31/47大鼠注射铬酸铅后出现14个纤维肉瘤和17个横纹肌肉瘤，另外还有3/24经铬酸铅处理的大鼠患有肾癌，而在22个对照组中没有出现类似的肿瘤[3]。

人类健康效应

经口摄入是钼铬红暴露的主要途径[4]。接触可能引起的症状有呼吸道和鼻中隔刺激、白细胞增多或减少症、单核细胞增多症、嗜酸细胞增多症、眼损伤、结膜炎、皮肤损伤、致敏性皮炎[5]。有证据显示钼铬红对人类有致癌性。流行病学研究显示，接触六价铬的工人肺癌发生率增加，并具有剂量-效应关系[6,7]。

参考文献

[1] GOSSELIN R E，R P SMITH，H C HODGE. Clinical Toxicology of Commercial Products. 5 th ed[M]. Baltimore：Williams and Wilkins，1984：165.

[2] COSTA R，STROLEGO G，LEVIS A G. Mutagenicity of lead chromate in Drosophila melanogaster in the presence of nitrilotriacetic acid（NTA） [J]. Mutat Res，1988，204（2）：257-261.

[3] IARC. Monographs on the Evaluation of the Carcinogenic Risk of Chemicals to Humans. Geneva: World Health Organization, International Agency for Research on Cancer, 1972-PRESENT. (Multivolume work): 1980. http://monographs.iarc.fr/ENG/Classification/index.php p. V23 258.

[4] LEWIS R J. Hawley's Condensed Chemical Dictionary 15th Edition [M]. New York: John Wiley & Sons, Inc, 2007: 856.

[5] NIOSH. Pocket Guide to Chemical Hazards. 5 th Printing/Revision. DHHS (NIOSH) Publ. No. 85-114[M]. Washington DC: NIOSH/Supt. of Documents, GPO, 1985: 83.

[6] US. Environmental Protection Agency's Integrated Risk Information System (IRIS). Summary on Chromium (Ⅵ) (18540-29-9): 2000.http://www.epa.gov/iris/.

[7] US. Environmental Protection Agency's Integrated Risk Information System (IRIS). Summary on Lead and compounds (inorganic) (7439-92-1): 2000.http://www.epa.gov/iris/.

P

SVHC

硼酸
Orthoboric acid

基本信息

化学名称：硼酸。

CAS 登录号：10043-35-3。

EC 编号：233-139-2。

分子式：H_3BO_3。

相对分子质量：61.833。

用途：用于杀虫剂、防腐剂、个人护理产品、食品添加剂、玻璃、陶瓷、橡胶、化肥、阻燃剂、油漆、工业流体、制动液、焊接产品、冲印剂。

危害类别：具有生殖毒性。

结构式：

$$\text{HO}-\text{B}{\begin{smallmatrix}\text{OH}\\\text{OH}\end{smallmatrix}}$$

理化性质

物理状态：无色透明晶体或白色颗粒或粉末，无气味，微苦。

熔点：170.9℃。

沸点：87.2℃。

蒸气压：1.6×10^{-6} mmHg（25℃）。

密度：1.5 g/cm³。

溶解度：25℃下在甘油中为17.5%，在乙二醇中为18.5%，在甲醇中为173.9 g/L。

辛醇-水分配系数：log K_{ow} = 0.175。

环境行为

（1）降解性

如果释放到空气中，在25℃时蒸气压为$1.6×10^{-6}$ mmHg，表明大气中的硼酸以蒸气相和颗粒相存在。气相硼酸将通过与光化学反应介导的羟基自由基反应而在大气中降解，该反应在空气中的半衰期约为38天；颗粒相硼酸通过湿法或干法沉积可以从大气中去除[1]。

（2）生物蓄积性

硼酸盐物质在中性 pH 值下基本以未解离的硼酸存在。测得硼酸的 log K_{ow}=0.175，表明其生物积累潜力较低。硼酸在分别使用牡蛎和红鲑鱼进行的47天和21天暴露试验中未发现明显的生物累积[2]。

（3）吸附解析

如果释放到土壤中，25℃时硼酸的 pK_a 值为9.24，表明该化合物主要在 pH 值5~9的范围内以未解离的形式存在，而阴离子形式将部分存在于碱性土壤中。硼酸在土壤中的吸附取决于土壤中的 pH 值、有机物含量以及黏土和矿物质的类型。在酸性 pH 值下，硼酸以未解离的形式存在于溶液中；在碱性 pH 值下，以硼酸根离子的形式存在，其在 pH 值8.5~9时达到最大吸附。实地研究观察到硼酸在土壤中易于浸出，未解离的硼酸在土壤中转运时几乎不吸附[3]。

（4）挥发性

硼酸的亨利定律常数为$2.6×10^{-12}$ atm·m³/mol，基于其蒸气压$1.6×10^{-6}$ mmHg 和水溶解度$5×10^4$ mg/L，预计硼酸不会从土壤中挥发[4]。

生态毒理学

从受精后开始暴露并维持到孵化后第4天的虹鳟鱼（*Oncorhynchus mykiss*），在软水条件下，96 h-LC_{50}=100 ppm；在硬水条件下，96 h-LC_{50}=79 ppm。从受精后开始暴露并维持到孵化后第4天的沟鲶（*Ictalurus punctatus*），在软水条件下，96 h-LC_{50}=155 ppm；在硬水条件下，96 h-LC_{50}=22 ppm。[5]

毒理学

（1）急性毒性

小鼠经静脉注射暴露于硼酸 LD_{50}=1 780 mg/kg，经皮下注射 LD_{50}=2 070 mg/kg；大鼠经吸入 LC_{50}=0.16 mg/L（4小时），经口 LD_{50}=3 000~4 000 mg/kg[6]。急性暴露于硼酸会导致抑郁症和共济失调（偶尔抽搐）、体温下降、皮肤和黏膜呈紫红色[6]。

（2）亚慢性毒性

慢性暴露于硼酸会导致血清无机磷和肌酸酐显著降低[7]，可观察到肾组织中硼的显著累积，尤其在近端小管细胞中可观察到组织病理学的退行性改变，并呈剂量和时间依赖性[8]。

（3）发育和生殖毒性

硼酸具有生殖毒性，慢性染毒可导致雄性小鼠或大鼠睾丸和附睾的重量减少，生精小管中的碎片和生精小管的局灶性萎缩以及多核巨细胞形成、精母细胞坏死、精子质量下降[9]，还可导致平均产仔数降低，胎儿畸形的发生率增加，最常见的畸形是脑室扩大[10]。

人类健康效应

人体摄入硼酸后可能会发生皮肤变化，在1~2天内发生红斑和脱皮，继而可能发生广泛或局部的手、脚或面部皮肤剥脱，并被称为煮龙虾综合征。红肿主要出现在臀部和阴囊[11]。过度暴露于硼酸可能表现出中枢神经系统受累，主要表现为头痛、震颤、躁动、惊厥并伴随无力和昏迷，过度接触可能导致癫痫发作、无意识和死亡[12]。硼酸暴露也会引发胃肠道反应，包括持续性恶心、呕吐和小儿腹泻，引起急性脱水和休克。硼中毒的主要表征包括恶心、呕吐、腹泻、上腹痛、呕血以及蓝绿色粪便和呕吐物[11]。流行病学研究发现，从事硼酸生产的工人可观察到精子数量减少、精子活力降低和精液中果糖含量升高，但是未观察到硼暴露对生殖毒性指标——精子细胞的浓度、活力、形态和卵泡刺激素（FSH）、黄体生成素（LH）和总睾酮的血液水平的不利影响[13]。

安全剂量

阈值限制值：8小时加权平均容许浓度为2 mg/m^3（可吸入部分）。

15分钟短期接触限值（STEL）：6 mg/m^3（可吸入部分）[14]。

参考文献

[1] Meylan W. M., Howard P. H. Computer estimation of the atmospheric gas-phase reaction rate of organic compounds with hydroxyl radicals and ozone[J]. Chemosphere，1993，26：2293-2299.

[2] WHO. Environmental Health Criteria 204，Boron. World Health Org（1998）.

[3] Schubert D. Kirk-Othmer Encyclopedia of Chemical Technology[M]. New York：John Wiley & Sons，Inc，2011.

[4] WJ Lyman WFR，Rosenblatt DH. Handbook of Chemical Property Estimation Methods [M]. Washington，DC：Amer Chem Soc，1990：15-29.

[5] Birge WJ，Black JA. Sensitivity of Vertebrate Embryos to Boron Compounds [M]. US Environmental Protection Agency，1977：1-77.

[6] European Chemicals Bureau；IUCLID Dataset for Boric Acid（10043-35-3），p.26（2000 CD-ROM edition）.

[7] WW Ku REC. Mechanism of the testicular toxicity of boric acid in rats: in vivo and in vitro studies[J]. Environ Health Perspect, 1994, 102 (7): 99-105.

[8] B Tavil Sabuncuoglu PAK. Effects of subacute boric acid administration on rat kidney tissue[J]. Clinical Toxicol (Phila), 2006, 44 (3): 249-253.

[9] R Fukuda MH, I Mori FC. Collaborative work to evaluate toxicity on male reproductive organs by repeated dose studies in rats--overview of the studies [J]. J Toxicol Sci, 2000, 25: 233-239.

[10] Bingham, E., Cohrssen, B., Powell, C.H. Patty's Toxicology Volumes 1-9 5th ed [M]. New York, John Wiley & Sons, 2001: 537.

[11] Dart, R.C. Medical Toxicology. Third Edition [M]. Philadelphia: Lippincott Williams & Wilkins, 2004: 1322.

[12] DHHS/ATSDR. Toxicological Profile for Boron (PB/93/110674/AS) (July 1992).

[13] WA Robbins LX, J Jia NK. Chronic boron exposure and human semen parameters [J]. Reproductive Reprod Toxico, 2010, 29 (2): 184-190.

[14] American Conference of Governmental Industrial Hygienists; 2011 Threshold Limit Values for Chemical Substances and Physical Agents and Biological Exposure Indices. Cincinnati, 2011: 14.

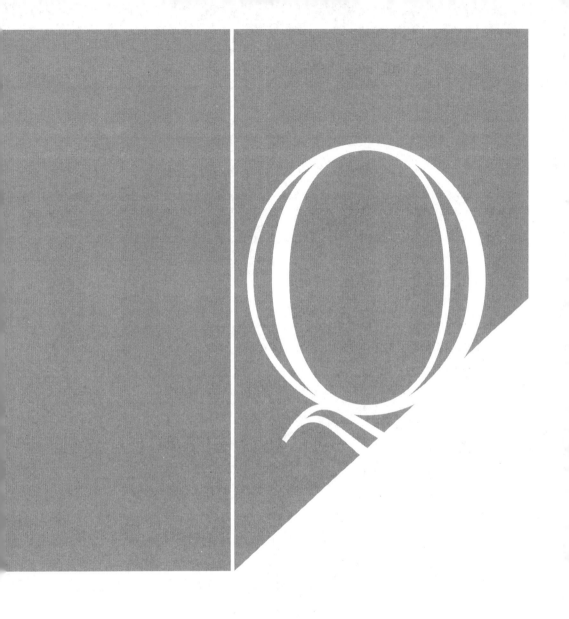

七水合四硼酸钠
p-(1,1-Dimethylpropyl)phenol

基本信息

化学名称：七水合四硼酸钠（俗称硼砂）。

CAS 登录号：12267-73-1。

EC 编号：235-541-3。

分子式：$Na_2B_4O_7 \cdot 7H_2O$。

相对分子质量：327。

用途：可用作清洁剂、化妆品、杀虫剂，也可用于配制缓冲溶液和制取其他硼化合物等。

危害类别：具有生殖毒性。

结构式：

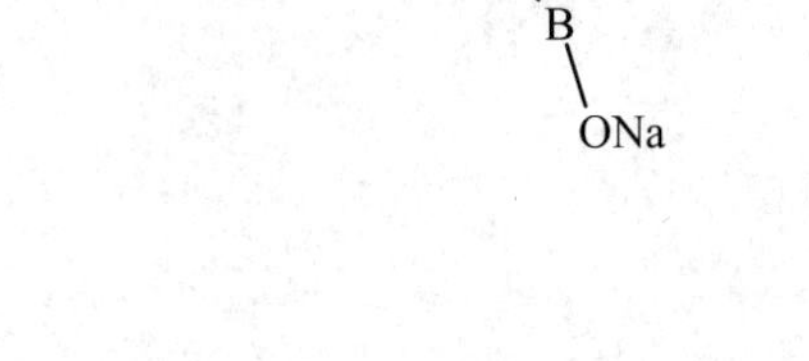

理化性质

物理状态：硬质晶体、颗粒或晶体粉末。在干燥空气中发黄，晶体表面通常有白色粉末[1]。

熔点：75℃（分解）[2]。

pH 值：20℃时，9.3（0.1%溶液）、9.2（1.0%溶液）[1]。

蒸气压：0 mmHg。

密度：1.73 g/m³。

水溶解度：$5.93×10^4$ mg/L（25℃）。

环境行为

（1）降解性

七水合四硼酸钠在自然环境中普遍存在，不发生微生物降解，也不发生水解和光解，雨水冲刷可引起土壤中的硼砂流失，其在土壤中的持久性取决于降雨和土壤结构，持续时间约为2年[3]。

（2）生物蓄积性

母牛在饲料中每天摄入硼酸钠18～23 g，连续42天，结果显示其尿液、粪便和乳汁中均有硼酸钠排出，体内无明显滞留，实验后硼酸盐排泄迅速恢复到实验前的水平。

生态毒理学

在用硼砂（含0～8.0 ppm的硼）处理的沙质土壤温室试验中，扁豆植株和大麦幼苗最早出现硼毒害作用。大麦硼毒害的严重程度呈剂量依赖性升高，而在扁豆中，2 ppm和4 ppm硼的毒害作用达到最高水平。与对照相比，用8 ppm硼处理过的扁豆和大麦干物质产量分别下降了38.6%和23.4%，植株中的硼含量分别是对照的7倍和8倍左右[4]。

虹鳟鱼在静水条件下，24 h-LC_{50}=2.8 g/L，48 h-LC_{50}=1.8 g/L[5]；在硬水条件下，LC_{50}=54 ppm（受精后开始染毒并维持至孵化后第4天）。马尾鱼（鲶鱼）在软水条件下，LC_{50}=155 ppm；在硬水条件下，LC_{50}=77 ppm[6]。

毒理学

（1）急性毒性

大鼠经口暴露于七水合四硼酸钠 $LD_{50}=5.66$ g/kg[7]；小鼠经口 $LD_{50}=2\,000$ mg/kg[8]。

用10 mL 5%的硼酸（17.5 gb/L）涂抹家兔和豚鼠的皮肤并分别维持24小时和72小时，发现硼砂为轻度至中度刺激物[9]。小鼠腹腔注射硼酸钠，观察5～12天。3小时内多发生惊厥，可观察到躯干肌肉收缩和视光反应，一般运动活动和呼吸速率下降；给药后第2天多出现运动活动抑制，多数死亡发生在给药后3天内。检测含3.2%硼酸钠的毛发制剂对雄性和雌性白化病大鼠的急性暴露毒性，病理结果显示，摄入试验材料（特别是最高剂量）可能导致黑色素尿、腹泻、多尿、胃和肠黏膜变色、胃和肠内容物变色、膀胱空、肾盂扩张。

（2）亚慢性毒性

每天给大鼠注射1 g/kg 的硼砂和硼酸，1～2周后大鼠体重增长减慢，3周后出现毒性症状[10]。

雄性大鼠饮用含硼量分别为150 mg/L 或300 mg/L 的硼砂70天，同时喂食含硼54 μg/g 的饲料，每天大鼠的总硼摄入量分别为23.7 mg/kg 和47.4 mg/kg。2种剂量的硼砂处理均能显著降低大鼠体重，最高剂量下精子发生受阻[11]。

在一项为期2年的研究中，大鼠每天摄入0 mg/kg、33 mg/kg、100 mg/kg 或333 mg/kg 的硼砂。高剂量组动物毛发粗糙、尾巴呈鳞状、驼背、脚掌肿胀和脱屑、脚趾生长异常、阴囊萎缩、眼睑发炎和眼睛出血，还出现血细胞比容和血红蛋白水平明显降低，睾丸重量（绝对和相对）明显低于对照组，脑和甲状腺相对重量较对照组显著增加；低剂量组无显著性差异[12]。

（3）发育与生殖毒性

以0 mg/kg、500 mg/kg、1 000 mg/kg 或2 000 mg/kg 浓度的含硼饮食喂养雄性 SD 大鼠（18只/组），持续60天。在染毒30天和60天时，硼在大鼠睾丸和血浆中以剂量依赖性方式升高。在1 000 mg/kg 和2 000 mg/kg 暴露水平下，观察到大鼠的肝脏、睾丸和附睾重量显著降低。在所有染毒组中，生精小管直径以剂量依赖性方式显著减小，仅在1 000 mg/kg 或2 000 mg/kg 暴露水平下才能观察到生殖细胞的损失。染毒组睾丸透明质酸酶（H）和山梨糖醇脱氢酶（SDH）的活性呈剂量依赖性方式明显降低。血浆中激素 FSH 的水平以剂量依赖性方式显著升高[13]。

将0 ppm、117 ppm、350 ppm 或1 170 ppm（相当于每日0 mg/kg、5.9 mg/kg、17.5 mg/kg 或58.5 mg/kg）的硼以硼砂或硼酸的形式添加到8只雄性和16只雌性 SD 大鼠的饲料中进行染毒。5.9 mg/kg 或17.5 mg/kg 剂量下未发现对生殖器官的不良影响，58.5 mg/kg 剂量下雄性大鼠睾丸萎缩且精子数量明显降低，而雌性大鼠表现为排卵减少[14]。

（4）致突变性

用中国仓鼠细胞、小鼠胚胎细胞和人成纤维细胞进行细胞转化试验，结果显示，硼砂无致突变作用[15]。

人类健康效应

七水合四硼酸钠对于人类的致死剂量，儿童为5～6 g，成人为10～25 g[16]。硼砂粉尘是一种呼吸刺激物，暴露于4.0 mg/m^{3}或以上的硼砂粉尘中可导致急性呼吸道刺激症状，如口、鼻或喉干燥，干咳，鼻出血，咽喉痛，生产性咳嗽，气短和胸闷等。X 射线异常少见，与粉尘暴露无关[17]。

参考文献

[1] YALKOWSKY SH，YAN H，JAIN P. Handbook of Aqueous Solubility Data Second Edition[M]. Boca Raton：CRC Press，2010：1595.

[2] HAYNES WM. CRC Handbook of Chemistry and Physics. 94th Edition[M]. Boca Raton：CRC Press LLC，2014：4-91.

[3] MACBEAN C. E-Pesticide Manual. 15th ed[M]. Alton: British Crop Protection Council (1303-96-4) (2008-2010).

[4] SINGH V, SINGH SP. Studies on boron toxicity in lentil and barley[J]. Indian Journal of Agronomy, 1984, 29 (4): 545-546.

[5] ALABASTER JS. Int Pest Control 11 (2): 29-35 (1969). ECOTOX database on Borax (1303-96-4): 2005, http: //cfpub.epa.gov/ecotox/quick_query.htm.

[6] BIRGE WJ, BLACK JA. Sensitivity of Vertebrate Embryos to Boron Compounds[M]. Washington DC: Environmental Protection Agency Office of Toxic Substances, 1977: 1-77.

[7] USEPA. Health Advisory for Boron (Draft) [M]. Washington DC: United States Environmental Protection Agency, 1988: 5.

[8] O'NEIL MJ. The Merck Index - An Encyclopedia of Chemicals, Drugs, and Biologicals[M]. Cambridge: Royal Society of Chemistry, 2013: 1595.

[9] ROUDABUSH RL, TERHAAR CJ, FASSETT DW, et al. Comparative acute effects of some chemicals on the skin of rabbits and guinea pigs[J]. Toxicology and Applied Pharmacology, 1965, 7: 559-565.

[10] DANI H, SAINI HS, ALLAG IS, et al. Effect of boron toxicity on protein andnucleic acid contents of rat tissues[J]. Res Bull Panjab Univ Sci, 1971, 22 (1-2): 229-235.

[11] SEAL BS, WEETH HJ. Effect of boron in drinking water on the male laboratory rat[J]. Bulletin of Environmental Contamination and Toxicology, 1980, 25: 782-789.

[12] BINGHAM E, COHRSSEN B, POWELL CH. Patty's Toxicology Volumes 1-9 5th ed[M]. New York: Wiley, 2001: 534.

[13] DIXON RL, SHERINS RJ, LEE IP. Assessment of environmental factors affecting male fertility[J]. Environmental Health Perspectives, 1979, 30: 53-68.

[14] WEIR RJ, FISHER RS. Toxicologic studies on borax and boric acid[J]. Toxicology and Applied Pharmacology, 1972, 23: 351-364.

[15] WHO. Boron in Drinking-water: Background document for development of WHO

Guidelines for Drinking-water Quality(WHO/SDE/WSH/03.04/54): 2005, http://www.who.int/water_sanitation_health/dwq/boron.pdf.

[16] Clayton GD, Clayton FE. Patty's Industrial Hygiene and Toxicology: Volume 2A, 2B, 2C: Toxicology. 3rd ed[M]. New York: John Wiley Sons, 1982: 3059.

[17] GARABRANT DH, BERNSTEIN L, PETERS JM, et al. Respiratory effects of borax dust[J]. British Journal of Industrial Medicine, 1985, 42 (12): 831-837.

铅铬黄
Lead sulfochromate yellow

基本信息

化学名称：C.I.颜料黄34（C.I. Pigment Yellow 34）。

CAS 登录号：1344-37-2。

EC 编号：215-693-7。

分子式：主要成分为铬酸铅和硫酸铅固熔体的铬酸铅颜料，其化学组成为 $PbCrO_4 \cdot xPbSO_4$，其中 $PbCrO_4$ 为65%~71%，$PbSO_4$ 为23%~30%。

用途：用于油漆、印刷油墨、乙烯、醋酸纤维素塑料、纺织品印花、皮革表面、亚麻、纸和油画的染料等。

危害类别：具有致癌性、致基因突变性、致生殖毒性。

结构式：未明确。

理化性质

物理状态：黄色或青黄色粉末，无气味。

熔点：>800℃（101.3 kPa）。

密度：5.6 g/cm³（20℃）。

水溶解度：1 mg/L（22℃）。

生态毒理学

在23℃、pH 值7.1的静态条件下，蓝藻72 h-EC_{50}>100 mg/L。在19.5~20.4℃、pH 值7.4~8.1、硬度（以 $CaCO_3$ 计）220~241 mg/L 的静态条件下，

大型蚤48 h-EC_{50}＞100 mg/L。在13～17℃、pH 值8.3、硬度（以 $CaCO_3$计）230 mg/L 的静态条件下，虹鳟鱼96 h-LC_{50}＞100 mg/L[1]。

毒理学

（1）发育与生殖毒性

犬经口暴露于铅铬黄的亚慢性毒性实验研究发现，铅铬黄对生殖系统有不良影响，暴露组动物的性腺发育受到影响[1]。

（2）致突变性

在体外研究中，铅铬黄或铬酸铅在酸、碱或氨三乙酸（NTA）溶液中的溶解性增强。溶解在氢氧化钠（NaOH）或 NTA 中的铅铬黄或铬酸铅会诱导细菌发生基因突变。染色体畸变和姐妹染色单体交换试验显示，铅铬黄在哺乳动物细胞中显示出致染色体断裂的效应[1]。

（3）致癌性

铅铬黄是确认的人类致癌物[2]。大部分结果显示，生产铅铬酸锌和锌铬酸盐颜料的工人肺癌发病风险增加。

人类健康效应

铅铬黄主要通过皮肤或吸入途径暴露[3]。铬酸雾和铬酸盐粉尘吸入可能会严重刺激鼻、喉、支气管和肺[4]。据美国国家环境保护局的综合风险信息系统（IRIS，1986）显示，以吸入途径暴露的六价铬被列为 A 类已知的人类致癌物；经口暴露的六价铬的致癌性不能确定，被归类为 D 类[5]。

参考文献

[1] Environment Canada/Health Canada. Screening Assessment for the Challenge C.I. Pigment Yellow 34 CAS 1344-37-2（November 2008）：2016. https：//www.ec.gc.ca/ese-ees/A9AB1DAD-9BCD-4CAA-923C-942D35467688/batch2_1344-37-2_en.pdf.

[2] American Conference of Governmental Industrial Hygienists TLVs and BEIs. Threshold Limit Values for Chemical Substances and Physical Agents and Biological Exposure Indices[M]. Cincinnati OH,2016:21.

[3] BASF. Product Safety Summary. R-M Color Bases with Lead Chromates-Lead Sulfates:2015. https://www.basf.com/us/en.html.

[4] MACKISON F W,R S STRICOFF,L J PARTRIDGE. NIOSH/OSHA - Occupational Health Guidelines for Chemical Hazards [M]. Washington DC:US Government Printing Office,1981:1.

[5] US. Environmental Protection Agency's Integrated Risk Information System（IRIS）. Summary on Chromium（Ⅵ）(18540-29-9):2015.http://www.epa.gov/iris/. on,DC:U.S. Government Printing Office,1981:1.

氢氧化铬酸锌钾
Potassium Hydroxyoctaoxodizincatedi—Chrmate

基本信息

化学名称：氢氧化铬酸锌钾。

CAS 登录号：11103-86-9。

EC 编号：234-329-8。

分子式：$Cr_2HO_9Zn_2·K$。

相对分子质量：418.85。

危害类别：具有致癌性。

结构式：

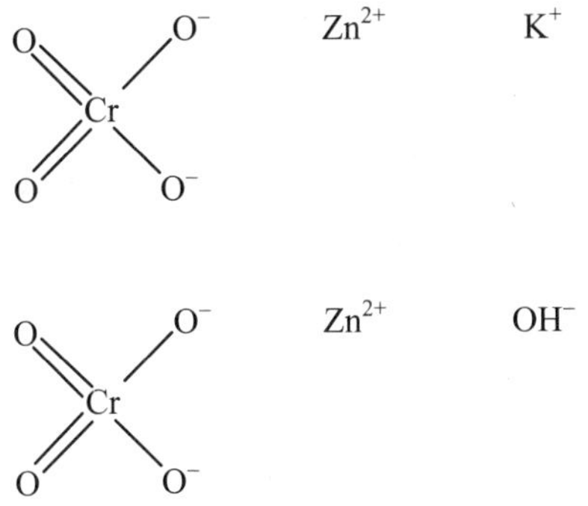

理化性质

物理状态：黄色或黄绿色粉末，没有气味。

熔点：500℃下分解（101.3 kPa）。

沸点：255℃（101.3 kPa）。

密度：3.5 g/cm³。

水溶解度：0.5 g/L（20℃，pH 值为6）。

毒理学

六价铬通过吸入途径暴露被认为是 A 类致癌物，经口暴露的致癌性为 D 类。通过吸入途径暴露的六价铬与肺癌之间存在剂量-效应关系，动物实验表明吸入途径暴露的六价铬会导致大鼠肺组织鳞状细胞癌的发病率增加。铬酸锌可以增强由叙利亚仓鼠胚胎细胞病毒转化的二猴腺病毒 SA7 的毒性。动物数据与人类六价铬致癌性数据一致。六价铬化合物是动物生物检测中的致癌物，研究发现注射六价铬化合物可以使大鼠和小鼠产生肿瘤。

人类健康效应

对一家生产锌铬酸盐油漆的公司的工人队列研究显示，有三名工人发生支气管癌（分别为41岁、51岁和59岁）。这三例患者暴露于$0.5 \sim 1.5$ mg/m³ 的锌铬酸盐粉尘6~9年，其中两名为吸烟者。此外，还发现一例鼻腔癌患者，暴露期3个月。在两家大型飞机维修厂的锌铬酸盐喷漆和电镀工人中，发现其呼吸道肿瘤的发生率显著增加。在使用锌底漆的工人中，铬性皮炎的发病率估计在0.1%~0.6%。

全氟十二烷酸
Tricosafluorododecanoic acid

基本信息

化学名称：全氟十二烷酸。

CAS 登录号：307-55-1。

EC 编号：206-203-2。

分子式：$C_{12}HF_{23}O_2$。

相对分子质量：614.10。

危害类别：有科学证据证明会对人类或环境造成严重影响。

结构式：

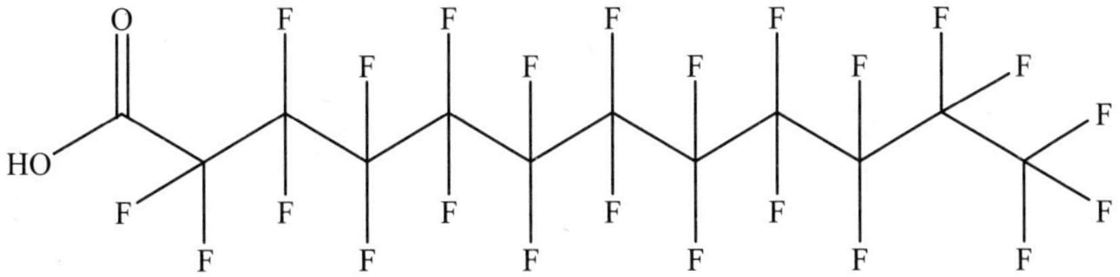

毒理学

根据 ECHA 提供的标准，接触全氟十二烷酸会引起严重的眼刺激、皮肤刺激及呼吸道刺激。

全氟十一烷酸
Henicosafluoroundecanoic acid

基本信息

化学名称：全氟十一烷酸。

CAS 登录号：2058-94-8。

EC 编号：218-165-4。

分子式：$C_{11}HF_{21}O_2$。

危害类别：有科学证据证明会对人类或环境造成严重影响。

结构式：

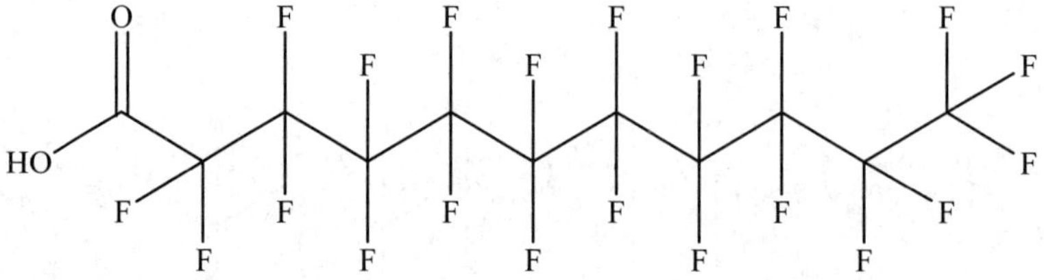

毒理学

根据 ECHA 提供的分类标准，全氟十一烷酸会引起严重的眼睛刺激及皮肤刺激，口服及吸入会对身体有害。

三碱式硫酸铅
Tetralead trioxide sulphate

基本信息

化学名称：三碱式硫酸铅。

CAS 登录号：12202-17-4。

EC 编号：235-380-9。

分子式：$3PbO \cdot PbSO_4 \cdot H_2O$。

用途：三碱式硫酸铅的热稳定性和电性能优良，主要用作聚氯乙烯塑料的稳定剂，有持久的稳定效果。与二盐基硬脂酸铅、硬脂酸钡、钙并用有润滑作用；与二盐基亚磷酸铅并用有协同作用。该化合物有毒，不能用于食品包装袋，适用于制管、板、薄膜、电缆、人造革等。

危害类别：有科学证据证明会对人类或环境造成严重影响。

理化性质

物理状态：白色或略带黄色粉末，遇日光变色，味甜。

熔点：820℃。

相对密度：6.4。

水溶解度：不溶于水，溶于热乙酸铵溶液。

健康效应

根据 ECHA 提供的分类标准，三碱式硫酸铅具有生殖毒性，会影响生育能力并影响后代，可通过母乳对婴幼儿造成危害；长期或反复接触会产生器官毒性；口服或吸入有毒，为可疑致癌物；对水生生物有长期毒性。

三(2-氯乙基)磷酸酯
Tris(2-chloroethyl)phosphate

基本信息

化学名称：三(2-氯乙基)磷酸酯。

CAS 登录号：115-96-8。

EC 编号：204-118-5。

分子式：$C_6H_{12}Cl_3O_4P$。

相对分子质量：285.489。

用途：用作胶黏剂的添加型阻燃剂，具有优异的阻燃性、优良的低温性和耐紫外光性；适用于酚醛树脂、聚氯乙烯、聚丙烯酸酯、聚氨酯等，能够改善耐水性、耐酸性、耐寒性、抗静电性；可用作阻燃性增塑剂。

危害类别：具有致癌性、致基因突变性、致生殖毒性。

结构式：

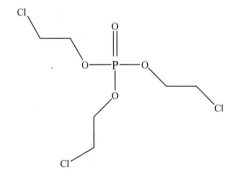

理化性质

物理状态：清澈透明的液体，微带奶油味。

熔点：–55℃（101.3 kPa）。

沸点：330℃（101.3 kPa）。

蒸气压：$6.13×10^{-2}$ mmHg（25℃）。

密度：1.39 g/m³（25℃）。

水溶解度：$7.82×10^3$ mg/L（20℃），与乙醇、丙酮、氯仿、四氯化碳等有机溶剂相溶。

辛醇-水分配系数：$\log K_{ow}$ = 1.78或1.43。

环境行为

（1）降解性

日本MITI试验显示，用接种物浓度为30 mg/L的活性污泥处理100 mg/L的三(2-氯乙基)磷酸酯，在4周后达到理论BOD的4%[1]。三(2-氯乙基)磷酸酯在很大程度上可抵抗活性污泥的降解，德国城市和工业污水处理厂报告的平均降解率分别为64.3%和100%[2]。

三(2-氯乙基)磷酸酯与大气中羟基自由基反应的速率常数为$2.2×10^{-11}$ cm³/(mol·s)（25℃），相当于在羟基自由基为$5×10^5$/m³的条件下，预测其间接光解半衰期约为16小时[3]。在pH值5~9的环境条件下，三(2-氯乙基)磷酸酯的水解半衰期为20天[3]。三(2-氯乙基)磷酸酯不含有可吸收波长＞290 nm的生色基团，因此在太阳光下不会发生光解[4]。

（2）生物蓄积性

静态条件下，青鳉鱼暴露72 h后测得三(2-氯乙基)磷酸酯的BCF值为2.2；金鱼在相同的条件下测得的BCF值为0.9[5]。根据分类标准，提示三(2-氯乙基)磷酸酯在水生生物中的生物蓄积性较低。

（3）吸附解析

三(2-氯乙基)磷酸酯的 K_{oc} 预测值为390[3]，根据分类标准，提示其在土壤中有中等移动性。

（4）挥发性

基于蒸气压值6.13×10^{-2} mmHg 和水溶解度7 000 mg/L，三(2-氯乙基)磷酸酯的亨利定律常数预测值为3.3×10^{-6} atm·m^3/mol，提示其可从水面挥发[6,7]。采用模型预测，在一条水深1 m、水流1 m/s、风速3 m/s 的河流中，预计其挥发半衰期为19天[7]；在一个水深1 m、水流0.05 m/s、风速0.5 m/s 的湖泊中，预计其挥发半衰期为140天[7]。基于亨利定律常数，预测三(2-氯乙基)磷酸酯可从潮湿土壤表面挥发，而在干燥土壤表面不挥发。

生态毒理学

采用静态法，在10℃条件下，青鳉鱼24 h-LC_{50}=245 000 μg/L，48 h-LC_{50}=230 000 μg/L；在20℃下，24 h-LC_{50}= 230 000 μg/L，48 h-LC_{50}=190 000 μg/L；在30℃条件下，24 h-LC_{50}= 66 000 μg/L，48 h-LC_{50}= 66 000 μg/L[8]。在静态条件下，金圆腹雅罗鱼48 h-LC_{50}=200 mg/L。采用静态法，在硬度（以$CaCO_3$计）198～204 mg/L、pH 值7.49～8.52、温度13.8～14.8℃的条件下，虹鳟鱼96 h-LC_{50}=249 mg/L[9]。

毒理学

（1）急性毒性

三(2-氯乙基)磷酸酯对眼睛和皮肤有刺激作用[11,12]。小鼠经口暴露 LD_{50}=1 500 mg/kg，经腹腔注射 LD_{50}=250 mg/kg[13,14]；兔经皮 LD_{50}＞5 000 mg/kg[18]；大鼠经口 LD_{50}=517 mg/kg[15]。

（2）亚慢性毒性

F344小鼠按体重经口分别给予0 mg/kg、22 mg/kg、44 mg/kg、88 mg/kg、

175 mg/kg 和360 mg/kg 的三(2-氯乙基)磷酸酯，每周5次，雌性暴露16周，雄性暴露18周，每个剂量组每个性别各10只小鼠。最高剂量组小鼠死亡率升高（雄性4/10，雌性3/10），肝脏和肾脏的体重比增加（雄性为350，雌性为44～350）。在360 mg/kg 剂量组中，所有雌性小鼠均观察到海马区的坏死损伤，而10只雄性小鼠中仅有2只观察到了此现象；在175 mg/kg 剂量组中，10只雌性小鼠中有8只观察到了海马区的坏死损伤[16]。

(3) 致癌性

60只雄性和60只雌性 B6C3F1小鼠经口分别给予0 mg/kg、175 mg/kg 和350 mg/kg 的三(2-氯乙基)磷酸酯，每周5次，暴露103周（10只雄性和10只雌性小鼠在中途被剔除）。在66周时，体重、血液及临床表现未受影响；在103周时，存活率和体重增加未受影响。在肾脏中观察到非肿瘤性病变，肾脏近曲小管核增大（雄性为2/50、16/50和39/50，雌性为0/50、5/49和44/50）；在肝脏中观察到雄性小鼠嗜酸性粒细胞集落的发生率增加（0/50、3/50、8/50）。肾脏中发生肿瘤性病变的情况为：腺瘤，雄性为1/50、0/50和1/50，雌性为0/50、1/49和0/50；腺癌，雄性为0/50、0/50和1/50。在雄性肝脏中腺瘤的发生率增加（20/50、18/50和28/50）。此外，雌性小鼠 Harderian 腺瘤的发病率略有增加[10]。

(4) 生殖与发育毒性

在一项全身暴露的吸入研究中，将雄性大鼠连续暴露于0.5 mg/m^{3}和1.5 mg/m^{3}的三(2-氯乙基)磷酸酯4个月。2种剂量水平均可见睾丸毒性，高剂量组更严重，表现为精子数量减少、精子活力下降及精子形态异常。睾丸的组织学显示，精原细胞数量增加，发育后期阶段精子数量减少。暴露后的雄性大鼠，1.5 mg/m^{3}剂量组生育力下降，配对雌性胚胎植入前和植入后丢失增加，并且产仔数减少[10]。

在一项连续繁殖研究中，观察三(2-氯乙基)磷酸酯对 CD-1小鼠生育和繁殖能力的影响。经口按体重分别给予小鼠175 mg/kg、350 mg/kg 和

700 mg/kg 的三(2-氯乙基)磷酸酯。雄性和雌性小鼠（F0代）在配对前7天和配对后98天每天暴露于三(2-氯乙基)磷酸酯。在 F0代，每窝仔数和窝仔成活率降低，雌性和雄性都受到影响，但雄性相对更敏感，精子质量（数量、活力和异常精子百分比）受到影响。700 mg/kg 剂量组的生育力差，只有一对 F0 生育了后代，但3天后幼仔全部死亡。上述数据表明，175 mg/kg 或更高剂量的三(2-氯乙基)磷酸酯暴露可导致小鼠生育力降低[10]。

（5）致突变性

在 Ames 试验中，鼠伤寒沙门氏菌菌株 TA98、TA100、TA1535、TA1537 和 TA1538 每个培养基暴露于1 000 μg 的三(2-氯乙基)磷酸酯后，在有无代谢活化的条件下，致突变均为阴性[17]。

（6）神经毒性

暴露于175 mg/kg 和350 mg/kg 剂量水平的雌性大鼠，在16天及16周中均观察到血清胆碱酯酶活性的轻度抑制，但是在雄性大鼠、雄性和雌性小鼠中没有发现这一现象。雌性大鼠的毒性临床症状包括共济失调、过度流涎、气喘和惊厥，这些现象可能与胆碱酯酶抑制有关。此外，一些临床症状可能归因于在海马和丘脑中观察到的神经元坏死[18]。

人类健康效应

吸入和皮肤接触是三(2-氯乙基)磷酸酯暴露的主要途径[19]。该化合物对皮肤和眼睛有刺激作用[20]，进入机体后可能会对中枢神经系统产生影响，但由于动物实验证据不充足，不能列为对人类有致癌作用的物质。

参考文献

[1] NITE. Chemical Risk Information Platform（CHRIP）. Biodegradation and Bioconcentration: 2014. http：//www.safe.nite.go.jp/english/db.html.

[2] FRIES E, PUTTMANN W. Monitoring of the three organophosphate esters TBP, TCEP

and TBEP in river water and ground water(Oder, Germany)[J].J Environ Monit, 2003, 5: 346-352.

[3] US EPA. Estimation Program Interface (EPI) Suite: 2014. http: //www.epa.gov/oppt/exposure/pubs/episuitedl.htm.

[4] LYMAN W J. Handbook of Chemical Property Estimation Methods[M]. Washington DC: Amer Chem Soc, 1990: 7-4, 7-5, 8-12, 8-13.

[5] SASAKI K, TAKEDA M, UCHIYAMA M. Toxicity, absorption and elimination of phosphoric acid triesters by killifish and goldfish[J]. Bull Environ Contam Toxicol, 1981, 27: 775-782.

[6] MUIR D C G. In Handbook of Environmental Chemistry[M]. Germany: Springer-Verlag, 1984: 41-66.

[7] LYMAN W J. Handbook of Chemical Property Estimation Methods[M]. Washington DC: Amer Chem Soc, 1990: 15-1, 15-29.

[8] TSUJI S. J Hyg Chem (Eisei Kagaku) 32 (1): 46-53 (1986) as cited in the ECOTOX database: 2009. http: //cfpub.epa.gov/ecotox/quick_query.htm.

[9] European Commission/European Chemical Substances Information System (ESIS). IUCLID Dataset, Tris (2-chloroethyl) Phosphate (115-96-8) p.35 (2000): 2014. http: //esis.jrc.ec.europa.eu/.

[10] WHO. Environ Health Criteria 209: Flame Retardants: Tris (Chloropropyl) Phosphate and Tris (2-chloroethyl) Phosphate (1998): 2014. http: //www.inchem.org/ pages/ehc.html.

[11] European Commission/European Chemical Substances Information System (ESIS). IUCLID Dataset, Tris (2-chloroethyl) Phosphate (115-96-8) p.51 (2000): 2014. http://esis.jrc.ec.europa.eu/.

[12] European Commission/European Chemical Substances Information System (ESIS); IUCLID Dataset, Tris (2-chloroethyl) Phosphate (115-96-8) p.47 (2000): 2014. http://esis.jrc.ec.europa.eu/.

[13] LEWIS R J. Sax's Dangerous Properties of Industrial Materials[M]. Hoboken NJ:

Wiley-Interscience,2004: 811.

[14] European Commission/European Chemical Substances Information System (ESIS). IUCLID Dataset, Tris (2-chloroethyl) Phosphate (115-96-8) p.50 (2000): 2014. http://esis.jrc.ec.europa.eu/.

[15] European Commission/European Chemical Substances Information System (ESIS). IUCLID Dataset, Tris (2-chloroethyl) Phosphate (115-96-8) p.45 (2000): 2014. http://esis.jrc.ec.europa.eu/.

[16] European Commission/European Chemical Substances Information System (ESIS); IUCLID Dataset, Tris (2-chloroethyl) Phosphate (115-96-8) p.61 (2000): 2014. http://esis.jrc.ec.europa.eu/.

[17] European Commission/European Chemical Substances Information System (ESIS); IUCLID Dataset, Tris (2-chloroethyl) Phosphate (115-96-8) p.64 (2000): 2014. http://esis.jrc.ec.europa.eu/.

[18] IARC. Monographs on the Evaluation of the Carcinogenic Risk of Chemicals to Humans. Geneva: World Health Organization, International Agency for Research on Cancer, 1972-PRESENT. (Multivolume work): 1999.http://monographs.iarc.fr/ENG/Classification/index.php.

[19] NIOSH. NOES. National Occupational Exposure Survey conducted from 1981—1983. Estimated numbers of employees potentially exposed to specific agents by 2-digit standard industrial classification (SIC): 2014. http://www.cdc.gov/noes/.

[20] LEWIS R J. Sax's Dangerous Properties of Industrial Materials[M]. Hoboken NJ: Wiley-Interscience. 2004: 812.

三氯乙烯
Trichloroethylene

基本信息

化学名称：三氯乙烯（简称 TCE）。

CAS 登录号：79-01-6。

EC 编号：201-167-4。

分子式：C_2HCl_3。

相对分子质量：131.388。

用途：用于金属部件的清洁及脱脂、黏合剂中的溶剂、生产氯化有机化合物和氟化有机化合物的介质。

危害类别：具有致癌性。

结构式：

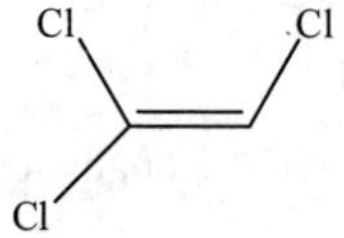

理化性质

物理状态：无色液体，气味与氯仿相似。

熔点：−84.7℃。

沸点：87.2℃。

蒸气压：69 mmHg（25℃）。

密度：1.464 2 g/cm^3（20℃）。

溶解度：与乙醇、乙醚混溶，溶于丙酮、四氯化碳和氯仿。

辛醇/水分配系数：$\log K_{ow} = 2.61$。

环境行为

（1）降解性

依据32种土壤的测量值，三氯乙烯的平均 K_{oc} 值为101，预计其在土壤中具有高迁移率。三氯乙烯的亨利定律常数为9.02×10^{-3} atm·m^3/mol，预计其在湿润的土壤表面可挥发。日本 MITI 试验中，三氯乙烯在两周内可达到理论 BOD 值的2.4%，表明其不易生物降解[1]。三氯乙烯对有氧生物降解具有抗性[2]。在厌氧条件下，如土壤微生物、水淹土壤或含水层位点中，三氯乙烯通过还原性脱氯可以缓慢进行生物降解，降解的程度和速度取决于还原环境的强度[3]。据报道，三氯乙烯的厌氧半衰期为0.144～3.3年[4]。

（2）生物蓄积性

在蓝鳃太阳鱼和虹鳟中分别测定的三氯乙烯 BCF 值为17和39。鲤鱼（*Cyprinus carpio*）在接触三氯乙烯6周后，70 μg/L 和7 μg/L 浓度下的 BCF 值分别为4.3～17和4.0～16.0。3天的静态暴露后，在金黄色鱼（*Leuciscus idus melanotus*）中测量的三氯乙烯浓度值（BCF）为90。根据分类方案，这些 BCF 值表明三氯乙烯在水生生物中的生物浓度处于低到中等[5]。在绿藻中，三氯乙烯浓度值（BCF）为302。海洋监测数据表明，三氯乙烯为中度生物富集[6]。

（3）吸附解析

32种土壤（有机质含量范围为0.001 2～0.31）的 K_{oc} 平均值为101。黄土沙、风化页岩和未风化页岩中三氯乙烯的 K_{oc} 值分别为123、363和2 691。研究发现，被污染18年的土壤样品中的三氯乙烯对解析具有抗性，需要较长的时间进行平衡。根据分类方案，这些 K_{oc} 值表明三氯乙烯预计在土壤中具有高迁移率。在平衡条件下，三氯乙烯在带状凝灰岩水溶液中的分布情况为水中64%～81%、气相中16%～23%、凝灰岩中2%～20%。

(4) 挥发性

基于25℃时的蒸气压69 mmHg，三氯乙烯可从干燥的土壤表面挥发[7]。

生态毒理学

在未指定生物测定的条件下，多变鲤（*Cyprinodon variegatus*）96 h-LC_{50}=20 mg/L；草虾（*Palaemonetes paludosus*）96 h-LC_{50}=2 mg/L[8]。在淡水、23℃、pH值7.0[9]的条件下，非洲爪蟾（Clawed toad）胚胎96 h-EC_{50}=36 200 μg/L（95%CI：30 800～42 600 μg/L）。

毒理学

(1) 急性毒性

小鼠经口暴露于三氯乙烯 LD_{50}=2 443 mg/kg。大鼠经口 LD_{50}=7 161 mg/kg[10]，经腹腔注射 LD_{50}=1 282 mg/kg，经吸入 LC_{50}=1 000 ppm/4 h[11]。

急性毒性实验显示，三氯乙烯对皮肤有刺激性。在急性和累积性三氯乙烯刺激下，皮肤出现红斑和水肿，主要组织病理学特征为角化过度、海绵状水肿和炎性细胞浸润。与这些形态变化平行，急性三氯乙烯刺激还可呈浓度依赖性地增加丙二醛（MDA）水平并抑制皮肤的超氧化物歧化酶（SOD）活性[12]。急性暴露三氯乙烯会造成肝脏损伤，通过免疫介导的肝损伤模型豚鼠最大化试验（GPMT）发现，总三氯乙烯剂量低于340 mg/kg。在三氯乙烯高剂量暴露组（4 500 mg/kg）中，谷丙转氨酶（ALT）和谷草转氨酶（AST）升高（P<0.01），而总蛋白和球蛋白降低（P<0.05），观察到明显的脂肪变性、肝窦扩张和炎性细胞浸润[13]。

(2) 亚慢性毒性

三氯乙烯对大鼠和小鼠口服及吸入暴露的长期毒性研究表明，在连续暴露于>75 ppm 三氯乙烯30天的小鼠中，其肾脏相对重量增加；在持续12

周暴露于＞50 ppm的大鼠中，没有显著的组织病理学变化的肾功能障碍[14]。

（3）致癌性

通过管饲暴露于三氯乙烯（50 mg/kg、250 mg/kg，每周4～5天，共52周）的大鼠中，雄性的白血病（免疫母细胞性淋巴肉瘤）发病率随剂量增加而增加，雌性肿瘤发病率没有明显改变。在暴露于三氯乙烯的大鼠和小鼠（50 ppm、150 ppm、450 ppm，每周5天，每天7小时，共104周）中，肿瘤主要存在于小鼠的造血系统、肺、乳腺和垂体中[14]。

（4）致突变性

一般而言，三氯乙烯及其大部分主要代谢物在细菌、低等真核生物中广泛存在。在哺乳动物细胞培养研究中，三氯乙烯在中国仓鼠卵巢细胞（CHO）中不诱导染色体畸变，在大鼠肝细胞中可促进非规律的DNA合成，诱导CHO细胞中姐妹染色单体（SCE）交换、小鼠淋巴瘤细胞中的基因突变和形态转化的大鼠胚胎细胞。在啮齿动物体内研究中，三氯乙烯不能诱导非程序性DNA合成、姐妹染色单体交换、显性致死突变或染色体畸变。三氯乙烯可导致小鼠肝脏中的DNA单链断裂或碱基位点突变，且小鼠微核形成的结果为阳性[15]。

人类健康效应

人类过度暴露于三氯乙烯的潜在症状包括头痛、眩晕、视力障碍、疲劳、震颤、嗜睡、恶心和呕吐、眼睛和皮肤刺激、心律失常、感觉异常以及肝损伤。高浓度（10 000 ppm）暴露于三氯乙烯会引起死亡（与心律失常和大量肝损伤有关）[14]。长期暴露于38～172 ppm浓度水平的工作人员有嗜睡、头晕、头痛和恶心等症状，但未发现明显的三叉神经障碍[16]。人群职业性暴露（不超过35 ppm）结果显示，未发现眨眼反射所控制的三叉神经损伤，但可观察到暴露年数与咬肌反射之间存在显著关联[17]。微核发生率增加与职业性三氯乙烯暴露有关，三氯乙烯可导致HepG2细胞中的基因毒性作用[18]。在大多数Ⅰ级癌症发病率研究中，三氯乙烯暴露会引起肝癌发病率升高[29]。居住区邻近氯化溶剂工业的人群中，其后代的出生缺陷可能与三氯乙烯暴露有关[19]。

综合评价：A 类人类致癌物。基于充分的肿瘤流行病学证据，结合实验动物和暴露人群数据，流行病学确定了三氯乙烯与肝癌和非霍奇金淋巴瘤相关的证据。此外，三氯乙烯的研究数据在人类和实验动物之间的肿瘤部位一致性方面具有重要参考价值；在不常见的肿瘤中，三氯乙烯暴露可引起动物中几种罕见肿瘤的发生[20]。

安全剂量

OSHA 标准：皮肤接触8小时加权平均容许浓度为100 ppm[21]。

NIOSH 推荐标准：60分钟上限值为2 ppm。

推荐暴露限值：皮肤接触10小时加权平均值为0.03 mg/m^3[22]。

参考文献

[1] NITE. Chemical Risk Information Platform（CHRIP）. Biodegradation and Bioconcentration. Tokyo，Japan：Natl Inst Tech Eval.

[2] YH El‐Farhan KMS，Jonge LW. Coupling transport and biodegradation of toluene and trichloroethylene in unsaturated soils [J]. Water Resources Research，1998，34：437-445.

[3] McCarty PL. Symp Nat Atten Chlor Org Ground Water USEPA/540/R-96/509，1996：5-9.

[4] Wilson JT，et al. In Symp Nat Atten Chlorin Org Ground Water，USEPA/540/R-96/509，1996.

[5] AG Dickson JPR. The distribution of short-chain halogenated aliphatic hydrocarbons in some marine organisms[J]. Mar Pollut Bull，1976，7：167-169.

[6] CR Pearson GM. Chlorinated C1 and C2 hydrocarbons in the marine environment [J]. Proceedings of the Royal Society of London. Series B, 1975, 189: 305-332.

[7] Fan S, Scow KM. Biodegradation of trichloroethylene and toluene by indigenous microbial populations in soil [J]. Appl Environ Microbiol, 1993, 59: 1911-1918.

[8] Borthwick PW. Results of Toxicity Tests with Fishes and Macroinvertebrates. USEPA, Envir Research Lab, 1977.

[9] DJ Fort RLR, Stover EL. Optimization of an exogenous metabolic activation system for FETAX. I. Post-isolation rat liver microsome mixtures [J]. Drug and chemical Toxicol, 2001, 24 (2): 103-115.

[10] American Conference of Governmental Industrial Hygienists. Documentation of the TLVs and BEIs with Other World Wide Occupational Exposure Values. 7th Ed.[M]. CD-ROM Cincinnati, OH, 2013.

[11] Lewis, R.J. Sr. Sax's Dangerous Properties of Industrial Materials. 11th Edition.[M]. Wiley-Interscience, Wiley & Sons, Inc. Hoboken, NJ. 2004: 3527.

[12] T Shen QXZ, S Yang CHW, HF Zhang CFZ. Trichloroethylene induced cutaneous irritation in BALB/chairless mice: histopathological changes and oxidative damage[J]. Toxicology, 2008, 248 (2-3): 113-120.

[13] X Tang BQ, X Song SL, Yang X. Characterization of liver injury associated with hypersensitive skin reactions induced by trichloroethylene in the guinea pig maximization test [J]. J Occup Health, 2008, 50 (2): 114-121.

[14] IARC. Monographs on the Evaluation of the Carcinogenic Risk of Chemicals to Humans[J]. Geneva: World Health Organization, International Agency for Research on Cancer, 1972.

[15] DHHS. National Toxicology Program; Eleventh Report on Carcinogens: Trichloroethylene (79-01-6), 2005.

[16] DHHS/ATSDR. Draft Toxicological Profile for Trichloroethylene. Toxicological Profile 19. 2014: 68.

[17] B Charbotel JF, Martin JL. Renal cell carcinoma and exposure to trichloroethylene: are the French limits of occupational exposure relevant [J]. Epidemiol Sante Publique, 2009, 57 (1): 41-47.

[18] C Hu LJ, C Geng XZ, Cao J. Possible involvement of oxidative stress in trichloroethylene-induced genotoxicity in human HepG2 cells [J]. Mutat Res, 2008, 652 (1): 88-94.

[19] Purdue MP, Stewart PA, Friesen MC, et al. Occupational exposure to chlorinated solvents and kidney cancer: a case-control study [J]. Occup Environ Med, 2017, 74 (4): 268-274.

[20] Brender JD, Shinde MU, Zhan FB, et al. Maternal residential proximity to chlorinated solvent emissions and birth defects in offspring: a case-control study[J]. Environ Health, 2014, 13: 96.

[21] 29 CFR 1910.100 0 (USDOL); U.S. National Archives and Records Administration's Electronic Code of Federal Regulations.

[22] NIOSH. NIOSH Pocket Guide to Chemical Hazards. Department of Health & Human Services, Centers for Disease Control & Prevention. National Institute for Occupational Safety & Health. DHHS (NIOSH) Publication No. 2010-168.

2,4,6-三硝基间苯二酚铅
Lead Styphnate

基本信息

化学名称：2,4,6-三硝基间苯二酚铅，俗称史蒂芬酸铅。

CAS 登录号：15245-44-0。

EC 编号：239-290-0。

分子式：$C_6HN_3O_8Pb$。

相对分子质量：468.3。

用途：主要用于小口径步枪弹药底漆，其他常见的用途是烟火弹药、粉驱动装置和民用雷管。

危害类别：具有致癌性。

结构式：

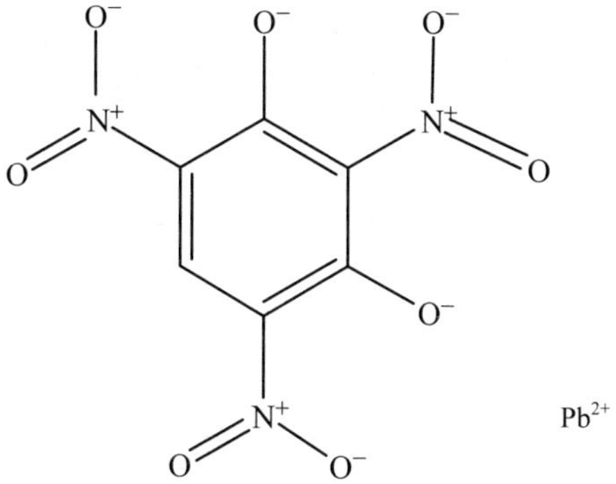

理化性质

物理状态：橙黄色至深棕色结晶固体。

熔点：235℃（分解）。
密度：3.06 g/cm^3（20℃）。
水溶解度：0.7 g/L 水（室温）。

环境行为

（1）稳定性

处于干燥状态时，2,4,6-三硝基间苯二酚铅可能会由于震动、热量、火焰或摩擦而爆炸。长时间暴露在火中或热量下，2,4,6-三硝基间苯二酚铅也可能会爆炸[1]，产生铅的氧化物、氮氧化物、有害气体或蒸气。2,4,6-三硝基间苯二酚铅在室温和高温（如75℃）下非常稳定，并且不吸湿[2]，其结晶水较牢固，加热到110℃时可经过12小时脱水。脱水后，其性能变化不显著。2,4,6-三硝基间苯二酚铅在干燥状态下暴露于大气中又会重新吸收水分形成水合物。

（2）溶解性

2,4,6-三硝基间苯二酚铅在室温下能溶于水（每升水能溶解0.7 g），不溶于盐酸、冰醋酸、氯仿和苯，微溶于乙醇、乙醚、甲醇和汽油，在浓醋酸铵溶液中溶解性良好。

（3）不相容性

2,4,6-三硝基间苯二酚铅与腐蚀性液体不相容。

（4）吸湿性

2,4,6-三硝基间苯二酚铅吸湿性很小，在25℃、100%相对湿度时，吸湿性为0.05%。

（5）热稳定性

2,4,6-三硝基间苯二酚铅加热到高于100℃时，可失去结晶水；在115℃下加热16小时，可使之完全失水；当加热到200℃时，开始有显著的分解现象；温度高于235℃时，开始爆炸分解。失去结晶水的2,4,6-三硝基间苯二酚铅的晶体形状、轮廓、颜色和透明度不改变。

生态毒理学

小鼠经口暴露于2,4,6-三硝基间苯二酚铅 LD_{50}=5 000 mg/kg,皮肤暴露无明显反应。

毒理学

2,4,6-三硝基间苯二酚铅经口染毒后可导致动物活动减少、皮毛蓬松无光泽、行走困难,一小时后耳、尾末梢出现明显黄染,尿液呈深黄色,个别有血尿、血便,两小时后死亡。尸体解剖发现,皮下、黏膜、内脏重度黄染,胃胀气,膀胱内有血性尿液潴留。存活下来的动物12小时后症状缓解,但进食量较少,尿液仍呈黄色,一周内恢复正常。2,4,6-三硝基间苯二酚铅与其他含铅化合物一样具有重金属毒性,可能具有致癌性。

人类健康效应

2,4,6-三硝基间苯二酚铅在生产环境中以粉尘状态存在,受其侵害后人体偶有过敏性皮炎发生,但未见铅中毒症状[3]。轻度中毒可引起恶心、呕吐、食欲不振,严重时会出现头痛、贫血以及肾脏的损害。

参考文献

[1] Association of American Railroads,Bureau of Explosives Emergency Handling of Hazardous Materials in Surface Transportation[M]. Pueblo:Association of American Railroads,2005:526.

[2] Akhavan J.Explosives and Propellants Kirk-Othmer Encyclopedia of Chemical Technology(2004)[M]. New York:John Wiley & Sons,In,2004.

[3] 马宝珊. 兵器工业科学技术兵器 火工品与烟火技术[M]. 北京:国防工业出版社,1992:14-180.

三氧化二硼
Boron oxide

基本信息

化学名称：三氧化二硼。

CAS 登录号：1303-86-2。

EC 编号：215-125-8。

分子式：B_2O_3。

相对分子质量：69.62。

用途：用于诸多领域，如玻璃及玻璃纤维、釉料、陶瓷、阻燃剂、催化剂、工业流体、冶金、黏合剂、油墨及油漆、显影剂、清洁剂、生物杀虫剂等。

危害类别：具有生殖毒性。

结构式：

$$O=B-O-B=O$$

理化性质

物理状态：无色玻璃状晶体或粉末。

熔点：450℃（101.3 kPa）。

沸点：1 860℃（101.3 kPa）。

蒸气压：可忽略（20℃）。

密度：2.46 g/m^3。

水溶解度：36 g/L（25℃）。

生态毒理学

流水式条件下，鲫鱼72 h-LC_{50}= 0.57 g/L；斑点叉尾鮰5 d-LC_{50}= 0.71 g/L；大口黑鲈8 d-LC_{50}= 0.3 g/L；虹鳟鱼24 d-LC_{50}= 0.48 g/L；大型蚤48 h-EC_{50}= 370～490 mg/L [1]。

毒理学

（1）急性毒性

三氧化二硼具有皮肤和眼睛刺激作用[2]，大鼠经口暴露 LD_{50}= 3 163 mg/kg，经腹腔注射 LD_{50}=1 868 mg/kg[3]。

（2）亚慢性毒性

在一项亚慢性毒性吸入试验中，大鼠在暴露剂量为5天/周、6小时/天的情况下，暴露的粒子直径的中位数为1.9～2.5 mm。大鼠暴露于77 mg/m^{3}三氧化二硼溶液6周，其心血管系统无组织病理学影响，胃肠道未见明显的变化；暴露于470 mg/m^{3}三氧化二硼溶液10～24周，其红细胞总数、血红蛋白及血细胞计数未见明显变化[4]。

大鼠暴露于77 mg/m^{3}三氧化二硼溶液6周，心血管系统无组织病理学影响，胃肠道未见明显的变化；暴露于470 mg/m^{3}三氧化二硼溶液10～24周，红细胞总数、血红蛋白、血细胞计数未见明显变化[1]。

（3）发育毒性

经发育毒性试验研究显示，三氧化二硼对兔眼的皮肤和黏膜有刺激作用[5]。长时间暴露会导致体重下降、蛋白代谢障碍、碳水化合物代谢紊乱、肝脏和肾脏的中度变化及血管性疾病[6]。

（4）生殖毒性

在利用小鼠、大鼠、狗和猪开展的毒性实验中，硼均能不同程度地导致动物的输精管上皮细胞萎缩、睾丸变小、精子活力下降、胎儿的质量降低等[7]。此外，一些调查显示，硼作业工人配偶的自然流产率和不能顺利受孕率均高于其他人群[8]，但流行病学研究至今还未完全阐述由硼造成的生殖和发育毒性的机制。

人类健康效应

皮肤、眼睛和吸入是三氧化二硼暴露的主要途径，皮肤暴露被认为是一个非常重要的暴露途径，大多数事件与刺激反应有关。在一项流行病学调查中发现，暴露于平均浓度为4.1 mg/m^{3}三氧化二硼的113名工人与214名未暴露的工人对照相比，眼睛刺激性、口、鼻、喉干燥，喉咙痛及咳嗽等症状在暴露的工人中更明显[4]。

参考文献

[1] European Chemicals Bureau. IUCLID Dataset（IRIS）. Summary on Boron Oxide（1303-86-2）2005，http：//esis.jrc.ec.europa.eu/.

[2] DHHS/ATSDR（IRIS）. Summary on Toxicological Profile for Boron（PB/93/110674/AS）（July 1992）2005. http：//www.atsdr.cdc.gov/toxpro2.html.

[3] LEWIS，R.J. SR.（ed）Sax's Dangerous Properties of Industrial Materials[M]. New York：NY：Van Nostrand Reinhold，1996：498.

[4] American Conference of Governmental Industrial Hygienists[C]. Documentation of Threshold Limit Values for Chemical Substances and Physical Agents and Biological Exposure Indices for 2001. Cincinnati，OH. 2001：1.

[5] International Labour Office. Encyclopedia of Occupational Health and Safety. Vols. I&II[M]. Geneva，Switzerland：International Labour Office，1983：320.

[6] HASEGAWA R，HIRATA K M，DOURSON M L，et al . Safety assessment of boron by application of new uncertainty factors and their subdivision[J] . Regulatory oxicology

and Pharmacology, 2013, 65 (1): 108-114.

[7] BASARAN N, DUYDU YBOLT H M. Reproductive toxicity in boron exposed workers in Bandirma, Turkey[J]. Journal of Trace Elements in Medicine & Biology Organ of the Society for Minerals & Trace Elements, 2012, 26 (2/3): 165-167.

[8] DUYDU YBASARAN N, USTUNDAG A, et al. Assessment of DNA integrity (COMET assay) in sperm cells of boron-exposed workers[J]. Archives of Toxicology, 2012, 86 (1): 27-35.

三氧化二砷
Arsenic trioxide

基本信息

化学名称：三氧化二砷。

CAS 登录号：1327-53-3。

EC 编号：215-481-4。

分子式：As_2O_3。

相对分子质量：197.841。

用途：用于除草剂、木材防腐剂、特殊玻璃加工等。

危害类别：确定为人类致癌物。

结构式：

$$\left[As^{3+} \right]_2 \left[O^{2-} \right]_3$$

理化性质

物理状态：白色或透明、无嗅无味、无定形块状或结晶性粉末。

熔点：312.3℃。

沸点：465℃。

蒸气压：13.3 kPa（332.5℃）。

密度：3.74 g/cm³。

水溶解度：2.05 g/100 g（25℃）。

环境行为

（1）降解性

土壤中三氧化二砷的半衰期为6.5年。土壤中的微生物可将砷代谢为挥发性砷化衍生物。根据以上条件，土壤中17%～60%的砷会挥发[1]。

（2）环境生物富集

水蚤：暴露于三氧化二砷21天的 BCF 值为10[2]。

生态毒理学

鲑鱼48 h-LC_{50}=8 330 μg/L[3]；粉红鲑鱼10 d-LC_{50}=3 787 μg/L[4]；粉红鲑鱼7 d-LC_{100}=7 195 μg/L[5]。

毒理学

（1）急性毒性

三氧化二砷可刺激皮肤、眼睛和呼吸系统[5]。不同种属的小鼠经灌胃暴露 LD_{50}=26～47 mg/kg[6]，经口摄入 LD_{50}=31 500 μg/kg[7]；大鼠经灌胃 LD_{50}=15 mg/kg[9]，经食物摄入 LD_{50}=145 mg/kg[8]。

（2）亚急性和慢性毒性

6 000只奶牛随机给予含有不同浓度（490～2 900 mg/kg）的三氧化二砷饲料1～2天，3天后奶牛出现死亡，在1 464例死亡的奶牛中有超过50%的奶牛在饲料喂养后的第一周内死亡。主要症状包括产奶量大大减少、腹泻、脱水、呼吸困难、发绀、流产和中枢神经系统障碍，慢性影响包括皮肤角化过度、关节僵硬和炎症，以及因角膜浑浊导致的失明[11]。慢性暴露于三氧化二砷可引起裸鼠睾丸上皮的恶化[9]。

（3）发育与生殖毒性

怀孕的 CFLP 小鼠在妊娠9～12天每天4小时经吸入分别暴露于0.26 mg/m³、2.9 mg/m³和28.5 mg/m³的三氧化二砷，在第18天剖腹取出胎鼠，观察和测定胎鼠的死亡率、生长迟缓和骨骼畸形情况以及肝细胞中的染色体结构畸变情况。结果发现，暴露于 28.5 mg/m³ 剂量的孕鼠活胎数、胎鼠体重都明显降低，发育迟缓的胎鼠数量明显增加；0.26 mg/m³ 和 2.9 mg/m³ 剂量组的平均胎鼠体重明显降低，但是死胎数没有增加；28.5 mg/m³ 剂量组的骨骼畸形率和染色体畸形率都有明显上升，其中肢体僵硬骨化是最常见的畸形[10]。

（4）致癌性

根据人类数据的充分证据（通过吸入暴露的多个人群中观察到肺癌死亡率升高）证明，三氧化二砷为 A 类人类致癌物质。人类致癌性数据充分，动物致癌性数据不足[11]。

人类健康效应

呼吸道、消化道和皮肤黏膜是人类暴露的主要途径。室外空气中的三氧化二砷多以颗粒物为载体被吸入肺部，饮用水、粮食、蔬菜中的三氧化二砷经消化道摄入后大部分在胃肠道吸收，经皮肤黏膜暴露相关报道较少，但被吸收的砷可贮存在皮肤角蛋白中。三氧化二砷对皮肤、眼睛和呼吸系统有明显的刺激作用[5]。

皮肤损害是三氧化二砷慢性中毒的特异性表现。在马来西亚锡冶炼厂中（共有 500 名员工）平均砷氧化物的暴露浓度范围为 0.005～0.014 mg/m³，有 11 名员工观察到皮肤炎，特征为色素沉着、毛囊炎和浅表性溃疡[12]。三氧化二砷是一种毛细血管毒物，可作用于血管壁使之麻痹、通透性增加，还可以损伤血管内膜使之变性、坏死、管腔狭窄、血栓形成。对瑞典 Ronnskar 铜冶炼厂平均工作 23 年的工人的横断面研究显示，冶炼厂工人暴露于 0.36 mg/m³ 的三氧化二砷可出现明显的雷诺现象，即以动脉痉挛和手指麻痹为特征的外周血管疾病，并在手指测试时显示出反应性寒冷的血管扩张（血管狭窄）[13]。

典型的末梢神经炎是三氧化二砷对神经系统损害的特异性指征之一。在长期服用含三氧化二砷药物的人群中观察到周围神经损伤[14]。在华盛顿塔科马的 Asarco 冶炼厂和瑞典的 Ronnskar 冶炼厂的铜冶炼工人的横断面研究中证明，暴露于三氧化二砷的工人都发生了周围神经损害[15]。

三氧化二砷有致癌作用。在1938—1963年暴露于三氧化二砷的8 047名白人男性冶炼工人的流行病学研究中，呼吸道癌、心脏病、肝硬化和结核病死亡率明显高于对照组[16]。暴露于空气中平均浓度为50 μg/m³三氧化二砷超过25年的人群中，呼吸道癌症发病率是对照组的三倍[17]。

三氧化二砷有致畸作用。在瑞典北部的 Ronnskar 铜冶炼厂的职业和环境暴露的研究中，与瑞典北部参考人群相比，暴露于三氧化二砷的冶炼厂女性自发性流产明显增加，而且出生的孩子先天性畸形率也显著增加，平均出生体重明显下降，此外工人们的外周淋巴细胞染色体畸变的频率显著增加；生活在冶炼厂附近的人群中同样发现了自然流产和儿童出生体重的降低[18]。

安全剂量

OSHA 标准：8小时加权平均容许浓度为10 μg/m³ [19]。

NIOSH 推荐浓度：推荐暴露限值为0.002 mg/m³ [20]。

参考文献

[1] Nat'l Research Council Canada. Effects of Arsenic in the Canadian Environ NRCC No.15391，1976：21.

[2] Spehar RL，Fiandt JT，Anderson RL，et al. Comparative toxicity of arsenic compounds and their accumulation in invertebrates and fish[J]. Arch Environ Contam Toxicol，1980，9（1）：53-63.

[3] Ambient Water Quality Criteria Doc：Arsenic p.B-26（1980） EPA 440/5-80-021.

[4] Holland AA, et al. State of Washington Dep Fish Res Bull No. 5 (1960).

[5] National Fire Protection Association. Fire Protection Guide to Hazardous Materials.12 ed.[M]. MA, Quincy, 1997: 23-49.

[6] American Conference of Governmental Industrial Hygienists, Inc. Documentation of the Threshold Limit Values and Biological Exposure Indices. 6th ed. Volumes Ⅰ, Ⅱ, Ⅲ. [M]. Cincinnati, ACGIH, 1991: 82.

[7] Lewis, R.J. Sax's Dangerous Properties of Industrial Materials. 9th ed. Volumes 1-3. [M]. New York: Van Nostrand Reinhold, 1996: 278.

[8] Gonzalez SG. Memorias Deli Simposium Internat de Laboratorios Veteiarios de Diagnosticos. Mexico 3: 551-560 (1977).

[9] V Bencko KN, Somora J. Histological picture of several organs after long-term peroral administration of arsenic to hairless mice[J]. Cs Hyg, 1968, 13: 344.

[10] Nagymajtenyi L, et al. J Appl Toxicol 5 (2): 61-3 (1985) L Nagymajtenyi AS. Chromosomal aberrations and fetotoxic effects of atmospheric arsenic exposure in mice[J]. J Appl Toxicol, 1985, 5 (2): 61-63.

[11] U.S. Environmental Protection Agency's Integrated Risk Information System (IRIS). Summary on Arsenic, Inorganic (7440-38-2).

[12] Chou, S. H, Harper, C, Ingerman, L. Toxicological Profile for Arsenic[M]. DHHS/ATSER U.S. Department of Health and Human Services, Public Health Service Agency for Toxic Substances and Disease Registry, 2000: 37.

[13] Chou, S. H, Harper, C, Ingerman, L. Toxicological Profile for Arsenic[M]. DHHS/ATSER U.S. Department of Health and Human Services, Public Health Service Agency for Toxic Substances and Disease Registry, 2000: 34.

[14] CH Tay CSS. Arsenic poisoning from anti - asthmatic herbal preparations[J]. Medical Journal of Australia, 1975, 2: 424.

[15] Chou, S. H, Harper, C, Ingerman, L. Toxicological Profile for Arsenic[M]. DHHS/ATSER U.S. Department of Health and Human Services, Public Health

Service Agency for Toxic Substances and Disease Registry, 2000: 40.

[16] Lee AM, Fraumeni JF Jr. Arsenic and respiratory cancer in man: an occupational study[J]. J Natl Cancer Inst, 1969, 42 (6): 1045-1052.

[17] WHO. Environ Health Criteria: Arsenic, 1981: 18-21.

[18] Chou, S. H, Harper, C, Ingerman, L. Toxicological Profile for Arsenic[M]. DHHS/ATSER U.S. Department of Health and Human Services, Public Health Service Agency for Toxic Substances and Disease Registry, 2000: 41.

[19] 29 CFR 1910.1018 (USDOL); U.S. National Archives and Records Administration's Electronic Code of Federal Regulations.

[20] NIOSH. NIOSH Pocket Guide to Chemical Hazards. DHHS(NIOSH) Publication No. 97-140. Washington, D.C. U.S. Government Printing Office, 1997: 20.

三氧化铬
Chromium trioxide

基本信息

化学名称：三氧化铬。

CAS 登录号：1333-82-0。

EC 编号：215-607-8。

分子式：CrO_3。

相对分子质量：99.99。

用途：用于电镀、制高纯金属铬、染料、合成橡胶及油脂精炼等，也可用于水中木料防腐剂的固色剂。

危害类别：具有致癌性。

结构式：

理化性质

物理状态：暗红色或暗紫色斜方结晶，易潮解。

熔点：196℃（101.3 kPa）。

沸点：2 672℃（101.3 kPa）。

相对密度：2.70（水=1）。

溶解性：溶于水、硫酸、硝酸。

环境行为

（1）降解性

三氧化铬不发生生物降解[1]。

（2）生物蓄积性

鲤鱼（Cyprinus carpio）在6周的时间内分别暴露于浓度为1 μg/L、5 μg/L、20 μg/L和100 μg/L（以铬为单位）的三氧化铬溶液中，其BCF值为4.6~72[2]，表明三氧化铬在水生生物中的生物蓄积性潜力为低至中等[2]。

生态毒理学

虹鳟鱼胚胎幼虫28 d-EC_{50}=190 μg/L[3]；金鱼胚胎幼虫7 d-EC_{50}=660 μg/L[3]；多毛虫 LC_{50}=4 300 μg/L[4]；水蚤 LC_{50}=0.016~0.7 ppm（六价铬）[5]；条纹鲶鱼 96 h-LC_{50}=61 670 μg/L[6]。

毒理学

（1）急性毒性

大鼠经口服暴露于三氧化铬 LD_{50}=135~177 mg/kg[7]；小鼠经口服 LD_{50}= 80~114 mg/kg[7]或127 mg/kg[8]，经腹腔注射 LD_{50}=14 mg/kg[8]。

动物暴露于邻苯二甲酸二丁酯、1,2-二氯苯、氯化镉和三氧化铬混合物后会发生肾脏结构和功能的改变。大鼠通过小剂量灌胃（每种化学物质给予 LD_{50}值的1/100和1/1 000），60天后停药，120天后实验结束，结果导致肾脏脂质过氧化物酶的抗氧化活性降低，然而，通过化学异构体混合物（HCM）治疗可以恢复大部分这些改变的参数；肾脏退行性改变包括近曲小管无刷状边缘、胞质鼓泡、胞核溶解和脱落，皮质肾小球也受上皮解体、足细胞核固缩和系膜细胞增生的影响。与高剂量组相比，低剂量组的形态学改变可完全恢复[9]。

(2) 亚慢性毒性

将小鼠暴露于含 1～2 mg/m³ 可溶性铬（即三氧化铬）的混合尘中，每周5天直至死亡（吸入三氧化铬总剂量为272～1 330 mg/h），未发现肺癌，实验持续了101周[10]，任何品系的肺腺瘤发生率均未超过对照组。

43只雌性C57B1小鼠（年龄未定）吸入铬酸（85%粒子＞5 μm）烟雾，铬浓度为1.81 mg/m³，每周2次，每次120分钟，共处死23只小鼠，其余20只在最后一次暴露6个月后处死。分别于12个月和18个月处死的3/23和3/20只小鼠中，0/23和6/20发生鼻乳头状瘤，在18个月死亡组中，1只小鼠出现了单一的肺腺瘤，20只未予治疗的对照组小鼠中均未见鼻炎症改变或肺肿瘤[10]。

(3) 发育与生殖毒性

金黄地鼠在怀孕第8天按体重接受静脉注射，三氧化铬剂量分别为 0.5 mg/kg、7.5 mg/kg、10 mg/kg 和15 mg/kg。15 mg/kg 剂量对3/4母鼠具有致死性，吸收率随剂量增加而增加（7.5 mg/kg 剂量组为29%，10 mg/kg 剂量组为41%，对照组为2%），畸形率（腭裂，7.5 mg/kg 和10 mg/kg 剂量组为85%）也有所增加。随着剂量的增加，有31%（7.5 mg/kg 剂量组）和49%（10 mg/kg 剂量组）的胎仔发育迟缓[11]。

比较了1株非近交系菌株（LVG）和5株近交系菌株（CB、LHC、LSH、MHA、PD4）对三氧化铬诱导的仓鼠胚胎毒性的影响。妊娠第8天给孕仓鼠静脉注射单剂量三氧化铬（8 mg/kg），胚胎毒性作用包括明显的吸收、外部异常、腭裂和脑积水。MHA、LSH 和 LVG 菌株敏感，而 CB、LHC 和 PD4 菌株对三氧化铬诱导的胚胎毒性具有抗性[12]。

三氧化铬能引起哺乳动物细胞的高水平染色体畸变。在24～48小时的处理时间内，畸变率随剂量的增加而增加，表明畸变时间依赖于化合物的遗传毒性[12]。

（4）致癌性

在人类中有足够的证据证明六价铬化合物具有致癌性，并会引起肺癌。暴露于六价铬化合物与鼻窦癌之间也有联系。在实验动物中也有足够的证据证明六价铬化合物的致癌性。总体而言，六价铬化合物对人类致癌（A类）[11]。

人类健康效应

三氧化铬的慢性工业暴露会导致严重的肝脏和中枢神经系统损伤，可能导致肺癌发生。三氧化铬的过敏反应常见，误食后可导致强烈的肠胃炎、休克和毒性肾炎，还会引起局部烧伤[11]。在人类中有足够的证据证明六价铬化合物具有致癌性，会引起肺癌，与鼻和鼻窦癌之间也有正相关联系。

参考文献

[1] U.S. Coast Guard，Department of Transportation. CHRIS-Hazardous Chemical Data. Volume II[M]. Washington D.C. U.S. Government Printing Office，1984：5.

[2] NITE. Chemical Risk Information Platform（CHRIP）. Biodegradation and Bioconcentration. Tokyo，Japan：Natl Inst Tech Eval. http：//www.safe.nite.go.jp/ english/db.html.

[3] USEPA. Ambient Water Quality Criteria Doc：Chromium [S].1984.p.59 .EPA 440/5-84-029.

[4] REISH D J，CARR R S. Mar Pollut Bull 9：24（1978）；Ambient Water Quality Criteria Doc：Chromium[S] .1984.p.35. EPA 440/5-84-029.

[5] Nat'l Research Council Canada；Effects of Chromium in the Canadian Envir，1976：15.

[6] SIVAKUMAR S，et al. Nat. Environ Pollut Technol，2006，5（3）：381-388.https：//cfpub. epa.gov/ecotox/quick_query.htm.

[7] KOBAYASHI H. Tokyo Toritsu Eisei Kenkyusho Kenkyu Nempo，1976，27：119-123.

[8] LEWIS, R.J. Sr. (ed) Sax's Dangerous Properties of Industrial Materials. 11th Edition[M]. Wiley-Interscience, Wiley & Sons, Inc. Hoboken, NJ, 2004: 921.

[9] MORYA K, VACHHRAJANI K D. Impairment of renal structure and function following heterogeneous chemical mixture exposure in rats[J]. Indian J Exp Biol, 2014, 52 (4): 332-343.

[10] IARC. Monographs on the Evaluation of the Carcinogenic Risk of Chemicals to Humans. Geneva: World Health Organization, International Agency for Research on Cancer, 1972.

[11] GALE T F. The embryotoxic response to maternal chromium trioxide exposure in different strains of hamsters[J]. Environ Res, 1982, 29 (1): 196-203.

[12] UMEDA M, NISHIMURA M. Inducibility of chromosomal aberrations by metal compounds in cultured mammalian cells[J]. Mutat Res, 1979, 67 (3): 221-229.

砷酸
Arsenic acid

基本信息

化学名称：砷酸。

CAS 登录号：7778-39-4。

EC 编号：231-901-9。

分子式：H_3AsO_4。

相对分子质量：141.944。

用途：用于制造有机颜料，制备无机盐或有机砷酸盐，也用于制造杀虫剂、玻璃，并用于制药等。

危害类别：具有致癌性。

结构式：

$$\text{HO}-\underset{\underset{\text{OH}}{|}}{\overset{\overset{\text{O}}{\|}}{\text{As}}}-\text{OH}$$

理化性质

物理状态：白色半透明晶体[1]，可以缓慢腐蚀低碳钢[2]，仅以半水合物的形式存在[3]，加热超过160℃时释放水，形成五氧化二砷[4]。

熔点：35℃。

沸点：160℃（半水合物）[5]。

密度：2.2 g/m³。
溶解性：溶于水、乙醇、碱液、甘油。
pH 值：弱酸性质[6]。
水溶解度：302 g/100 mL。

环境行为

（1）环境持久性

砷酸在所有气候条件下不易降解[7]。

（2）环境存在形式

淡水中2/3的砷以砷酸盐形式存在[8]。

毒理学

（1）急性毒性

兔子经口暴露于砷酸 LD_{50}=48 mg/kg[9]；经静脉注射 LD_{50}=8 mg/kg[10]。

（2）神经毒性

用透射电镜观察砷酸对小鼠背根神经节的影响，在用砷浓度为10^{-7}～10^{-3} mol/L 培养基孵育成熟小鼠背根神经节三天后，再用＞10^{-6} mol/L 的砷处理神经节，观察到最早的超微结构改变为高尔基体明显肿胀，其次是神经元胞体肿胀和内质网功能紊乱。

（3）发育与生殖毒性

大鼠于孕9天时注射30 mg/kg砷酸，处理4小时后在显微镜下可见胚胎神经元和中胚层细胞坏死，6小时后细胞坏死蔓延至神经外胚层和中胚层。染毒12小时内，在神经外胚层和中胚层中可见异常细胞通过内生性网膜细胞、核内形成异常间期细胞以及胚乳网和核膜扩张而排出。24小时后，神经发育停止，V型神经折叠并保持，体节的形成推迟[11]。

人类健康效应

砷及其化合物对体内酶蛋白巯基有特殊亲和力。大量吸入砷化合物可致咳嗽、胸痛、呼吸困难、头痛、眩晕、全身衰弱、烦躁、痉挛和昏迷,可有消化道不适症状,重者可致死。口服致急性胃肠炎、休克、周围神经病、贫血及中毒性肝病、心肌炎等,可因呼吸中枢麻痹而致死亡。长期接触较高浓度的砷化合物粉尘可发生慢性中毒,主要表现为神经衰弱综合征、皮肤损害、多发性神经病、肝损害,还可致鼻炎、鼻中隔穿孔、支气管炎。

砷和砷的无机化合物被列为确认的人类致癌物[12],通过吸入途径暴露的人群肺癌死亡率增加。此外,饮用水中含有大量无机砷的人群中,多种内脏器官癌症(肝、肾、肺和膀胱)的发生率增加,皮肤癌的发病率增加,人类致癌性数据充分[13]。

参考文献

[1] WEAST RC. Handbook of Chemistry and Physics. 68th ed[M]. Boca Raton:CRC Press Inc,1988:B-73.

[2] WEED SCIENCE SOCIETY OF AMERICA. Herbicide Handbook. 5th ed[M]. Champaign:Weed Science Society of America,1983:26.

[3] BUDAVARI S. The Merck Index - An Encyclopedia of Chemicals,Drugs,and Biologicals[M]. Whitehouse Station:Merck and Co Inc,1996:135.

[4] ASHFORD RD. Ashford's Dictionary of Industrial Chemicals[M]. London:Wavelength Publications,1994:95.

[5] LEWIS RJ. Hawley's Condensed Chemical Dictionary. 13th ed[M]. New York:John Wiley & Sons,1997:93.

[6] SPENCER EY. Guide to the Chemicals Used in Crop Protection. 7th ed[M]. Ottawa:Research Institute,Agriculture Canada,1982:21.

[7] WEED SCIENCE SOCIETY OF AMERICA. Herbicide Handbook. 4th ed[M]. Champaign: Weed Science Society of America, 1979: 29.

[8] CRECELIUS EA. The geochemical cycle of arsenic in Lake Washington and its relation to other elements[J]. Limnology and Oceanography, 1975, 20 (3): 441.

[9] LEWIS RJ. Sax's Dangerous Properties of Industrial Materials. 9th ed. Volumes 1-3[M]. New York: Van Nostrand Reinhold, 1996: 271.

[10] INTERNATIONAL LABOUR OFFICE. Encyclopedia of Occupational Health and Safety. Vols. Ⅰ & Ⅱ [M]. Geneva: International Labour Office, 1983: 180.

[11] TAKEUCHI IK. Embryotoxicity of arsenic acid: light and electron microscopy of its effect on neurulation-stage rat embryo[J]. The Journal of Toxicological Sciences, 1979, 4: 405.

[12] USEPA Office of Pesticide Programs, Health Effects Division, Science Information Management Branch: "Chemicals Evaluated for Carcinogenic Potential", 2006.

[13] U.S. Environmental Protection Agency's Integrated Risk Information System (IRIS). Summary on Arsenic, Inorganic (7440-38-2): 2000, http: //www.epa.gov/iris/.

砷酸钙
Calcium arsenate

基本信息

化学名称：砷酸钙。

CAS 登录号：7778-44-1。

EC 编号：231-904-5。

分子式：$Ca_3(AsO_4)_2$。

相对分子质量：398.072。

用途：用作杀虫剂、灭螺剂、杀菌剂等。

危害类别：具有致癌性。

结构式：

$$\begin{array}{c} O^- \\ \| \\ O=As-O^- \quad Ca^{2+} \\ | \\ O^- \\ \\ Ca^{2+} \\ \\ O^- \\ | \\ O=As-O^- \quad Ca^{2+} \\ | \\ O^- \end{array}$$

理化性质

物理状态：白色粉末[1]，无味[2]，加热会分解[3]。

腐蚀性：对金属有轻微腐蚀作用[4]。

蒸气压：0 Pa（20℃）[2]。

密度：3.620 g/m³。

水溶解度：0.013 g/100 mL 水（25℃）[5]。

溶解性：微溶于水，溶于稀酸，不溶于有机溶剂。

环境行为

无机砷化合物（如砷酸钙）已作为土壤消毒剂使用了多年，是最持久的土壤消毒剂[6]。施用500 mg/kg的砷酸钙可提高玉米和棉花的产量，施用196 mg/kg的砷酸钙会降低棉花的产量，施用246～371 mg/kg的砷酸钙会降低燕麦的产量[7]。用100～200 mg/kg的砷酸钙处理一年，然后再用25～50 mg/kg的砷酸钙处理土壤两年，没有造成草皮损失，但在绿弯草上观察到一些毒性症状。在未指明类型的土壤中施用295 mg/kg的砷酸钙可提高黑麦的产量，施用368 mg/kg的砷酸钙可使黑麦增产64%，施用2 950 mg/kg的砷酸钙可使产量增加64%。在未指明类型的土壤中施用500 mg/kg的砷酸钙可提高大豆产量[7]。土壤中的砷酸盐残留物有以下5种形式：水溶性形态、铁、铝、钙和不可萃取的砷酸盐[8]。

毒理学

（1）急性毒性

大鼠经口暴露于砷酸钙 LD_{50}=20 mg/kg[9]，小鼠经口 LD_{50}=794 mg/kg[9]，大鼠经皮 LD_{50}=2 400 mg/kg，犬经口 LD_{50}=38 mg/kg[9]。

（2）致癌性

将含有30%砷酸钙的石蜡颗粒（250 mg）皮下植入到60只雄性大鼠中，或将100 mg 砷酸钙溶于1.5 mL 向日葵油并注射到50只大鼠中，2.5年后均未产生肿瘤[10]。大鼠气管内灌注砷酸钙后肺癌发生率增加[11]。雄性叙利亚金黄地鼠每周一次气管内滴注三氧化二砷、砷酸钙或三硫化二砷，共15周，砷总剂量为3.75 mg，60%的金黄地鼠给予三氧化二砷，90%给予砷酸钙，77%给予三硫化二砷，导致死亡的主要原因是砷中毒引起的肺炎。三氧化二砷组和三硫化二砷组肿瘤发生率与对照组相比无显著差异，但砷酸钙组肿瘤发生率显著高于对照组[12]。对雄性叙利亚金黄地鼠进行15次气管内注射，每周剂量约3 mg/kg，发现其中28只动物经三硫化二砷处理后出现1例肺腺瘤，35只动物经砷酸钙处理后出现4例腺瘤，26只动物（0.9%生理盐水）未见腺瘤[13]。

人类健康效应

砷和砷无机化合物被列为确认的人类致癌物[14]。人群吸入暴露后，肺癌发生率增加。此外，饮用水中含大量无机砷的人群中，多种内脏器官癌症（肝、肾、肺和膀胱）的发生率增加，皮肤癌的发病率增加，人类致癌性数据充分[15]。

参考文献

[1] LIDE DR. CRC Handbook of Chemistry and Physics. 81st Edition[M]. Boca Raton：CRC Press LLC，2000：4-99.

[2] NIOSH. NIOSH Pocket Guide to Chemical Hazards[M]. Washington DC：DHHS（NIOSH），Government Printing Office，1997：46.

[3] LEWIS RJ. Hawley's Condensed Chemical Dictionary. 13th ed[M]. New York：John Wiley & Sons，Inc，1997：193.

[4] HARTLEY D，KIDD H. The Agrochemicals Handbook[M]. Old Woking，Surrey，United Kingdom：Royal Society of Chemistry/Unwin Brothers Ltd，1983：52.

[5] WEAST RC. Handbook of Chemistry and Physics. 68th ed[M]. Boca Raton：CRC Press Inc，1988：7981.

[6] WHITE-STEVENS R. Pesticides in the Environment：Volume 1，Part 1，Part 2[M].

New York: Marcel Dekker, Inc, 1971: 34.

[7] NRCC. Effects of Arsenic in the Canadian Environment[M]. Nat'l Research Council Canada, 1978: 121.

[8] WILEY. Kirk-Othmer Encyclopedia of Chemical Technology, Volumes 1-26. 3rd ed[M]. New York: John Wiley and Sons, 1978-1984: 21.

[9] LEWIS RJ. Sax's Dangerous Properties of Industrial Materials. 9th ed. Volumes 1-3[M]. New York: Van Nostrand Reinhold, 1990: 271.

[10] IARC. Monographs on the Evaluation of the Carcinogenic Risk of Chemicals to Humans. Geneva: World Health Organization, International Agency for Research on Cancer, 1972-PRESENT. (Multivolume work): 1980, http: //monographs.iarc.fr/ENG/Classification/index.php.

[11] IVANKOVIC S, EISENBRAND G, PREUSSMANN R. Lung carcinoma induction in BD rats after a single intratracheal instillation of an arsenic‐containing pesticide mixture formerly used in vineyards[J]. International Journal of Cancer, 1979, 24: 786.

[12] YAMAMOTO A, HISANAGA A, ISHINISHI N. Tumorigenioty of inorganic arsenic compounds following intratracheal instillations to the lungs of hamsters[J]. International Journal of Cancer, 1987, 40 (2): 220-223.

[13] PERSHAGEN G, BJORKLUND NE. On the pulmonary tumorigenicity of arsenic trisulfide and calcium arsenate in hamsters[J]. Cancer Letters, 1985, 27 (1): 99-104.

[14] USEPA Office of Pesticide Programs, Health Effects Division, Science Information Management Branch: "Chemicals Evaluated for Carcinogenic Potential" (April 2006).

[15] U.S. Environmental Protection Agency's Integrated Risk Information System (IRIS). Summary on Arsenic, Inorganic (7440-38-2). Available from, as of March 15, 2000, http: //www.epa.gov/iris/.

砷酸铅
Trilead Diarsenate

基本信息

化学名称：砷酸铅。

CAS 登录号：3687-31-8。

EC 编号：222-979-5。

分子式：$Pb_3(AsO_4)_2$。

相对分子质量：349.143。

用途：大量用于制取其他砷化合物。

危害类别：具有致癌性和生殖毒性。

理化性质

物理状态：白色晶体，不纯的工业品呈粉红色。

熔点：1 042℃（分解）。

密度：7.80 g/cm^3。

水溶解度：微溶于水，溶于硝酸。

毒理学

（1）急性毒性

大鼠经口暴露于砷酸铅 LD_{50}=100 mg/kg。大鼠经口染毒100 mg/kg 时出现痉挛性瘫痪或感觉丧失（周围神经毒性）、嗜睡、脱水，小鼠经口染毒 1 mg/kg 时出现嗜睡、肌无力和呼吸抑制等症状。

（2）亚慢性毒性

铅对所有动物都有毒性作用，特别是会使神经系统、血液、血管发生改变，对蛋白代谢、细胞能量平衡及细胞的遗传系统有较大的影响。

人类健康效应

砷酸铅同时具有铅和砷的毒性，但通常以砷的毒作用表现更为突出。急性中毒表现为恶心、呕吐、腹痛、腹泻、肌肉痉挛、兴奋、定向力障碍等，皮肤接触可引起接触性皮炎。慢性影响表现为厌食、体重减轻、全身无力、面色苍白、腹痛，可能发生肝、肾损害及鼻中隔穿孔，长期皮肤接触可引起弥漫性色素沉着及手、脚掌皮肤过度角化。

砷酸氢铅
Lead Hydrogen Arsenate

基本信息

化学名称：砷酸氢铅。

CAS 登录号：7784-40-9。

EC 编号：232-064-2。

分子式：$AsHO_4Pb$。

相对分子质量：347.1。

用途：曾用作杀虫剂。

危害类型：具有致癌性和生殖毒性。

结构式：

$$\text{HO}-\underset{\underset{\text{O}^-}{\|}}{\overset{\overset{\text{O}}{\|}}{\text{As}}}-\text{O}^- \quad Pb^{12}$$

理化性质

熔点：720℃（101.3kP）。

水溶解度：不溶于水。

环境行为

（1）生物蓄积性

砷酸氢铅有生物蓄积性。

生态毒理学

在水环境中，砷酸氢铅对水生生物有极高毒性，可能对水生环境造成长期不良影响。

毒理学

（1）发育与生殖毒性

砷酸氢铅可能会对未出生的孩子造成伤害，可能有生育能力受损的风险。

（2）致癌性

砷酸氢铅可能会有致癌性。

人类健康效应

人类应避免接触砷酸氢铅，也应避免将其释放到环境中。若要使用砷酸氢铅，应得到许可。

十溴联苯醚
Decabromodiphenyl ether

基本信息

化学名称：十溴联苯醚。

CAS 登录号：1163-19-5。

EC 编号：214-604-9。

分子式：$C_{12}Br_{10}O$。

相对分子质量：959.167。

用途：用作高效添加型阻燃剂。

危害类别：具有持续生物蓄积毒性。

结构式：

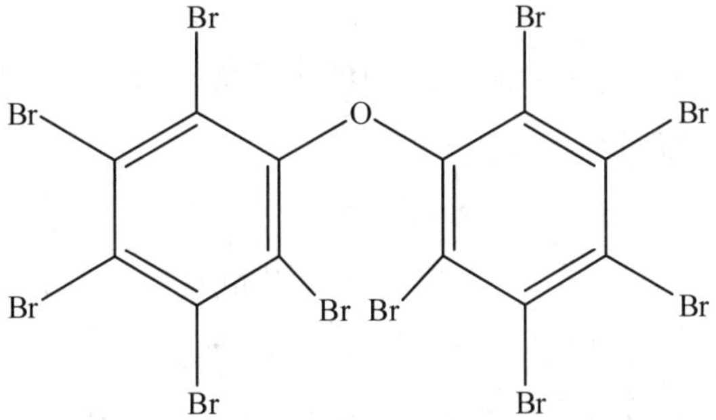

理化性质

物理状态：白色或淡黄色粉末，无味。

熔点：305℃。

沸点：425℃。

蒸气压：6.96×10^{-11} mmHg（25℃）。

密度：3.4 g/m^3。

水溶解度：<1.0×10^{-4} mg/L（25℃）。

辛醇-水分配系数：log K_{ow} = 9.97。

环境行为

（1）降解性

分别用河水和海水中的活性污泥处理十溴联苯醚，3天后可分别降解27%和4%，说明十溴联苯醚是中等至不易降解物质。在厌氧的活性污泥中，十溴联苯醚的生物半衰期为700天[1]。在多数条件下，十溴联苯醚可以发生光解，光解产物包括低溴联苯醚同族元素[2]。

（2）生物蓄积性

幼年湖鳟鱼用十溴联苯醚处理56天后，其BCF值<1[3]。根据分类标准，提示十溴联苯醚在水生生物中的蓄积性很低。

（3）吸附解析

十溴联苯醚的K_{oc}预测值为2.8×10^5[4]。根据分类标准，十溴联苯醚在土壤中是不易发生移动的。

（4）挥发性

基于片段常数估计方法，十溴联苯醚的亨利定律常数预测值为1.2×10^{-8} atm·m^3/mol，提示十溴联苯醚不会从水面挥发[5]，也不会从潮湿土壤表面挥发。基于蒸气压6.96×10^{-11} mmHg，十溴联苯醚不会从干燥的土壤表面挥发[6]。

生态毒理学

成熟蚯蚓在滤纸环境下LC$_{50}$>1 000 μg/cm^2[7]，青鳟鱼48 h-LC$_{50}$>500 mg/L[8]。

毒理学

(1) 急性毒性

十溴联苯醚对眼睛有轻微的刺激作用,对皮肤无刺激作用。经皮肤给予家兔200 mg/kg 或 2 000 mg/kg 十溴联苯醚后,具有较低的急性毒性。

(2) 亚慢性毒性

经口暴露于十溴联苯醚会引起动物肝脏的变化。经口分别给予雄性大鼠 8 mg/kg、80 mg/kg、800 mg/kg 十溴联苯醚 30 天后,其中 80 mg/kg 和 800 mg/kg 剂量组大鼠的肝脏重量增加,并伴随肝中心细胞质增大和空泡化[9]。

(3) 生殖和发育毒性

在妊娠期 0~19 天经口分别给予雌性大鼠(每组 25 只) 0 mg/kg、100 mg/kg、300 mg/kg 和 1 000 mg/kg 十溴联苯醚,观察胎鼠出生率、死亡率及损害情况,母代观察体重、体重增加和食物消耗率,到妊娠第 20 天处死胎鼠进行研究。在母代中,对照组和处理组之间没有发现体重或食物消耗增加等现象;胎鼠中,只在 1 000 mg/kg 剂量组观察到胚胎吸收数量的增加,其他现象在实验组和对照组中无明显差异[10]。

(4) 致突变性

十溴联苯醚不具有致突变性。在大多数 Ames 试验中,十溴联苯醚诱导鼠伤寒沙门氏菌的基因突变为阴性[9]。

人类健康效应

十溴联苯醚作为阻燃剂主要应用于塑料和纺织品工业。人类接触十溴联苯醚不会发生皮肤过敏。职业暴露于多溴联苯和多溴联苯醚 6 周以上的工人,其原发性甲状腺功能减退症的发病率增高。另外,长期接触十溴联苯醚也会影响人卵泡刺激素的浓度。

参考文献

[1] GERECKE A C, GIGER W, HARTMANN P C, et al. Anaerobic degradation of brominated flame retardants in sewage sludge[J].Chemosphere, 2006, 64: 311-317.

[2] European Chemical Agency. European Union Risk Assessment Report, Bis (pentabromophenyl)ether(1163-19-5): 2015. http: //echa.europa.eu/documents/10162/ da9bc4c4-8e5b-4562-964c-5b4cf59d2432.

[3] ECHA. Search for Chemicals. Bis (pentabromophenyl) ether (CAS 1163-19-5) Registered Substances Dossier: 2015. http: //echa.europa.eu/.

[4] USEPA.Estimation Program Interface (EPI) Suite: 2015. http: //www.epa.gov/ oppt/exposure/pubs/episuitedl.htm.

[5] LYMAN W J. Handbook of Chemical Property Estimation Methods[M]. Washington DC: Amer Chem Soc, 1990.

[6] LORBER M, CLEVERLY D. In An Exposure Assessment of Polybrominated Diphenyl Ethers. EPA/600/R-08/086F. National Center for Environmental Assessment (NCEA): 2015. http: //cfpub.epa.gov/ncea/cfm/recordisplay.cfm? deid=210404.

[7] MCKELVIE J R. Environ Pollut 159(12): 3620-3626(2011) as cited in the ECOTOX database: 2015. http: //cfpub.epa.gov/ecotox/quick_query.htm.

[8] European Chemicals Bureau.European Union Risk Assessment Report, Bis (pentabromophenyl) ether (1163-19-5): 2008. http: //esis.jrc.ec.europa.eu/.

[9] National Academies of Science/Commission on Life Sciences. Toxicological Risks of Selected Flame-Retardant Chemicals: 2008. http: //books.nap.edu/openbook.php? record_id=9841&page=84.

[10] USEPA.TOXICOLOGICAL REVIEW OF DECABROMODIPHENYL ETHER (BDE-209) (CAS No. 1163-19-5) In Support of Summary Information on the Integrated Risk Information System (IRIS): 2008. http: //www.epa.gov/ncea/iris/subst/0035.htm.

# 双三丁基氧化锡
Bis(tributyltin)oxide(TBTO)

基本信息

化学名称：双三丁基氧化锡。

CAS 登录号：56-35-9。

EC 编号：200-268-0。

分子式：$C_{24}H_{54}OSn_2$。

相对分子质量：596.11。

用途：用于杀虫剂、涂料中的杀真菌剂。

危害类别：具有难分解性、持续生物蓄积毒性及生殖毒性。

结构式：

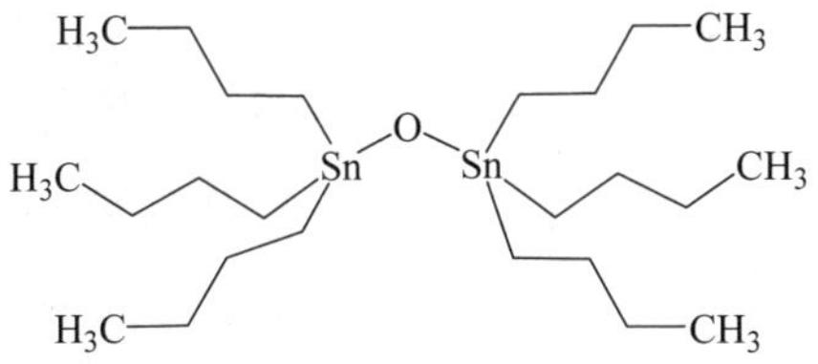

理化性质

物理状态：常温下是一种无色或淡黄色油状液体，略带气味。

熔点：45℃。

沸点：180℃（2 mmHg）。

蒸气压：<1 mmHg（20℃）。

密度：1.17 g/cm^3（25℃）。

水溶解度：4 mg/L（20℃，pH 值7.0）。
辛醇-水分配系数：log K_{ow} = 3.84。

环境行为

(1) 降解性

双三丁基氧化锡在土壤中易于生物降解，半衰期为15～20周[1]。根据大气中半挥发性有机化合物的气体/颗粒分配模型[2]，由片段常数法[3]得知，在25℃下估计蒸气压为$7.8×10^{-6}$ mmHg的双三丁基氧化锡将存在于环境大气中的蒸气和微粒相中。气相双三丁基氧化锡通过与光化学反应介导的羟基反应在大气中降解，在空气中这种反应的半衰期约为1.5小时，根据构成估算方法[4]确定其在25℃下的速率常数为$85×10^{-12}$ cm^3/（mol·s），可以通过干湿沉降从空气中去除颗粒相双三丁基氧化锡。目前尚未发现关于双三丁基氧化锡在空气中光降解的实验研究，但已观察到存在于水溶液中的双三丁基锡物质在阳光下缓慢光降解，因此估计其可能在土壤表面缓慢地进行光降解[5]，但不会从近地表的土壤中挥发[6]。

(2) 生物蓄积性

目前尚无关于环境中双三丁基氧化锡蓄积的数据，唯一有的是在不考虑伴随的阴离子和浓度特性的情况下对三丁基锡（Bu$_3$Sn$^+$）以锡当量报告的监测数据[8]。1982—1984年，对从加拿大地表水中收集的水生生物样品进行检测并量化时也观察到了三丁基锡。双三丁基氧化锡在生物体内积累，在肝脏和肾脏中发现的浓度最高。基于 log K_{ow} = 3.84，根据分类标准，提示双三丁基氧化锡在水生生物中具有潜在的生物蓄积性。

(3) 土壤吸附/迁移

基于分类方案[7]，双三丁基氧化锡的 K_{oc} 值为90 800，表明其如预计的那样可以吸附于悬浮固体和沉积物上。在土壤模拟实验中观察到，从用化合物处理的木材中释放的双三丁基氧化锡的迁移＞10 cm，其中86%的化合物位于木材5 cm 深度内，在任何10 cm 以下的地层以及微观的地下水中都没有发现该化合物。这些数据表明，双三丁基氧化锡可紧密结合于土壤和沉积物中，在土壤中的迁移率很低，但是对悬浮颗粒物和腐殖质的吸附可能要弱得多。

（4）挥发性

基于蒸气压值和水溶解度，双三丁基氧化锡的亨利定律常数预测值为 $1.3×10^{-7}$ atm·m³/mol，提示双三丁基氧化锡在水面基本上是非挥发性的[5]。2 mg/L 的双三丁基氧化锡水溶液62天后未观察到其挥发[7]。

（5）水溶性

双三丁基氧化锡若被释放到水中，则预期主要作为三丁基锡阳离子存在，它可能与存在于沉积物中的硫化物反应，导致双三丁基锡硫化物形成[8]。双三丁基氧化锡不溶于水，可溶于普通有机溶剂。

生态毒理学

在流水式、24℃、溶解氧7.5 mg/L、硬度51.5 mg/L、碱度41.1 mg/L 和pH 值7.5的条件下，黑头呆鱼96 h-LC_{50} = 2.7 μg/L（95% CI: 2.4～3.0 mg/L）。

毒理学

（1）发育与生殖毒性

在小鼠妊娠第6～15天内，每天用5 mg/kg、20 mg/kg 和40 mg/kg 的双三丁基氧化锡处理，并在妊娠第17天处死。最高剂量可引起母体孕期体重的显著降低，并被证明具有高度胚胎毒性。尸体解剖显示，脾脏重量与双三丁基氧化锡剂量相关，呈现降低趋势，而胎盘重量依赖于剂量呈现上升趋势。

用新西兰白兔研究双三丁基氧化锡对母体、胚胎的毒性和致畸作用，将双三丁基氧化锡通过管饲法在新西兰白兔妊娠第6～18天每天分别按0 mg/kg、0.2 mg/kg、1 mg/kg 和2.5 mg/kg 的剂量给予一次玉米油。以应用玉米油的20只雌兔作为对照，另有20只兔子应用于每个剂量水平。这些兔子被人工授精并立即用人绒毛膜促性腺激素进行静脉注射，以确保其排卵。除1 mg/kg 剂量组外，所有被处理的兔子在实验终止后均存活至妊娠第29天。在给药期间，共有12只兔子流产，其中对照组有3例，0.2 mg/kg 剂量组有1例，1 mg/kg 剂量组有1例，2.5 mg/kg 剂量组有7例。对同一天死亡的母兔立即进行尸检，在最高剂量组中发生的人工流产被认为是双三丁基氧化锡处理的结果。在妊娠第6天和第18天（实际给药期间），与对照组相比，雌性平均体重减轻，2.5 mg/kg 剂量组有统计学意义。0.2 mg/kg 和1.0 mg/kg 剂量组在胎儿的生长或存活方面未发现明显影响。2.5 mg/kg 剂量组平均胎儿重量轻微（统计学上无显著差异）降低，可能代表有轻微的胚胎毒性。与双三丁基氧化锡处理相关的胎儿畸形的类型或频率没有差异，说明双三丁基氧化锡不具有致畸性。母兔的尸检结果表明，双三丁基氧化锡处理后各脏器无显著变化，母体毒性和胚胎毒性的 NOEL 为1 mg/kg。

（2）急性毒性

大鼠经口服暴露于双三丁基氧化锡 LD_{50}=87 mg/kg；小鼠经口服 LD_{50}=55 mg/kg。兔子眼睛24小时接触0.05 mg 双三丁基氧化锡会产生刺激反应。

（3）致癌性

在最高剂量下进行的大鼠生物测定显示，良性垂体瘤、嗜铬细胞瘤和甲状旁腺肿瘤有所增加，但小鼠的生物测定并未发现任何部位出现肿瘤。目前没有足够的证据表明双三丁基氧化锡是致癌物质。

人类健康效应

皮肤、眼睛和吸入是双三丁基氧化锡暴露的主要途径。该化合物吞食有毒，人类可能通过摄入被污染的鱼类和其他可食用的水生生物而中毒。大多数事件与刺激反应有关，短期暴露于浓度0.2 mg/m^3以上的有机锡将产生急性健康影响，如头痛和上呼吸道刺激[9]。在硫化过程中使用双三丁基氧化锡的橡胶工厂中，有70%的工人表现出上呼吸道和/或眼睛的不适，在制造过程中意外接触的双三丁基氧化锡如长时间保留在皮肤上会出现皮炎。

参考文献

[1] BARUG D, VONK JW. Studies on the degradation of bis（tributyltin） oxide in soil[J]. Japan：Pestic Sci，1980：77-82.

[2] BIDLEMAN TF. SO_2 Oxidation Efficiency Patterns during an Episode of Plume Transport over Northeast India：Implications to an OH Minimum[J]. USA：Environ Sci Technol，1988：361-367.

[3] LYMAN WJ. Environmental Exposure From Chemicals[M]. Boca Raton：CRC Press，1985：31.

[4] MEYLAN WM，HOWARD PH. Computer estimation of the atmospheric gas-phase reaction rate of organic compounds with hydroxyl radicals and ozone [J]. England：Chemosphere，1993：93-99.

[5] MAGUIRE RJ，TKACZ RJ. Degradation of the tri-n-butyltin species in water and sediment from Toronto Harbor[J]. USA：J Agric Food Chem，1985：47-53.

[6] LYMAN WJ，REEHL W，ROSENBLATT D. Handbook of Chemical Property Estimation Methods[M]. New York：New York McGraw-Hill，1982.

[7] SWANN RL，LASKOWSKI DA，MCCALL PJ，et al.A rapid method for the estimation of the environmental parameters octanol/water partition coefficient，soil sorption constant，water to air ratio，and water solubility[J]. Residue Reviews，1983，85：17-28.

[8] BLUNDEN SJ，CHAPMAN A. Organometallic Compound in the Environment[J]. Craig PJ：John Wiley and Sons，1986：111-159.

[9] ACGIH. Documentation of the Threshold Limit Values and Biological Exposure Indices. 6th ed [M]. Cincinnati：American Conference of Governmental Industrial Hygienists，1991：1557.

四氧化三铅
Lead tetroxide; Orange lead

基本信息

化学名称：四氧化三铅。

CAS 登录号：1314-41-6。

EC 编号：215-235-6。

分子式：Pb_3O_4。

相对分子质量：685.60。

用途：在玻搪工业中用于搪瓷和光学玻璃的制造，在电子工业中用于制造压电元件，在机械工业中用于金属研磨，在有机化学工业中用于制造染料及其他有机合成氧化剂，在医药工业中用于制造软膏、硬膏等；还用作分析试剂、油漆颜料和玻璃原料的无机红色颜料，用于制蓄电池、玻璃、陶器、陶瓷，并用作防锈颜料和铁器的保护面层，以及染料和其他有机合成的氧化剂。

危害类别：具有致癌性，根据对人类研究的现有证据及实验动物研究中较多的致癌性证据认为，四氧化三铅是潜在的人类致癌物。IARC致癌性评论其为2A类，即人类可能致癌物。

结构式：

理化性质

物理状态：鲜橘红色粉末或块状固体。

熔点：＞500℃（101.3 kPa）。

沸点：500～530℃（分解）。

热容量：155 J/（mol·K）（27℃）。

相对密度（水=1）：9.1 g/cm^3。

溶解性：不溶于水，溶于热碱液、稀硝酸、乙酸、盐酸。

环境行为

（1）降解性

由于溶解度较低，四氧化三铅不能在土壤中浸出。在土壤中，铅可转化为更多的不溶形式，如 $PbSO_4$、$Pb_3(PO_4)_2$、PbS 和 PbO[1]。四氧化三铅能与有机物质和黏土矿物形成复合物，从而限制其迁移性。

（2）吸附解析

如果被释放到水中，四氧化三铅会因其溶解度低而沉淀。在溶解状态下可形成配体，主要的配体与其他阴离子和有机物质不同。与天然水系统中的其他无机铅化合物相似[2]，四氧化三铅可能被吸附在悬浮的有机或无机胶体上。

（3）挥发性

20℃时，四氧化三铅的蒸发可以忽略不计[3]。

毒理学

（1）急性毒性

四氧化三铅的急性暴露会产生肝和肾损害。大鼠经腹腔注射暴露于四氧化三铅 LD_{50}=630 mg/kg[8]；几内亚猪经腹腔注射 LD_{50}=220 mg/kg[4]。

（2）致癌性

对于人体，无机铅化合物的致癌性证据有限，但在实验动物中有较多证据证明无机铅化合物的致癌性，如醋酸铅、铅铬酸铅和铅磷酸盐的致癌性，但氧化铅、砷酸铅和铅粉的致癌性证据不足。因而，总体评价无机铅化合物可能对人体具有致癌性（2A 类）[5]，分类依据为充足的动物证据。10只大鼠和1只小鼠的生物测试实验显示，在饮食和皮下接触几种可溶性铅盐的情况下，肾脏肿瘤的数量显著增加。此项动物试验在多个实验室中提供了可重复的结果，在多个大鼠品系中有多个肿瘤部位的证据。短期研究表明，铅会影响基因表达。[6]

人类健康效应

四氧化三铅的职业性接触可能是通过吸入细颗粒而产生的，这些颗粒主要来源于氧气熔炼、精炼、焊接等过程中铅的高温操作，以及在生产或使用四氧化三铅的工作场所与该化合物的皮肤接触。有数据表明，普通人群的暴露途径可能是通过皮肤接触四氧化三铅的消费品[7]。

在生产和使用的过程中，人们可能会暴露于四氧化三铅的粉尘中，如冶炼、精炼和其他操作。高水平职业暴露的最大风险是铅冶炼和精炼，而最危险的操作是暴露于铅化合物在高温下因蒸发而产生的烟雾中含有的微小颗粒物[2]。

参考文献

[1] USEPA. Health Effects Assessment for Lead[M]. USEPA-540/1-86-055，1984.

[2] USEPA. Air Quality Criteria for Lead. Volume I[M]. USEPA-600/R-5/144aF，2006.

[3] CDC. International Chemical Safety Cards（ICSC） 2012. Atlanta，GA：Centers for Disease Prevention & Control. National Institute for Occupational Safety & Health（NIOSH）. Ed Info Div.

[4] LEWIS R J. Sr. (ed) Sax's Dangerous Properties of Industrial Materials. 11th[M]. Wiley-Interscience, Wiley & Sons, Inc. Hoboken, NJ, 2004: 2218.

[5] IARC. Monographs on the Evaluation of the Carcinogenic Risk of Chemicals to Humans. Geneva: World Health Organization, International Agency for Research on Cancer, 1972.

[6] U.S. Environmental Protection Agency's Integrated Risk Information System (IRIS) on Lead and compounds (inorganic) (7439-92-1).

[7] USEPA. Air Quality Criteria for Lead. Volume I[J]. USEPA-600/R-5/144aF, 2006.

四乙基铅
Tetraethyllead

基本信息

化学名称：四乙基铅。

CAS 登录号：78-00-2。

EC 编号：201-075-4。

分子式：$C_8H_{20}Pb$。

相对分子质量：323.44。

用途：用于汽油抗震添加剂、提高辛烷值及有机合成。

危害类别：有科学证据证明会对人类或环境造成严重影响。

结构式：

$$H_3C-\underset{\underset{CH_3}{|}}{\overset{\overset{CH_3}{|}}{Pb}}-CH_3$$

(四个乙基连接于Pb)

理化性质

物理状态：无色油状液体，有臭味。

熔点：–133.7℃。

沸点：198～200℃。

蒸气压：0.26 mmHg（20℃）。

密度：1.653（20℃）。

水溶解度：0.29 mg/L（25℃）。

辛醇-水分配系数：$\log K_{ow}$ = 4.15。

环境行为

（1）降解性

据报道，四乙基铅在未灭菌的土壤中一天内的降解大于90%，在高压灭菌的土壤中三天内的降解大于90%[1]。在25℃时，四乙基铅与大气中的羟基自由基反应的速率常数为$6.3×10^{-11}$ cm³/（mol·s），相当于在羟基自由基为$5×10^5$个/m³的条件下，结构预测其间接光解半衰期约为6.1小时[2,3]。在40℃、pH 值为7的淡水中，四乙基铅的水解半衰期约为8天[4]。在海水中四乙基铅的化学水解速率常数为$1.33×10^{-5}$/s，对应半衰期为14小时[5]。已发现铜和铁离子可催化水中的四乙基铅分解[6]。在太阳顶角为40°和75°时，暴露在日光下的气相四乙基铅直接光解的速率常数分别为每分钟$5.1×10^{-3}$和$1.29×10^{-3}$，这对应于空气中的光解半衰期为2.3小时和9.0小时[7]。

（2）生物蓄积性

四乙基铅的 BCF 值范围为120～18 138[8,9]。根据分类标准提示，四乙基铅在水生生物中的生物蓄积性可能性很高[10]。

（3）吸附解析

通过土壤有机质的吸附可以抑制四乙基铅的迁移。然而，与可溶性有机阴离子形成可溶性螯合物也可以增强它的移动性[11]。

（4）挥发性

四乙基铅的亨利定律常数预测值为0.568 atm·m³/mol，提示其可以从水面挥发[12,13]。采用模型预测，在一条水深1 m、水流1 m/s、风速3 m/s的河流中，预计挥发半衰期为7.1天。然而，四乙基铅从水面挥发会受到水中固体沉积物吸附的影响。如果考虑吸附的影响，其挥发半衰期约为53天。基于亨利定律常数，预测四乙基铅可以从潮湿的土壤表面挥发，而在干燥的土壤表面不挥发[14]。

生态毒理学

在20℃、pH值为6.9～7.5、硬度（以$CaCO_3$计）84.0～163 mg/L、碱性（以$CaCO_3$计）33.0～81.0 mg/L、溶解氧＞5 mg/L的静态淡水中，太阳鱼（重5 g，长5～11 cm）24 h-LC_{50}=2 000 μg/L[15]；月银汉鱼24 h-LC_{50}=2.0 mg/L，48 h-LC_{50}=1.4 mg/L[16]。在20℃、静态盐水中，丰年虾（24小时）48 h-LC_{50}=85 μg/L[17]。

毒理学

（1）急性毒性

将含四乙基铅的汽油滴在兔子眼睛上会立刻引起疼痛和眼睑痉挛[18]。兔子经腹腔注射100～200 mg四乙基铅，在中毒症状发作时被处死，电子显微镜观察显示近端肾小管上皮细胞有明显的细胞学变化（顶端空泡增大、溶酶体和微体积聚）[19]。

（2）亚慢性毒性

经口分别给予雄性SD大鼠0 mg/kg、0.2 mg/kg和2.0 mg/kg的四乙基铅，每周5次，持续13周，发现其食物摄入量和体重增加，并出现过度兴奋、易怒、震颤和昏迷的症状，病理发现其脑和脊髓损伤以及近端肾小管中出现嗜酸性包涵体[20]。

（3）发育与生殖毒性

在妊娠6～16天胃内分别给予雌性COBS大鼠0.01 mg/kg、0.1 mg/kg、1 mg/kg和10 mg/kg四乙基铅。低剂量和中剂量对母鼠没有影响，对胎鼠亦无毒性作用；中高剂量对母鼠是有毒性的；高剂量组毒性很强。中高剂量组母鼠体重增长减少了70%，吸收胎数量增加，胎鼠和活胎的数量减少。高剂量组母鼠体重减轻、活动减退，出现震颤和抽搐，且只有25%的母鼠怀孕，其胎鼠骨骼发育迟缓[20]。

（4）致突变性

鼠伤寒沙门氏菌的细菌反向突变试验中，TA 1535、TA 1537、TA 97、TA 98和TA 100菌株在有无S9活化的条件下其致突变均为阴性[21]。

人类健康效应

急性接触四乙基铅会对半数青少年产生肾脏和肝脏损害，血铅水平为1 200～1 400 μg/L[22]。人类持续一小时接触100 mg/m^{3}四乙基铅可能产生明显的中毒反应，症状和体征包括神经过敏、失眠、精神病、躁狂和抽搐[23]。

参考文献

[1] OU L T，THOMAS J E，JING W，et al. Biological and Chemical Degradation of Tetraethyl Lead in Soil[J]. Bull Environ Contam Toxicol，1994，52：238-245.

[2] ATKINSON R J.Gas phase Tropospheric Chemistry of Organic Compounds（Monograph 2）[J]. Phys Chem Ref，1994：150.

[3] MEYLAN W M，HOWARD P H.Computer estimation of the atmospheric gas-phase reaction rate of organic compounds with hydroxyl radicals and ozone[J].Chemosphere，1993，26：2293-2299.

[4] BROWN S L. In Research Program on Hazard Priority Ranking of Manufactured Chemicals[M]. Menlo Park：Stanford Research Inst，1975：191.

[5] TIRAVANTI G，BOARI G P. Pollution of a marine environment by lead alkyls：the Cavtat incident[J]. Environ Sci Tech，1979，13：849-854.

[6] JARVIE A W P，MARKALL R N，POTTER H R，et al. Decomposition and Organolead Compounds in Aqueous Systems[J]. Environ Res，1981，25（2）：241-249.

[7] HARRISON R M，LAXEN D P H. Sink processes for tetraalkylated compounds in the

atmosphere[J]. Environ Sci Tech,1978,12:1384-1392.

[8] USEPA. Health and Environmental Effects Profile for Lead Alkyls ECAO-CIN-P133[M]. Washington D C:Environmental Criteria and Assessment Office,1985:12.

[9] MADDOCK BG,TAYLOR D. In Lead in the Marine Environment;Branica M,Konrad Z eds Oxford[M]. UK:Pergamon Press,1980:233-262.

[10] FRANKE C,STUDINGER G,BERGER G,et al.The assessment of bioaccumulation[J]. Chemosphere,1994,29（7）:1501-1514.

[11] RHUE R D,MANSELL R S,OU L T,et al. The faty and behavior of lead alkyls in the environment:a review[J].Crit Rev Environ Control,1992,22:169-193.

[12] FELDHAKE C J,STEVENS C D. THE SOLUBILITY OF TETRAETHYL LEAD IN WATER[J]. Chem Eng Data 8,1963:196-197.

[13] LYMAN W J,REEHL W F,ROSENBLATT D H. Handbook of Chemical Property Estimation Methods[M].Washington DC:Amer Chem Soc,1990:15-1,15-29.

[14] WANG Y,ALL G,HARRISON M. Determination of octanol-water partition coefficients,water solubility and vapour pressure of alkyl-lead compounds[J].Appl Organomet Chem,1996,10:773-778.

[15] TURNBULL H,DEMANN J G,WESTON R F.Toxicity of various refinery materials to fresh water fish[J]. Industrial Engineering Chemistry,195,46（2）:324-333.

[16] European Chemicals Bureau.IUCLID Dataset Tetraethyllead（CAS # 78-00-2）:2000. http://esis.jrc.ec.europa.eu/.

[17] MARCHETTI R.Mar Pollut Bull:2008. http://cfpub.epa.gov/ecotox/quick_query.htm.

[18] GRANT W M.Toxicology of the Eye（3rd ed）[M]. Springfield,IL:Charles C Thomas Publisher,1986:892.

[19] CHANG L W,WADE P R,REUHL K R,et al. Ultrastructural changes in renal proximal tubules after tetraethyllead intoxication[J].Environ Res,1980,23（1）:208-223.

[20] European Chemicals Bureau.IUCLID Dataset,Tetraethyllead（CAS # 78-00-2）:2008.

http：//esis.jrc.ec.europa.eu/.

[21] MORTELMANS K, HAWORTH S, LAWLOR T, et al. Salmonella mutagenicity tests：II. Results from the testing of 270 chemicals[J]. Environ Mutagen, 1986, 8（7）：1-119.

[22] IARC. Monographs on the Evaluation of the Carcinogenic Risk of Chemicals to Humans：1980.http：//monographs.iarc.fr/ENG/Classification/index.

[23] ACGIH/American Conference of Governmental Industrial Hygienists. Documentation of the TLV's and BEI's with Other World Wide Occupational Exposure Values [R]. CD-ROM 45240-163.Cincinnati：2007.

T

SVHC

钛酸铅
Lead titanium

基本信息

化学名称：钛酸铅。

CAS 登录号：12060-00-3。

EC 编号：235-038-9。

分子式：$PbTiO_3$。

相对分子质量：319.064 6。

用途：用于半导体，电气、电子和光学设备。

结构式：

$$O=Ti(=O)_2$$

理化性质

物理状态：黄色晶体。

熔点：1 286℃。

密度：7.52 g/cm³。

水溶解度：不溶于水，可溶于浓盐酸、硝酸和氢氟酸。

密度：7.52 g/mL（25℃）。

钛酸铅锆

lead titanium zirconium oxide

基本信息

化学名称：钛酸铅锆。

CAS 登录号：12626-81-2。

EC 编号：235-727-4。

分子式：$O_5PbTiZr$。

用途：用于制造电气、电子和光学设备，机械和车辆以及矿物产品（如灰泥、水泥）。

危害类别：可能会损害生育能力或腹中胎儿；对水生生物毒性很大，并具有长期持续影响；经口或吸入有害，长期或反复接触可能对器官造成伤害。

结构式：

$$\begin{array}{ccc} Pb^{2+} & Ti^{4+} & Zr^{4+} \\ O^{2-} & O^{2-} & O^{2-} \\ O^{2-} & O^{2-} & \end{array}$$

分子量：426.286 g/mol。

碳酸钴
Cobalt carbonate

基本信息

化学名称：碳酸钴。

CAS 登录号：513-79-1。

EC 编号：208-169-4。

分子式：$CoCO_3$。

相对分子质量：118.942。

用途：主要用于催化剂制造，也有少量用于饲料添加剂、颜料及其他化学品的制作，亦可用作底釉胶黏剂。

危害类别：具有致癌性和生殖毒性。

结构式：

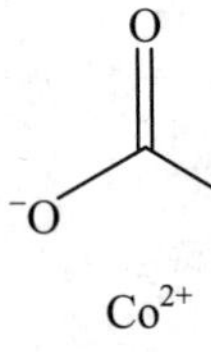

理化性质

物理状态：红色单斜晶系结晶或粉末（20℃，101.3 kPa），几乎不溶于水、醇、乙酸甲酯和氨水，可溶于酸。

熔点：280℃（101.3 kPa）。

密度：4.13 g/mL。

水溶解度：0.000 14 g/100 g（20℃，pH 值6～7）。

环境行为

降解性：无机钴化合物是非挥发性的，主要以微粒形式释放到大气中；颗粒相的钴化合物通过干湿沉降从空气中除去[1]，在大气沉降[2]和雨雪中能检测到钴的存在[3]。

毒理学

（1）急性毒性

大鼠经口暴露于碳酸钴 LD_{50}=640 mg/kg[4]。

（2）致癌性

钴和钴化合物对于人类的致癌性证据不足，在实验动物中有充分的证据证明钴金属粉末的致癌性。在动物实验中，含钴、铬和钼的金属合金的致癌数据有限。综合评价：钴和钴化合物可能对人类致癌（2B 类）[5]。

在体内释放钴离子的钴和钴化合物被认为是人类潜在致癌物，而实验动物的研究中有充分证明致癌的证据，并有研究致癌机制的数据支持[6]。

（3）生殖毒性

研究显示，静脉注射或口服含钴的化合物可造成雄鼠精子活动能力和浓度的下降、精子畸形率上升、睾丸生精小管的退变和坏死[7]。

人类健康效应

吸入和皮肤接触是碳酸钴暴露的主要途径，吸入被认为是主要的暴露途径。在碳酸钴暴露中，肺功能测试显示出现支气管炎和肺气肿的症状。此外，弥漫性间质肺纤维化的致命病例也有报道[8]。

参考文献

[1] WHO. Cobalt and Inorganic Cobalt Compounds. Concise International Chemical Assessment Document 69. World Health Organization, Geneva, Switzerland (2006). Available from, as of Feb 7, 2017.

[2] BARI MA, KINDZIERSKI WB, Cho S.A wintertime investigation of atmospheric deposition of metals and polycyclic aromatic hydrocarbons in the Athabasca Oil Sands Region, Canada[J]. Sci Total Environ, 2014, 485-486: 180-192.

[3] WANG C, WANG H, ZHAO D, et al. Simple Synthesis of Cobalt Carbonate Hydroxide Hydrate and Reduced Graphene Oxide Hybrid Structure for High-Performance Room Temperature NH_3 Sensor[J]. Sensors (Basel), 2019, 19: 3.

[4] LEWIS, R.J. SR. (ed) Sax's Dangerous Properties of Industrial Materials[M]. Hoboken: Wiley & Sons, Inc, 2004: 972.

[5] IARC. Monographs on the Evaluation of the Carcinogenic Risk of Chemicals to Humans. Geneva: World Health Organization, International Agency for Research on Cancer, 1972-PRESENT. (Multivolume work), 1991, 52: 449-450.

[6] NTP. Report on Carcinogens, Fourteenth Edition.Cobalt and Cobalt Compounds That Release Cobalt Ions In Vivo (November, 2016) [R]. USA: National Toxicology Program.201 7. https: //ntp.niehs.nih.gov/pubhealth/roc/index-1.html.

[7] CORRIER DE, MOLLENHAUER HH, CLARK DE, et al. Testicular degeneration and ecrosis induced by dietary cobalt[J]. Vet Pathol, 1985, 22 (6): 610-616.

[8] FRIBERG, L., NORDBERG, G.F., KESSLER, E, et al. Handbook of the Toxicology of Metals[M]. Amsterdam: Elsevier Science Publishers B.V., 1986: 222.

无水四硼酸钠
Disodium Tetraborate, Anhydrou

基本信息

化学名：无水四硼酸钠。

CAS 登录号：1330-43-4。

EC 编号：215-540-4。

分子式：$Na_2B_4O_7$。

相对分子质量：201.22。

用途：用于玻璃、搪瓷的制造及金属焊接，化妆品乳化剂，木材防腐剂，非选择性除草剂。

危害类别：具有生殖毒性。

结构式：

理化性质

物理状态：无色晶体，具有吸湿性，无气味。

熔点：743℃（101.3 kPa）。

沸点：1 575℃（101.3 kPa）。

蒸气压：20℃可忽略不计。

密度：2.367 g/m^3。

水溶解度：2.5%（20℃）；3.1%（25℃）。

环境行为

（1）环境转归

无水四硼酸钠的平均半衰期为一年，在酸性土壤和高降雨量地区的半衰期较短[1]。

（2）环境富集

无水四硼酸钠在植物中易富集[1]。

（3）土壤吸附/迁移

无水四硼酸钠可由土壤矿物吸附，并缓慢浸出[1]。

生态毒理学

新生水蚤48 h-LC_{50}=141 mg/L，第四龄摇蚊48 h-LC_{50}=1 376 mg/L。慢性亚致死性研究表明，无水四硼酸钠的浓度为20 mg/L时，毛里求斯海螺的生长速率显著降低。增加水硬度（以$CaCO_3$计，10.6～170 mg/L）和硫酸盐（10.2～323.4 mg/L）的浓度并不影响硼对小菜蛾的毒性。水生高等植物可能比大型无脊椎动物对硼更敏感[2]。

毒理学

（1）急性毒性

兔子经皮暴露于无水四硼酸钠 $LD_{50}>1055$ mg/kg，经口 $LD_{50}=2660$ mg/kg[3]，每四小时吸入>2 mg/m^3 [4]。

（2）亚慢性/慢性毒性

两个月大的雄性 Wistar 大鼠通过饮用水（3 g/L）给予无水四硼酸钠，暴露10周和14周后，其脑琥珀酸脱氢酶活性增加，肝微粒体组分中 NADPH-细胞色素 c 还原酶活性和细胞色素 b5 含量降低。14周后，脑中 RNA 浓度和酸性蛋白酶活性增加。14周时检测到细胞色素 P450 浓度降低，证明硼酸离子通过干扰黄素蛋白依赖途径中的黄素代谢发挥其毒性作用[5]。

（3）致突变性

无水四硼酸钠鼠伤寒沙门氏菌的细菌反向突变实验结果为阴性[6]。

人类健康效应

无水四硼酸钠尚不能被确认为人类致癌物[7]。其中毒症状为恶心、腹泻、皮疹、中枢抑制、昏迷[8]；吸入可导致咳嗽、气短、喉咙痛、鼻出血[9]，呼吸道疾病可能与吸入无水四硼酸钠粉尘有关[10]；眼接触可致发红、疼痛[9]；皮肤接触可致发红、干燥，反复或长时间接触皮肤可引起皮炎；高剂量摄入或由受损皮肤吸收会对中枢神经系统、肾脏和胃肠道产生影响[9]。

参考文献

[1] WEED SCIENCE SOCIETY OF AMERICA. Herbicide Handbook. 5th ed[M]. Champaign，Illinois：Weed Science Society of America，1983：64.

[2] MAIER KJ，KNIGHT AW，et al. The toxicity of waterborne boron to Daphnia magna and Chironomus decorus and the effects of water hardness and sulfate on boron toxicity[J]. Archives of Environmental Contamination and Toxicology，1991，20（2）：282-287.

[3] EUROPEAN CHEMICALS BUREAU. IUCLID Dataset,Sodium Tetraborate (1330-43-4) (2000 CD-ROM edition):2005,http://esis.jrc.ec.europa.eu/.

[4] BINGHAM E,COHRSSEN B,POWELL CH. Patty's Toxicology Volumes 1-9 5th ed[M]. New York:John Wiley & Sons,2001:533.

[5] SETTIMI L,ELOVAARA E,SAVOLAINEN H,et al. Effects of extended peroral borate ingestion on rat liver and brain[J]. Toxicology Letters,1982,10(2-3):219-223.

[6] WHO. Boron in Drinking-water:Background document for development of WHO Guidelines for Drinking-water Quality(WHO/SDE/WSH/03.04/54):2005,http://www.who.int/water_sanitation_health/dwq/boron.pdf.

[7] ACGIH. Threshold Limit Values for Chemical Substances and Physical Agents and Biological Exposure Indices[M]. Cincinnati:American Conference of Governmental Industrial Hygienists TLVs and BEIs,2008:14.

[8] WSSA. Herbicide Handbook. 5th ed[M]. Champaign,Illinois:Weed Science Society of America,1983:65.

[9] IPCS,CEC. International Chemical Safety Card on Sodium Tetraborate.(October 1995):2005,http://www.inchem.org/documents/icsc/icsc/eics1229.htm.

[10] ACGIH. Documentation of Threshold Limit Values for Chemical Substances and Physical Agents and Biological Exposure Indices for 2001[M]. Cincinnati:American Conference of Governmental Industrial Hygienists,2001:2.

五氧化二砷
Arsenic pentoxide

基本信息

化学名称：五氧化二砷。

CAS 登录号：1303-28-2。

EC 编号：215-116-9。

分子式：As_2O_5。

相对分子质量：229.840。

用途：用于杀虫剂、除草剂、杀菌剂、木材防腐剂、金属黏合剂、印刷与染色等。

危害类别：确定为人类致癌物。

结构式：

$$O=As-O-As=O$$

理化性质

物理状态：白色无定形固体，易潮解。

熔点：315℃（分解为三氧化二砷与氧气）。

沸点：160℃（101.3 kPa）。

蒸气压：＜5 Pa（20℃）。

密度：4.32 g/m³。

水溶解度：65.8 g/100 g（20℃，pH 值6～7）；极易溶于乙醇。

环境行为

生物蓄积性：水蚤，4天暴露后 BCF 值为21；蜗牛，28天暴露后 BCF 值为6；黄芪，28天暴露后 BCF 值为7[1]。

生态毒理学

在盐水、静态、15℃、pH 值8.1、盐度33.79%、溶氧6.5～8.0 mg/L 的条件下，螃蟹24 h-LC_{50}=232 μg/L[2]。在淡水、静态、20℃、硬度（以 $CaCO_3$ 计）475 mg/L 的条件下，斑纹鲈96 h-LC_{50}=30 500 μg/L（95%CI：21 292～43 690 μg/L）。在淡水、静态、20℃、硬度（以 $CaCO_3$ 计）285 mg/L 的条件下，斑纹鲈（63天龄）96 h-LC_{50}=40 500 μg/L（95% CI：32 022～51 223 μg/L）。在淡水、静态、20℃、硬度（以 $CaCO_3$ 计）285 mg/L 的条件下，虹鳟鱼96 h-LC_{50}=28 000 μg/L。

毒理学

（1）急性毒性

大鼠经口服暴露于五氧化二砷 LD_{50}=8 mg/kg；小鼠经口服 LD_{50}=55 mg/kg；兔子经静脉注射 LD_{50}=6 mg/kg[4]。

（2）一般毒性

体外研究表明，三氧化二砷呈剂量依赖性地抑制肝细胞和肾小管中糖异生。五氧化二砷是一种五价砷，与三氧化二砷具有相同的效果，但需要更高的浓度[5]。

（3）发育与生殖毒性

小鼠（30天，雄性）皮下注射最低中毒剂量（4 597 μg/kg）会对睾丸和输精管产生影响。

（4）致突变性

在具有0.05 mol/L五氧化二砷的枯草芽孢杆菌的重组修复实验（rec）测定中获得阳性结果[5]。

（5）致癌性

致癌性分类：人类证据足够，动物证据有限。五氧化二砷对人类致癌风险的总体评估是 A 类：对人体致癌[6]。

人类健康效应

在人体摄入五氧化二砷数分钟至数小时内，可能会感到恶心、呕吐、腹痛、腹泻。轻度中毒患者可能会出现以下不利的健康影响：①胃肠道方面，咽喉顶端有金属味道或刺激，出现咽部炎症、持续性胃肠炎，可能伴有溃疡性病变和出血；②皮肤方面，五氧化二砷过敏反应可能导致皮肤脱落，引起毒性炎症和皮肤发红。中度及重度中毒患者可能会出现以下不良健康影响：①心血管方面，易出现心率失常（窦性心动过速和室性心律失常）、由位置变化引起的低血压（直立性低血压）、休克、心脏功能障碍、假心脏病发作（模拟心肌梗死）及血容量不足；②中枢神经系统方面，易出现急性退行性疾病或脑功能障碍，进展数日会出现谵妄和混乱，还有因心率不正常、脑肿胀和脑血管出血引起的癫痫发作的可能；③呼吸系统方面，易出现肺部积液（肺水肿）、急性呼吸窘迫综合征（ARDS）和呼吸衰竭；④肝脏方面，易出现肝炎；⑤肾脏方面，由于低血压易出现肾脏中肌肉或血液蛋白沉积（肾小管沉积的肌红蛋白或血红蛋白）或直接由肾毒性引起急性肾脏衰竭；⑥异常并发症为膈肌和喉神经供应受损（膈神经麻痹）、面部肌肉（单侧面神经麻痹）瘫痪、胰腺炎以及心脏和肺部周围炎症（心包炎和胸膜炎）[7]。

五氧化二砷可刺激皮肤、眼睛和呼吸系统[8]。皮肤损害是慢性砷暴露的特异性体征。五氧化二砷能产生皮肤致敏和接触性皮炎，也能产生角化病，特别是在手掌和脚底[9]；还会给神经系统造成损害，末梢神经炎是特异性损害的指征之一。五氧化二砷还是一种毛细血管毒物，可作用于血管壁，使之麻痹、通透性增加，也可损伤血管内膜，使之变性、坏死、管腔狭窄、血栓形成[10]。美国威斯康星州一个农村家庭的8名成员在三年内特别是在冬季经历了复发性神经疾病，在母亲和父亲的头发中检测到浓度为12～87 ppm的砷，并且所有家庭成员的头发和指甲的分析都显示出砷的暴露水平。外暴露环境检测显示，含有超过1 000 ppm砷的炉灰污染了该生活区域[11]。

安全剂量

OSHA标准：8小时加权平均容许浓度为10 μg/m^3（砷）[12]。

NIOSH推荐浓度：推荐暴露限值为0.002 mg/m^3（砷）[13]。

参考文献

[1] USEPA. Ambient Water Quality Criteria Doc: Arsenic p.33（1984） EPA 440/ 5-84-033.

[2] M Martin KEO，P Billig NG. Toxicities of ten metals to Crassostrea gigas and Mytilus edulis embryos and Cancer magister larvae[J]. Mar Pollut Bull，1981，12（9）：305-308.

[3] D Palawski J B H，Dwyer F J. Sensitivity of young striped bass to organic and inorganic contaminants in fresh and saline waters[J]. Trans Am Fish Soc，1985，114（5）：748-753.

[4] Lewis，R.J. Sr. Sax's Dangerous Properties of Industrial Materials. 11 th Edition[M]. Hoboken：Wiley & Sons，2004：302.

[5] IARC. Monographs on the Evaluation of the Carcinogenic Risk of Chemicals to Humans. Geneva：World Health Organization，International Agency for Research on Cancer，1972-PRESENT.（Multivolume work），1980：V23.

[6] IARC. Monographs on the Evaluation of the Carcinogenic Risk of Chemicals to Humans. Geneva：World Health Organization，International Agency for Research on

Cancer, 1972-PRESENT. (Multivolume work), 1987: S757.

[7] CDC/NIOSH. The Emergency Response Safety and Health Database: Arsenic pentoxide (1303-28-2).

[8] National Fire Protection Association; Fire Protection Guide to Hazardous Materials. 14TH Edition[M]. Quincy, MA, 2010: 24-49.

[9] Sittig M. Handbook of Toxicand Hazardous Chemicals[M]. United States: N. p., 1981. https://www.osti.gov/biblio/5444143.

[10] Doull, J., C.D. Klaassen, M. D. Amdur. Casarett and Doull's Toxicology. 2nd ed [M]. New York: Macmillan Publishing Co, 1980: 437.

[11] Peters HA, Croft WA, Woolson EA, et al. Seasonal arsenic exposure from burning chromium-copper-arsenate-treated wood[J]. JAMA, 1984, 251 (18): 2393-2396.

[12] 29 CFR 1910.101 8 (USDOL); U.S. National Archives and Records Administration's Electronic Code of Federal Regulations.

[13] NIOSH. NIOSH Pocket Guide to Chemical Hazards. DHHS (NIOSH) Publication No. 97-140. Washington, D.C. U.S. Government Printing Office, 1997: 20.

硝酸钴
Cobaltous nitrate, Cobalt（Ⅱ）Dinitrate

基本信息

化学名称：硝酸钴。

CAS 登录号：10141-05-6。

EC 编号：233-402-1。

分子式：$Co(NO_3)_2$。

相对分子质量：182.942。

用途：主要用作颜料、催化剂，用于陶瓷工业。

危害类别：具有致癌性和生殖毒性。

结构式：

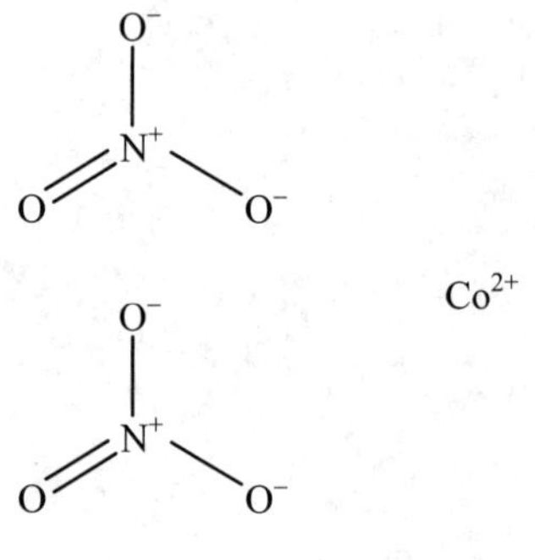

理化性质

物理状态：淡红色粉末或红色棱形结晶，易潮解。

熔点：100~105℃（分解）。

密度：2.49 g/cm^3。

水溶解度：>669.6 g/L（20℃）。

环境行为

（1）挥发性

无机钴化合物无挥发性，以颗粒形式释放到大气中[1]。通过湿法和干法沉积可以从空气中除去颗粒相钴化合物。目前已在大气沉降[2]和雨雪降水[3]中检测到了钴。20℃条件下，硝酸钴的蒸发性可忽略不计[4]。

（2）环境生物浓缩

在恒定的暴露条件下，六水合硝酸钴生物浓缩为200~1 000倍[5]。

生态毒理学

小鼠皮下注射硝酸钴 LD_{50}=34.6 mg/kg[6]。兔口服 LD_{50}=250 mg/kg，皮下注射 LD_{50}=75 mg/kg[7]。大鼠口服 LD_{50}=434 mg/kg[8]，腹腔注射 LD_{50}=8.8 mg/kg。

毒理学

（1）致癌性

钴和钴化合物在人类中的致癌性证据不足，可能对人类致癌（2B 组）。钴金属粉末对实验动物有致癌作用。含有钴、铬和钼的金属合金在实验动物中的致癌性证据有限[9]。基于来自实验动物研究的足够致癌性证据以及来自致癌作用机制研究的数据支持，在体内释放钴离子的钴和钴化合物被合理地预期为人类致癌物[10]。

（2）发育与生殖毒性

动物实验表明，硝酸钴可能具有生殖或发育毒性[11]。Wistar 大鼠通过饮用水暴露于氯化钴，每日剂量为4.96 mg/kg，共30天，可导致大鼠输精管交感神经介导的收缩活性产生变化[12]。硝酸钴类似于氯化钴暴露后对神经系统产生的影响。

（3）神经毒性

通过对一些啮齿类动物的研究已经确定了钴暴露后会对神经产生影响。Wistar大鼠以单次剂量为4.25 mg/kg的氯化钴进行灌胃，发现会导致其自发活动、肌肉张力、触觉反应和呼吸减少。大鼠每日暴露于剂量为6.44 mg/kg含硝酸钴的饮用水时，表现出敏感性增加以及对胆碱能激动剂的最大响应降低。大鼠暴露于每日剂量为20 mg/kg 氯化钴的饮用水57天，发现其对压力行为的反应性增强。大鼠食用含相同剂量硝酸钴的饮食69天，与对照组相比，表现为杠杆速率减慢，但是对压力行为反应性没有明显变化。长期暴露于剂量为0.5 mg/kg的氯化钴（7个月）可导致潜伏反射时间显著增加，并且在暴露于2.5 mg/kg剂量时具有明显的诱向性作用机制（扰乱的条件反射）[12]。

（4）急性毒性

小鼠静脉注射硝酸钴时观察到其对血压具有抑制作用[13]。小鼠皮下注射硝酸钴 LD_{50}=34.6 mg/kg；腹膜内注射40 mg/kg 二巯丙醇（BAL）后，LD_{50}=36.7 mg/kg。在猫和兔中，通过肌内注射二巯丙醇来消除钴对血压和呼吸速率的影响。每天注射4次0.03 g 硝酸钴后，发现豚鼠胰腺中内分泌岛的数量增加，大部分α细胞脱粒，细胞核被无色细胞质包围，停止药物后开始恢复，内分泌也恢复正常，α细胞和β细胞大小正常；每日注射6次后，发现胰岛数目和大小都有明显增加。硝酸钴与氯化钴的作用相同，但毒性远低于氯化钴。24小时内给予大鼠硝酸钴2次，发现血清促红细胞生成活性大于3倍，肾血流减少18%，肾代谢紊乱。大鼠通过口服途径暴露于硝酸钴，7天的LD_{50}=198 mg/kg；通过腹膜内给药途径，LD_{50}=8.3 mg/kg。大部分死亡发生在暴露后48小时，中毒后出现的身体和临床症状大部分在暴露72小时后消失。

人类健康效应

硝酸钴对眼睛、皮肤和呼吸道有刺激，反复或长时间接触可能导致皮肤过敏，反复或长时间吸入可能导致哮喘。硝酸钴还可能对心脏、甲状腺和骨髓有影响[11]。在生产或使用硝酸钴的工作场所，通过吸入气溶胶粉尘和皮肤接触该化合物可能会造成职业性暴露。

参考文献

[1] WHO. Cobalt and Inorganic Cobalt Compounds. Concise International Chemical Assessment Document 69[S]. Geneva，Switzerland：World Health Organization，2006. http：//www.who.int/ipcs/publications/cicad/cicad69%20.pdf.

[2] BARI MA，KINDZIERSKI WB，CHO S，et al. A wintertime investigation of atmospheric deposition of metals and polycyclic aromatic hydrocarbons in the Athabasca Oil Sands Region，Canada[J]. Netherlands：Sci Total Environ，2014：180-192.

[3] FENG X，MELANDER AP，KLAUE B . Contribution of Municipal Waste Incineration to Trace Metal Deposition on the Vicinity[J]. Netherlands：Water Air Soil Pollut，2000：295-316.

[4] CDC. International Chemical Safety Cards（ICSC） 2012[J]. Atlanta，GA：Centers for Disease Prevention & Control. National Institute for Occupational Safety & Health （NIOSH），Ed Info Div，2017. http：//www.cdc.gov/niosh/ipcs/default.html.

[5] NOAA.CAMEO Chemicals. Database of Hazardous Materials. Cobalt Nitrate（10141-05-6）[M]. USA：Natl Ocean Atmos Admin，Off Resp Rest，2017.http：//cameochemicals.noaa.gov/.

[6] DALHAMN T，FORSSMAN S，SJÖBERG SG . The Toxicity of Vanadium：Effect of Vanadate on Blood‐Pressure，Respiration and Mortality，and the Use of Dimercaprol （BAL） as Antidote[J]. Schmitt：Acta Pharmacologica et Toxicologica，1953：259-266.

[7] O'NEIL MJ. The Merck Index-An Encyclopedia of Chemicals，Drugs，and

Biologicals[M]. Cambridge：Royal Society of Chemistry，2013：436.

[8] LEWIS RJ. Sax's Dangerous Properties of Industrial Materials. 11th Edition[M]. Hoboken：Wiley & Sons，Inc，2004：975.

[9] IARC. Monographs on the Evaluation of the Carcinogenic Risk of Chemicals to Humans[J]. Geneva：World Health Organization，International Agency for Research on Cancer，1972-PRESENT：Multivolume work V52 449-50. http：//monographs.iarc.fr/ENG/Classification/index.

[10] NTP. Report on Carcinogens，Fourteenth Edition.Cobalt and Cobalt Compounds That Release Cobalt Ions In Vivo（November，2016）[R]. USA：National Toxicology Program.2017. https：//ntp.niehs.nih.gov/pubhealth/roc/index-1.html.

[11] International Program on Chemical Safety/European Commission.International Chemical Safety Card (ICSC) on Cobalt (Ⅱ) nitrate (10141-05-6)[M].USA：IPCS，2017. http：//www.inchem.org/pages/icsc.html.

[12] DHHS/ATSDR. Toxicological Profile for Cobalt[M]. Atlanta：Agency for Toxic Substances and Disease Registry Division of Toxicology/Toxicology Information Branch，2004.http：//www.atsdr.cdc.gov/toxprofiles/index.asp.

[13] BINGHAM E，COHRSSEN B，POWELL CH. Patty's Toxicology Volumes 1-9 5th ed [M]. New York：Wiley，2001：V3 190.

硝酸铅
Lead Dinitrate

基本信息

化学名称：硝酸铅。

CAS 登录号：10099-74-8。

EC 编号：233-245-9。

分子式：$Pb(NO_3)_2$。

相对分子质量：331.23。

用途：在玻搪工业中用于制造奶黄色素，在造纸工业中用作纸张的黄色素，在印染工业中用作媒染剂，在无机工业中用于制造其他铅盐及二氧化铅，在医药工业中用于制造收敛剂等，在制苯工业中用作鞣革剂，在照相工业中用作照片增感剂，在采矿工业中用作矿石浮选剂。另外，还可用作生产火柴、烟火、炸药的氧化剂以及分析化学试剂等。

危害类别：具有生殖毒性。

结构式：

理化性质

物理状态：白色或无色透明立方晶体。

熔点：470℃（101.3 kPa）。

密度：4.53 g/cm³。

pH 值：3.0～4.0（20%水溶液，25℃）。

折射率：1.782。

水溶性：易溶于水、液氨，微溶于乙醇。

环境行为

降解性：有研究表明在牛奶中可检出硝酸铅，其半衰期为 16 小时[1]。

生态毒理学

野鸭暴露于硝酸铅 LC_{50} ＞500 mg/L[2]。日本鹌鹑（雄性或雌性，14天龄），经口服 LD_{50} ＞ 5 000 mg/kg，没有明显的毒性迹象[3]。水蚤（年龄＜24小时，20℃，淡水），48 h-EC_{50} =0.268 54 mmol/L，毒性作用为抑制生长，子代雌性数量减少。

毒理学

（1）急性毒性

急性暴露于硝酸铅可降低小鼠肝脏细胞色素 P450 和药物代谢活动，其强度和持续时间取决于剂量。在急性铅中毒事件中，肝药物代谢和解毒活动减少，表明在铅中毒的情况下，应提高对此类外来化学物质的敏感性。[4]

大鼠经腹腔注射单次大剂量急性暴露于 50 mg 硝酸铅会出现肝脏和肾脏重量减少的现象[5]。

（2）慢性毒性

慢性接触证据表明，铅会加剧汞的毒性作用。小鼠硝酸铅的暴露增加了肾和肝谷硫酮的含量，导致肾脏中汞的沉积增加，同时增加了小鼠的致死率。[6]

慢性暴露或致癌性试验显示，经口暴露于硝酸铅增加了雄性大鼠由 N-亚硝基二甲基胺诱发的肾肿瘤的发生率[7]。

（3）发育与生殖毒性

仓鼠在妊娠期第7天、第8天或第9天（妊娠期12～15天）暴露于50 mg/kg 的各种铅盐（硝酸盐、氯化物、醋酸盐），子代会出现各种异常。最常见的是尾部异常，但也出现过眼炎、融合肋骨、脊柱裂和无脑畸形。妊娠的第7天或第8天是胚胎最敏感的时期。但以上暴露剂量对母体几乎没有影响[7]。

在鸡胚胎中暴露0.10 mg 的硝酸铅，第4天胚胎中会出现脑出血和损伤[8]。

给处于妊娠期8～17天的怀孕大鼠静脉注射25～70 mg/kg 硝酸铅。在妊娠的第9天暴露可导致胚胎产生畸形，出现一种畸形的尿样综合征。妊娠后期（10～15天）暴露于硝酸铅，可导致越来越多的胚胎和胎儿中毒，并产生畸形。在妊娠第16天暴露，可出现中枢神经系统毒性，包括脑积水和出血。在第16天后暴露，胎儿的毒性（重新吸收）急剧下降。在妊娠期第9天暴露，处于铅暴露下的胚胎在子宫内的存活率非常低[9]。

（4）致突变性

在妊娠第9天注射硝酸铅增加了 F1小鼠骨髓中姐妹染色单体的交换频率，尽管铅被证明穿过胎盘，但在胎儿肝脏和/或胎儿肺细胞中却没有增加。在这项研究中，硝酸铅引起了胎儿细胞中染色体畸变以及非整倍性，并增加了胚胎的再吸收，减少了胎盘的重量。低剂量硝酸铅的腹腔注射在瑞士白化病小鼠的骨髓中引起了显著变化，在骨髓中导致微核形成的最低剂量（但没有剂量-反应关系）是0.63 mg/kg，雄性比雌性更敏感[7]。

人类健康效应

铅及铅化合物：人类致癌物[10]。

NIOSH（美国职业暴露调查1981—1983年的数据）估计，美国有11 440名工人（其中4 246人是女性）可能职业性接触到硝酸铅[11]。

参考文献

[1] The Chemical Society. Foreign Compound Metabolism in Mammals. Volume 2：A Review of the Literature Published Between 1970 and 1971[M]. London：The Chemical Society，1972：157.

[2] WHO. Environmental Health Criteria 85：Lead-Environmental Aspects .1989.

[3] HILL E F，CAMARDESE M B. Lethal Dietary Toxicities of Environmental Contaminants and Pesticides to Coturnix. Fish and Wildlife Technical Report 2[R]. Washington，DC：United States Department of Interior Fish and Wildlife Service，1986：87.

[4] SCOPPA P，ROUMENGOUS M，PENNING W. Hepatic drug metabolizing activity in lead-poisoned rats[J]. Experientia，1973，29（8）：970-972.

[5] SANAI G H，HASEGAWA T，YOSHIKAWA H. Pretreatment of rats with lead in experimental acute lead poisoning[J]. Occup Med，1972，14（4）：301-305.

[6] CONGIU L，et al. Toxicol Appl Pharmacol 51：363-6（1979）·Toxicological Profile for Lead（Update） p.139（1993） ATSDR/TP-92/12.

[7] IARC. Monographs on the Evaluation of the Carcinogenic Risk of Chemicals to Humans. Geneva：World Health Organization，International Agency for Research on Cancer，1972.

[8] SHEPARD T H. Catalog of Teratogenic Agents. 3rd ed[M]. Baltimore，MD：Johns Hopkins University Press，1980：196.

[9] MCCLAIN R M，BECKER B A. Teratogenicity，fetal toxicity，and placental transfer of lead nitrate in rats[J]. Toxicol Appl Pharmacol，1975，31（1）：72-82.

[10] DHHS/National Toxicology Program；Eleventh Report on Carcinogens：Lead，and Lead Compounds .2005.

[11] NIOSH；NOES. National Occupational Exposure Survey conducted from 1981-1983.

4,4′-亚甲基双(2-氯苯胺)
2,2′-Dichloro-4,4′-methylene dianiline

基本信息

化学名称：4,4′-亚甲基双(2-氯苯胺)（简称 MOCA）。

CAS 登录号：101-14-4。

EC 编号：202-918-9。

分子式：$C_{13}H_{12}Cl_2N_2$。

相对分子质量：267.153。

用途：作为固化剂，主要用于树脂和生产聚合物，也用于制造其他物质。

危害类别：具有致癌性。

结构式：

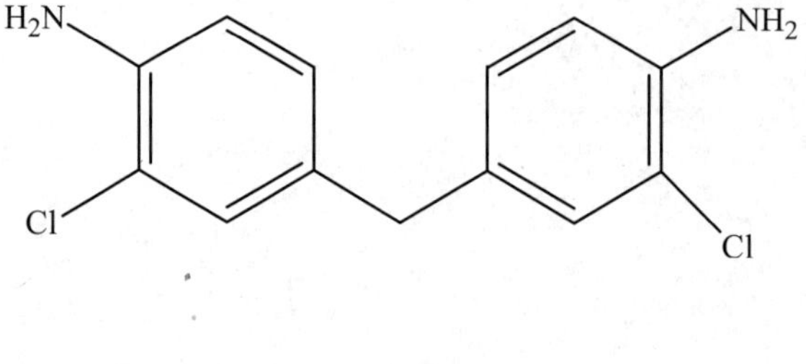

理化性质

物理状态：白色至淡黄色疏松针晶，加热变黑色，微有吸湿性，具有微弱的胺样气味。

熔点：110℃。

蒸气压：<5 Pa（20℃）。

密度：1.44。

水溶解度：微溶于水。

辛醇-水分配系数：$\log K_{ow} = 3.91$。

环境行为

（1）降解性

生产的4,4′-亚甲基双(2-氯苯胺)用于固化聚氨酯和环氧树脂以及交联聚氨酯泡沫，这可能导致其通过各种废物流释放到环境中。如果释放到空气中，在25℃下蒸气压力估计为3.9×10^{-6} mmHg，表明4,4′-亚甲基双(2-氯苯胺)会存在于大气中的蒸汽和颗粒相中。气相4,4′-亚甲基双(2-氯苯胺)将通过与光化学反应介导的羟基自由基反应而在大气中降解；该反应在空气中的半衰期约5.0小时。微粒相4,4′-亚甲基双(2-氯苯胺)将通过湿法或干法沉积从大气中除去。4,4′-亚甲基双(2-氯苯胺)含有在>290 nm波长处吸收的发色团，因此可能会受到阳光直接光解的影响。

（2）吸附解析

如果释放到土壤中，4,4′-亚甲基双(2-氯苯胺)的K_{oc}预测值为5 700。根据分类标准，其在土壤中不具有流动性。

（3）挥发性

4,4′-亚甲基双(2-氯苯胺)的亨利定律常数预测值为1.1×10^{-11} atm·m^3/mol。

（4）代谢性

尽管对氧化的4,4′-亚甲基双(2-氯苯胺)代谢物（MBOCA）的代谢途径知之甚少，但它很可能是通过其他芳香族胺已证实的途径进行代谢的。这些途径包括N-氧化、N-乙酰化、C-氧化、与葡萄糖醛酸盐或硫酸盐结合[1]。

（5）生物半衰期

在暴露于4,4′-亚甲基双(2-氯苯胺)的个体中，药代动力学分析显示其生物半衰期为23小时，4天内可从体内排出94%[2]。

生态毒理学

兔经皮肤接触暴露于4,4′-亚甲基双(2-氯苯胺) $LD_{50}>5$ g/kg；豚鼠经口服 $LD_{50}=400$ mg/kg；小鼠经腹腔注射 $LD_{50}=64$ mg/kg，经口服 $LD_{50}=640$ mg/kg；大鼠经口服 $LD_{50}=1\ 140$ mg/kg[3]。

毒理学

（1）急性毒性

急性暴露于4,4′-亚甲基双(2-氯苯胺)的临床症状包括虚脱、苍白、发绀、体温过低、血尿，接触超过750 mg/kg 的剂量会引起流泪等反应。病理检查显示出现胃膨胀并伴有出血、膀胱扩张并充满暗红色液体、肝脏颜色苍白且易碎以及肾脏充血。存活的动物脾脏肿大[1]。

（2）亚慢性毒性

6只大鼠（种属和性别未详细说明）每日10次暴露于200 mg/kg的4,4′-亚甲基双(2-氯苯胺)；在第4次和第9次暴露后，获得每只动物的24小时尿样；暴露第10次后4小时处死3只动物。检查这些动物血液中的高铁血红蛋白浓度和葡萄糖水平，6只大鼠均表现出毒性临床征象——皮肤苍白、轻微发绀和体重增加；尿液分析显示多尿，尿为橙黄色；血液中的高铁血红蛋白浓度升高，而血液中的糖含量降低。犬暴露于高剂量（40 mg/kg和80 mg/kg）的4,4′-亚甲基双(2-氯苯胺)，临床症状表现为虚弱、呕吐、苍白和发绀，在所有暴露动物的血液中发现高铁血红蛋白浓度均升高[1]。

（3）致癌性

有证据表明，4,4′-亚甲基双(2-氯苯胺)的致癌性涉及基因毒性作用机制，包括代谢活化、DNA 加合物的形成以及诱导人类致突变作用。通过肝中的 N-氧化、膀胱中的 O-乙酰化以及乳腺和其他器官中的过氧化活化等多种途径对 DNA 反应性中间体进行代谢活化发现，4,4′-亚甲基双(2-氯苯胺)对人类有致癌作用[2]。如果暴露于高剂量的4,4′-亚甲基双(2-氯苯胺)可能会导致人类患癌症，特别是膀胱癌或肝癌[4]。膀胱移行细胞癌与职业暴露于4,4′-亚甲基双(2-氯苯胺)有关[5]。在低蛋白饮食中每日加入50 mg/kg 的4,4′-亚甲基双(2-氯苯胺)，饲喂雌性SD 大鼠两年后发现恶性乳腺肿瘤的发生[6]。

（4）致突变性

4,4′-亚甲基双(2-氯苯胺)在包括大肠杆菌 WP2（uvrA）和鼠伤寒沙门氏菌菌株 TA100、TA98、TA1535、TA1537和 TA1538的许多细菌测试系统中显示出具有反向突变性。在大多数情况下，4,4′-亚甲基双(2-氯苯胺)被发现具有致突变性，特别是在代谢活化存在的情况下。而不经代谢途径则未发现突变反应[1]。在人类白细胞中，4,4′-亚甲基双(2-氯苯胺)不产生细胞遗传学效应（染色单体畸变和姐妹染色单体交换）[1]。氧化的4,4′-亚甲基双(2-氯苯胺)在鼠伤寒沙门氏菌测定中具有直接致突变性。通过两种菌株中突变菌落形成的线性增加证实羟胺的致突变性。邻羟基和二亚硝基代谢物在浓度分别高达50 μg/mg 和500 μg/mg 时致突变性呈阴性[7]。4,4′-亚甲基双(2-氯苯胺)在鼠伤寒沙门氏菌/哺乳动物微粒体诱变试验中具有致突变性，并且诱变效应需要外源代谢活化[7]。4,4′-亚甲基双(2-氯苯胺)对鼠伤寒沙门氏菌、大肠杆菌以及小鼠淋巴瘤 L5178Y 细胞的 tk 基因座具有致突变性，但对酿酒酵母无致突变性[2]。

人类健康效应

人类可以通过吸入和皮肤途径吸收4,4′-亚甲基双(2-氯苯胺)[8]。吸入或摄入4,4′-亚甲基双(2-氯苯胺)可能会导致嘴唇、指甲、皮肤出现发绀，常见症状是抽搐、头晕、头痛、恶心、失去意识及腹痛等[9]。

参考文献

[1] ACGIH. American Conference of Governmental Industrial Hygienists. Documentation of the TLV's and BEI's with Other World Wide Occupational Exposure Values [R]. Cincinnati：CD-ROM 45240-4148：2010.

[2] IARC. Monographs on the Evaluation of the Carcinogenic Risk of Chemicals to Humans[J]. Geneva: World Health Organization, International Agency for Research on Cancer, 1972-PRESENT: Multivolume work V57 284, 1993. http://monographs.iarc.fr/ENG/Classification/index.

[3] LEWIS RJ. Sax's Dangerous Properties of Industrial Materials. 11th Edition [M]. Hoboken: Wiley & Sons, Inc., 2004: 2432.

[4] ACGIH. Threshold Limit Values for Chemical Substances and Physical Agents and Biological Exposure Indices[M]. Cincinnati: American Conference of Governmental Industrial Hygienists TLVs and BEIs, 2001: 4.

[5] CHEN HI, LIOU SH, LOH CH, et al. Bladder cancer screening and monitoring of 4,4′-methylenebis(2-chloroaniline) exposure among workers in Taiwan[J].USA: Urology, 2005: 305-310.

[6] DHHS. Toxicological Profile for 4,4′-Methylenebis(2-chloroaniline) (MBOCA) [J].USA: ATSDR 1994: 15. http://www.atsdr.cdc.gov/toxprofiles/tp45.html.

[7] KUSLIKIS BI, TROSKO JE, BRASELTON WE JR, et al. Mutagenicity and effect on gap-junctional intercellular communication of 4,4′-methylenebis(2-chloroaniline) and its oxidized metabolites[J]. England: Mutagenesis, 1991: 19-24.

[8] BINGHAM E, COHRSSEN B, POWELL CH. Patty's Toxicology Volumes 1-9 5th ed [CD]. New York: John Wiley & Sons., 2001: V4 1076.

[9] IPCS, CEC. International Chemical Safety Card on 4,4′-Methylene bis(2-chloroaniline) [J]. Canada: International Chemical Safety Cards, 2003. http://www.inchem.org/documents/icsc/icsc/eics0508.htm.

亚硫酸铅 II
Sulfurous acid; Lead salt; Dibasic

基本信息

化学名称：亚硫酸铅 II。
CAS 登录号：62229-08-7。
EC 编号：263-467-1。
分子式：$H_2O_5Pb_2S$。
用途：用于聚合物、塑料制品、涂料、金属、木质和建筑材料等。
危害类别：有科学证据证明会对人类或环境造成严重影响。
结构式：

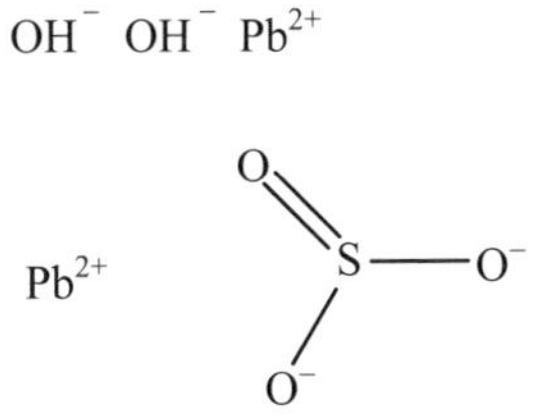

健康效应

根据 ECHA 提供的分类标准，亚硫酸铅 II 具有生殖毒性，会影响生育能力并影响后代，可通过母乳对婴幼儿造成危害。长期或反复接触有器官毒性。口服或吸入有毒，为可疑致癌物。对水生生物有长期毒性。

颜料黄41

Pyrochlore; Antimony lead yellow

基本信息

化学名称：颜料黄41。

CAS 登录号：8012-00-8。

EC 编号：232-382-1。

分子式：$O_7Pb_2Sb_2$。

用途：用于涂料产品、油墨和调色剂以及油灰、灰泥、造型黏土。

危害类别：可能会损害生育能力或腹中胎儿，长期或反复接触会对器官造成损害，对水生生物毒性极大并具有长期持续影响，被怀疑具有致癌性。

结构式：

氧化铅
Lead monoxide;Lead oxide

基本信息

化学名称：氧化铅。

CAS 登录号：1317-36-8。

EC 编号：215-267-0。

分子式：PbO。

相对分子质量：223.2。

用途：可作为其他铅盐的原料；用于制造聚氯乙烯塑料稳定剂，高折射率光学玻璃、陶瓷瓷釉、精密机床的平面研磨剂；用于电子管、显像管、光学玻璃和防 X 射线的铅玻璃及防辐射橡胶制品，化学分析（如测定金和银、沉淀氨基酸），镀铅及合金中可溶性铅盐的配制（如氟硼酸铅的配制等）；在油漆工业中与油制成铅皂，并用于石油、橡胶、玻璃、搪瓷等工业。

危害类别：具有生殖毒性。

结构式：

$$Pb=O$$

理化性质

物理状态：黄色四方晶系粉末，能与甘油发生硬化反应。

熔点：885℃。

沸点：1 470℃。

相对密度：9.53。

溶解性：不溶于水和乙醇，溶于丙酮、硝酸、液碱、氯化铵。

环境行为

在大气中铅化合物光解的最终产物是二价铅氧化物。黄铅矾（$PbSO_4·PbO$）是一种重要的矿物，即蓝石，含有二价铅氧化铅和硫酸铅[1]。铅氧化物在生产和使用中（如蓄电池、水泥、熔剂、陶瓷、玻璃、铬颜料、炼油、清漆、油漆、珐琅、贵金属矿石的测定、红铅的制造、水泥（含甘油）、耐酸成分、火柴头成分、其他铅化合物以及橡胶加速器）可能会通过各种废物流释放到环境中。[2]

二价铅氧化物由于其溶解度低而不会在土壤中浸出。在土壤中，二价铅氧化物可转化为更难以溶解的形式，如硫酸铅、铅磷酸盐和亚硫酸铅，还会形成有机物质和黏土矿物的复合体，从而进一步限制了流动性[3]。二价铅氧化物释放到大气中将以微粒形式存在，可以通过湿法和干沉积法将其从空气中去除。

白河沉积物中铅的主要形式是硫酸铅和氧化铅（Ⅱ）[4]。

生态毒理学

在淡水、静态、18~20℃、pH值为7的条件下，食蚊鱼24 h-LC_{50}=56 000 mg/L。在淡水、静态、pH值7.5~9.1的条件下，水蚤（年龄小于24小时）EC_{50}=132 μg/L。

毒理学

（1）急性毒性

大鼠经皮肤暴露于氧化铅 LD_{50}=2 000 mg/kg[5]，经口服 LD_{50}=2 000 mg/kg[5]。在对3只白化兔子进行急性眼刺激/腐蚀试验时，评估了氧化铅急性暴露的潜在毒性。在每只动物中，有0.1 g 的测试物品被注入右眼的结膜囊中，以未经暴露的左眼作为对照。两只眼睛分别在1小时、24小时、48小时和72小时内进行了检查，结果如下：在注射后24～72小时内，除1只动物的结膜轻微红肿外，眼部未发现任何其他症状，也未发现系统毒性作用；在每只动物中，24小时、48小时和72小时内的眼部反应的平均等级为0 [5]。

（2）慢性毒性

为确定氧化铅单独吸入时是作为一种完全的肺致癌物，还是在之前暴露于裂变中子的大鼠中先作为一种肺致癌物，再作为一种引发剂，通过实验让大鼠先吸入氧化铅后再肌肉注射5-6苯并黄酮（5-6-Benaoflavone），最终证明氧化铅是实验诱导的SD大鼠鳞状细胞癌的特异性促进剂。其结果表明，吸入氧化铅组与未暴露对照组或裂变中子照射组相比，未发现任何过量的癌症，尤其是肺癌或肾癌；在不同的实验条件下，吸入氧化铅并没有显示出明显的致癌或共同致癌作用。[5]

4只雄性和4只雌性恒河猴每天吸入氧化铅微粒（平均21.5 μg/m^3）22小时，持续6个月或12个月。前几个月血铅水平达到17 μg/100 mL，并保持稳定；铅在肺、肝、肾和骨中的含量增加，血清化学或血液学无变化，组织无病理改变。[6]

人类健康效应

氧化铅可损害造血、神经、消化系统及肾脏，职业中毒主要为慢性。氧化铅暴露在神经系统中主要表现为神经衰弱综合征、周围神经病（以运动功能受累较明显），重者出现铅中毒性脑病；在消化系统中表现为齿龈铅线、食欲不振、恶心、腹胀、腹泻或便秘，腹绞痛见于中等及较重病例；对造血系统的损害导致出现卟啉代谢障碍贫血等。短时接触大剂量可发生急性或亚急性铅中毒，表现类似重症慢性铅中毒。

参考文献

[1] World Health Organization. Environmental Health Criteria 3. Lead[M]. Geneva, Switzerland: World Health Organization, 1977.

[2] LARRANAGA M, et al. Hawley's Condensed Chemical Dictionary. 16th ed.[M] Hoboken, NJ: John Wiley & Sons, Inc, 2016: 837.

[3] USEPA. Health Effects Assessment for Lead[M]. USEPA 540/1-86-055, 1984.

[4] PICHTEL J, et al. Environ Engineering Sci, 2001, 18: 91-98.

[5] European Chemicals Agency (ECHA). Registered Substances, Lead monoxide (CAS Number: 1317-36-8)(EC Number: 215-267-0).

[6] NIOSH. Criteria Document: Inorganic Lead XI-59 (1978) DHEW Pub. NIOSH 78-158.

氧化铅与硫酸铅的复合物
Pentalead tetraoxide sulphate

基本信息

化学名称：氧化铅与硫酸铅的复合物。

CAS 登录号：12065-90-6。

EC 编号：235-067-7。

分子式：O_8Pb_5S。

用途：用于塑料（如食品包装和储存、玩具、手机）和金属（如餐具、罐子、玩具、珠宝），电气、电子和光学设备，机械和车辆及塑料制品。

危害类别：可能会损害生育能力或腹中胎儿，长期或反复接触会对器官造成伤害；对水生生物毒性很大，具有长期持续影响；经口及吸入有害，怀疑致癌，可能对母乳喂养的儿童造成伤害。

分子量：1 196.052 g/mol。

结构式：

$$\begin{array}{c} O^- \\ Pb^{++}O^- \\ Pb^{++}Pb^{++} \\ O^-Pb^{++} \\ O^-Pb^+O \\ O^-\!\!-\!\!S\!\!-\!\!O^- \\ O \end{array}$$

乙撑硫脲
Imidazolidine-2-thione

基本信息

化学名称：乙撑硫脲。

CAS 登录号：96-45-7。

EC 编号：202-506-9。

分子式：$C_3H_6N_2S$。

相对分子质量：102.16。

用途：作为氯丁橡胶 CH 型和 W 型及氯乙醇橡胶、聚丙烯酸酯橡胶制品的专用促进剂，用于电线、电缆、橡胶、管带、胶鞋、雨鞋、雨衣等制品，也作为中间原料用于生产抗氧化剂、杀虫剂、染料药物和合成树脂。

危害类别：具有生殖毒性。

结构式：

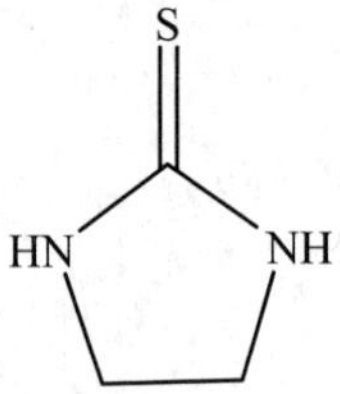

理化性质

物理状态：白色至浅绿色晶体，有微弱的胺味。

熔点：203℃。

蒸气压：2.02×10^{-6} mmHg（25℃）。

水溶解度：溶于乙醇；微溶于二甲基亚砜；不溶于乙醚、苯、氯仿。

辛醇-水分配系数：$\log K_{ow} = -0.66$。

环境行为

（1）降解性

乙撑硫脲很容易被土壤微生物降解[1]。100 mg/L的乙撑硫脲使用30 mg/L的活性污泥接种物实验和MITI试验[2]可在4周内达到其理论BOD的0%。

（2）生物蓄积性

鲤鱼在乙撑硫脲的浓度为1.0 ppm和0.1 ppm下暴露6周时测定得到的BCF值为＜（0.2～0.3）和＜1.8[2]，这些BCF值表明其在水生生物中的生物富集程度较低。

（3）挥发性

乙撑硫脲的亨利定律常数为3.4×10^{-7} atm·m³/mol。该亨利定律常数表明乙撑硫脲基本不会从水表面挥发[3]。

毒理学

（1）急性毒性

大鼠分别喂食含有0 mg/kg、50 mg/kg、100 mg/kg、500 mg/kg或750 mg/kg剂量的乙撑硫脲30天、60天、90天或120天，在100 mg/kg剂量或以上时观察到甲状腺变化。当剂量为159 mg/kg或更高时观察到甲状腺重量增加，并且较大剂量产生显著增生。当用高达625 mg/kg的剂量水平喂养大鼠30天、60天或90天时，观察到大鼠对甲状腺功能影响的生化变化。125 mg/kg喂养30天组可见T3、T4和血清PBI水平降低，TSH浓度增加。25 mg/kg剂量组在60天后出现

T4含量降低现象。在接受25 mg/kg或更多剂量的所有组中甲状腺重量增加。125 mg/kg喂养90天组可见肿瘤（腺瘤），接受625 mg/kg的大鼠在7周内死亡。从这些短期研究中可以得出结论，NOEL值低于25 mg/kg，可能大约为5 mg/kg（相当于0.25 mg/kg体重）[4]。

（2）亚慢性毒性

雄性Osborne-Mendel大鼠（20只/剂量/持续时间）在饮食中分别接受浓度为0 ppm、50 ppm、100 ppm、500 ppm或750 ppm的乙撑硫脲30天、60天、90天或120天。在90天报告的大鼠组织学结果中发现，50 ppm剂量组中未观察到甲状腺变化，100 ppm剂量组中观察到轻微的增生[5]。

（3）发育与生殖毒性

剂量水平按体重高于约10 mg/kg时，乙撑硫脲对大鼠和仓鼠的不同类型中枢神经系统和诱导的骨骼异常具有明显的致畸作用。然而，小鼠在更高剂量水平时（高达800 mg/kg）未发现致畸作用[6]。

乙撑硫脲在大鼠中产生畸形，但该剂量不产生明显的母体毒性或胎儿死亡，表明该物质经胎盘可能发生转移[7]。

（4）内分泌干扰性

在按体重剂量水平＞25 mg/kg时，血清T3、T4和蛋白质结合碘（PBI）降低，并且在实验动物的研究中发现了促甲状腺激素（TSH）的增加。在较高剂量水平（＞100 mg/kg）时，甲状腺重量增加并出现增生，最终导致腺癌的发展。短期暴露于低水平乙撑硫脲的影响似乎是可逆的，但长期暴露于较高水平的影响在某个阶段变得不可逆转。约5 mg/kg剂量水平似乎没有效果[4]。

（5）致突变性

鼠伤寒沙门氏菌的细菌反向突变试验显示，TA98、TA100、TA1535和TA1537菌株的致突变为阴性[7]。

人类健康效应

乙撑硫脲吸入时会引起呼吸道刺激,并伴有酸痛、声音嘶哑、咳嗽和痰;高暴露水平会导致出汗、口渴、恶心、心率和血压升高,并持续数小时或数天;较高的暴露水平可导致肺水肿,医疗紧急情况可延迟数小时,并可能会导致死亡。接触乙撑硫脲可能会刺激皮肤和眼睛,并可能导致眼睛灼伤[8]。

参考文献

[1] LYMAN W R,LACOSTE R J. New developments in the chemistry and fate of ethylene-bisdithiocarbamate fungicides[J]. Environ. Qual. Saf.,1975,3:67-74.

[2] NITE. Chemical Risk Information Platform(CHRIP). Biodegradation and Bioconcentration[M]. Tokyo,Japan:Natl Inst Tech Eval:2010. http://www.safe.nite.go.jp/english/db.html.

[3] LYMAN WJ,et al. Handbook of Chemical Property Estimation Methods[M]. Washington,DC:Amer Chem Soc,1990:1-29.

[4] WHO. Environ Health Criteria 78:Dithiocarbamate Pesticides,Ethylenethiourea And Propylenethiourea:A General Introduction. 1988. http://www.inchem.org/pages/ehc.html.

[5] U.S. Environmental Protection Agency's Integrated Risk Information System(IRIS)on Ethylene thiourea(CAS# 96-45-7). 2010. http://www.epa.gov/iris/subst/index.html.

[6] IARC. Monographs on the Evaluation of the Carcinogenic Risk of Chemicals to Humans[M]. Geneva:World Health Organization,International Agency for Research on Cancer:1974.http://monographs.iarc.fr/ENG/Classification/index.php.

[7] DHHS/National Toxicology Program. Salmonella Study Summary for Ethylene thiourea(96-45-7). 1980. http://ntp-apps.niehs.nih.gov/ntp_tox/.

[8] SMITH D M. Ethylene thiourea:thyroid function in two groups of exposed workers[J]. Brit J Indus Med. 1984,3:362-366.

乙二醇单甲醚
2-Methoxyethanol

基本信息

化学名称：乙二醇单甲醚。

CAS 登录号：109-86-4。

EC 编号：203-713-7。

分子式：$C_3H_8O_2$。

相对分子质量：76.10。

用途：常作为溶剂、清漆的稀释剂，在印染工业中用作渗透剂和匀染剂，在燃料工业中用作添加剂，在纺织工业中用作染色助剂。

危害类别：具有生殖毒性。

结构式：

$$HO-CH_2-CH_2-O-CH_3$$

理化性质

物理状态：无色液体（20℃，101.3 kPa），略有醚的气味。

熔点：−85.1℃（101.3 kPa）。

沸点：124.1℃（101.3 kPa）。

相对蒸气密度（空气）：1∶2.62。

密度：0.947 g/m^3。

溶解性：可与水混溶，也可混溶于醇类、酮类、烃类。

辛醇-水分配系数：$\log K_{ow}$ = −0.77（22℃，pH 值6～7）。

环境行为

（1）降解性

乙二醇单甲醚的降解分为生物降解与非生物降解两类，其中，生物降解可分为需氧与厌氧两种不同的情况。在需氧生物降解条件下，20℃、10天后活性污泥中乙二醇单甲醚（100～1 000 mg/L）的降解达到理论 BOD 值的64.7%。在 MITI 试验中，使用30 mg/L 活性污泥接种后2周内，乙二醇单甲醚（100 mg/L）的降解达到理论 BOD 值的83%～94%[1]。在厌氧生物降解条件下，37℃、pH 值=7的氮环境中用人造污水和在连续厌氧生物反应器中培养的细菌（100 mg C/L）进行标准试验，乙二醇单甲醚（30 mg C/L）21天后的生物降解为99%；在有机培养基、葡萄糖和谷氨酸（15 mg C/L）中的生物降解7天后为100%[2]。

乙二醇单甲醚与大气中羟基自由基反应的速率常数为9.5 cm^3/(mol·s)[3]，相当于在羟基自由基为$5×10^5$个/m^3的条件下，结构预测其间接光解半衰期约为31小时（20℃）[4]。乙二醇单甲醚不具备可吸收＞290 nm 的生色基团，因此在太阳光下不易直接发生光解[5]。

（2）生物蓄积性

基于 $\log K_{ow}$=−0.77，乙二醇单甲醚的 BCF 预测值为3。根据分类标准，乙二醇单甲醚在水生生物中潜在的生物蓄积性较低[6]。

（3）吸附解析

乙二醇单甲醚的 K_{oc} 预测值为1。根据分类标准，乙二醇单甲醚在土壤中有很高的移动性[6]。

（4）挥发性

基于蒸气压值和水溶解度，乙二醇单甲醚的亨利定律常数预测值为$3.3×10^{-7}$ atm·m^3/mol，提示其可从水面挥发[7]。采用模型预测，在一条水深

1 m、水流0.05 m/s、风速0.5 m/s 的河流中，预计乙二醇单甲醚的挥发半衰期为97天[6]；从1 m 深、流速0.05 m/s、风速0.5 m/s 的模型湖估计的挥发半衰期为707天。基于亨利定律常数，预测乙二醇单甲醚可从潮湿土壤表面挥发；根据蒸汽压为9.5 mmHg，预测其还可从干燥土壤表面挥发[8]。

生态毒理学

流水式条件下，蓝鳃太阳鱼96 h-LC_{50} =9 650 mg/L[9]；高体雅罗鱼48 h-LC_{50} > 10 000 mg/L[9]，96 h-LC_{50} > 500 mg/L[9]；青鳉24 h/48 h-LC_{50} > 1 000 mg/L；丰年虾24 h-LC_{50} > 10 000 mg/L。

毒理学

（1）急性毒性

乙二醇单甲醚对眼睛具有刺激作用。兔经口暴露 LD_{50}=890 mg/kg；小鼠经腹腔注射 LD_{50}=2 147 mg/kg，经口 LD_{50}=2 560 mg/kg；大鼠经静脉注射 LD_{50}=2 140 mg/kg，经腹腔注射 LD_{50}=2 500 mg/kg，经口 LD_{50}=2 460 mg/kg[10]。

（2）亚慢性毒性

F344大鼠连续10天经口分别灌胃50 mg/kg、100 mg/kg、200 mg/kg 乙二醇单甲醚，通过测定其对脾脏和胸腺的影响评估其免疫毒性，主要表现为胸腺重量呈剂量-反应性下降，所有剂量均显著抑制脾细胞对刀豆蛋白-A 和植物血凝素的反应。200 mg/kg 剂量组大鼠表现为睾丸重量显著下降[11]。

一项关于大鼠的乙二醇单甲醚毒性试验显示，雄性和雌性 SD 大鼠饮用含有200 mg/L 或6 000 mg/L 乙二醇单甲醚的水，21天后检查其胸腺、脾脏、肝脏、睾丸和肾脏重量及病理变化，通过确定延迟型超敏度、白介素2的产生等评估了乙二醇单甲醚对免疫系统的影响。在两种性别的大鼠中，胸腺的重量都显著降低，并观察到胸腺组织萎缩、脑皮质和髓质之间的明显界限消失；6 000 mg/L 剂量组的雄鼠睾丸重量明显降低，出现生精小管萎缩，生精细胞的数量下降和细胞坏死[12]。

（3）慢性毒性

慢性接触乙二醇单甲醚会导致大脑、肝脏、肾脏、心肌等血流动力学损伤和营养不良等改变。乙二醇单甲醚在人类和实验动物中都能产生血液毒性[13]。

（4）发育与生殖毒性

大鼠经口给予乙二醇单甲醚1～11天，可导致精子数量呈剂量依赖性下降，精子活力和形态在100 mg/kg 剂量时发生改变，在睾丸的病理解剖中有明显的组织学损伤，NOEL 值为50 mg/kg，在暴露于200 mg/kg 后，生育率下降表现明显[14]。

在单剂量研究中，小鼠在妊娠11天给予乙二醇单甲醚灌胃处理，100 mg/kg 剂量组未观察到明显的胎儿毒性；175 mg/kg 剂量组胎鼠产生足趾缺陷，未观察到母体或胎鼠的其他毒性表现；25 mg/kg 剂量组观察到新生大鼠心血管缺陷和心电图异常[14]。

（5）免疫毒性

实验证明乙二醇单甲醚能使大鼠发生免疫毒性，在小鼠中未发现类似毒性。为研究这一物种差异可能的毒性机制，在体外研究了乙二醇单甲醚及其代谢物2-甲氧基乙酸（MAA）和2-甲氧乙醛（MAAD）对 F344大鼠和 B6C3F1小鼠淋巴细胞的体外多克隆抗体反应：MAAD 和 MAA 在非细胞毒性剂量上抑制了两种鼠淋巴细胞 IgM 和 IgG 的产生，但乙二醇单甲醚对这两种鼠淋巴细胞抗体的产生没有影响；与小鼠淋巴细胞（2.0 mmol/L MAA）相比，较低浓度的 MAA 会抑制大鼠淋巴细胞 IgM 和 IgG 的产生（分别为 0.5 mmol/L 和1 mmol/L MAA）；大鼠和小鼠淋巴细胞 IgM 和 IgG 的生成均受 MAAD（0.3 mmol/L MAAD）抑制。在体外抑制中，乙二醇单甲醚对其免疫抑制形态的代谢作用表现在肝细胞-淋巴细胞共同培养上。小鼠（12.5 mmol/L 乙二醇单甲醚）与大鼠（25 mmol/L 和50 mmol/L 乙二醇单甲醚）肝细胞共培养后，二者淋巴细胞的 IgM 生成在乙二醇单甲醚浓度较低时被抑制。这些体外实验结果表明，大鼠淋巴细胞对 MAA 的敏感性高于小鼠淋巴细胞；与大鼠肝细胞相比，小鼠肝细胞具有更强的对乙二醇单甲醚的代谢能力。此外，MAAD 具有比 MAA 更强的免疫毒性，这说明这种代谢物可能是最直接的免疫毒物。这些观察可能部分解释了体内乙二醇单甲醚介导的免疫抑制的物种差异。

（6）致突变性

一项在体内外进行的2-甲氧乙醛（MAAD）、甲氧基乙醛（MALD）、2-甲氧基乙酸（MAA）的致突变性和致染色体断裂的研究中，对中国仓鼠卵巢细胞（CHO）克隆（K1-BH4）和 CHO 细胞衍生物（AS52）进行培养实验时，只在 AS52细胞中发现 MALD 是诱发突变的，表现为明显的染色体断裂。在对 C6B3F1小鼠的研究中发现，乙二醇单甲醚和 MALD 无论在何种剂量或暴露途径中都未在小鼠的骨髓中发现致染色体断裂效应。在高剂量中，乙二醇单甲醚在骨髓细胞中造成的毒性可以减少细胞分裂的频率，并以此作为毒性的观察指标[15]。

人类健康效应

皮肤、眼睛和吸入是乙二醇单甲醚暴露的主要途径：眼睛常见症状表现为发红、疼痛、视力模糊；吸入常见症状为咳嗽、喉咙痛、头晕、头痛；摄入常见症状为腹痛、恶心、呕吐。医学观察表明，乙二醇单甲醚对眼睛和呼吸道有轻微的刺激作用，同时可能会对中枢神经系统、血液、骨髓、肾脏和肝脏产生影响。暴露于高剂量时可能会导致无意识。有报告表明，乙二醇单甲醚可能对血液和骨髓有影响，导致贫血和血细胞损伤，同时还会对人类生殖或发育造成毒性[16]。

参考文献

[1] NITE. Chemical Risk Information Platform（CHRIP）. Biodegradation and Bioconcentration[M]. Tokyo，Japan：Natl Inst Tech Eval，2015.http：//www.safe.nite.go.jp/english/db.html.

[2] KAMEYA T，MURAYAMA T，URANO K. Biodegradation ranks of priority organic compounds under anaerobic conditions[J]. Sci Total Environ，1995，170（1-2）：43-51.

[3] Dow Chemical Company. The Glycol Ethers Handbook[M]. Midland，MI：Dow Chemical，1981：58.

[4] ATKINSON R J.Gas phase Tropospheric Chemistry of Organic Compounds（Monograph 1）[J].J Phys Chem Ref，1989：150.

[5] LYMAN WJ . Handbook of Chemical Property Estimation Methods[M]. Washington，DC：Amer Chem Soc，1990：8-12.

[6] US EPA. Estimation Program Interface（EPI） Suite. Ver. 4.11. Nov，2012. Available from，as of May 7，2014：http：//www.epa.gov/oppt/exposure/pubs/episuitedl.htm.

[7] LYMAN WJ. Handbook of Chemical Property Estimation Methods[M]. Washington，DC：Amer Chem Soc，1990：15-29.

[8] Dow Chemical Company. The Glycol Ethers Handbook[M]. Midland，MI：Dow Chemical，1981：58.

[9] European Commission，ESIS；IUCLID Dataset，2-methoxyethanol（109-86-4）[J]. p. 27（2000 CD-ROM edition）. Available from as of May 15，2014 the Database Query page at：http：//esis.jrc.ec.europa.eu/.

[10] LEWIS RJ. Sax's Dangerous Properties of Industrial Materials. 11th Edition[M]. Hoboken：Wiley，2004：174.

[11] SMIALOWICZ RJ，RIDDLE MM，LUEBKE RW，et al. Immunotoxicity of 2-methoxyethanol following oral administration in Fischer 344 rats[J]. Toxicol Appl Pharmacol，1991，109（3）：494-506.

[12] EXON JH, MATHER GG, BUSSIERE JL, et al. Effects of subchronic exposure of rats to 2-methoxyethanol or 2-butoxyethanol: thymic atrophy and immunotoxicity[J]. Fund Appl Toxicol, 1991, 16 (4): 830-840.

[13] SHEFTEL, V.O. Indirect Food Additives and Polymers. Migration and Toxicology[M]. Boca Raton: Lewis Publishers, 2000: 753.

[14] International Program on Chemical Safety[C]. Environmental Health Criteria 115 for 2-Methoxyethanol, and 2-Ethoxyethanol, and their acetates. Available from, as of 05.9.2014.

[15] AU WW, et al. Occup Hyg 2 (1-6): 177-186 (1996).

[16] International Program on Chemical Safety/Commission of the European Union[C]. International Chemical Safety Card on ETHYLENE GLYCOL MONOMETHYL ETHER (109-86-4). Available from, as of 05.19.2014: http://www.inchem.org/documents/icsc/icsc/eics0061.htm.

乙二醇单乙醚
2-Ethoxyethanol

基本信息

化学名称：乙二醇单乙醚。

CAS 登录号：110-80-5。

EC 编号：203-804-1。

分子式：$C_4H_{10}O_2$。

相对分子质量：90.12。

用途：用作染料、油墨、油漆和清漆的溶剂，还用作清洗溶液、环氧涂料溶剂、防冻航空燃料添加剂。

危害类别：具有生殖毒性。

结构式：

$$HO-CH_2CH_2-O-CH_2CH_3$$

理化性质

物理状态：无色挥发性液体，有甜醚类的气味和轻微的苦味。

熔点：−70℃。

沸点：135.7℃。

蒸气压：5.31 mmHg（25℃）。

密度：0.925 3 g/cm³（25℃）。

水溶解度：可溶于水、丙酮、乙醚、乙醇。

辛醇-水分配系数：$\log K_{ow} = -0.32$。

环境行为

（1）降解性

生物降解：在日本MITI试验[1]中，用30 mg/L的活性污泥接种，乙二醇单乙醚在两周内达到理论BOD值的76%。在小规模污泥系统中，乙二醇单乙醚含量可以从饲料中的2 284 mg/L降至废水中的18 mg/L[2]，在废气或废物混合样本中未检出乙二醇单乙醚。在20℃条件下，利用生物卫生废物处理厂的改造出水，乙二醇单乙醚在5天内达到理论BOD值的65%[3]。用污水种子和驯化后的活性污泥种子孵育5天，乙二醇单乙醚的C值分别为7.6%和54.3%[4]。在20℃下，用5~10 ppm的乙二醇单乙醚与活性污泥孵育5天可达到理论BOD值的81%[5]。50 mg/L乙二醇单乙醚在瓦博呼吸计中20℃下与驯化的活性污泥孵育5天后，其理论BOD值达到54%[6]。

非生物降解：气相乙二醇单乙醚在大气中通过光化学生成的氢氧自由基的反应而降解，在空气中该反应的半衰期估计为22小时。乙二醇单乙醚不含波长>290 nm 的基团，因此预计不会受到阳光直接光解的影响。如果释放到土壤中，基于$K_{oc}=2$，预计乙二醇单乙醚具有非常高的移动性。根据亨利定律常数4.7×10^{-7} atm·m^3/mol，从潮湿的土壤表面挥发将是一个重要的环境归趋过程。根据其蒸气压值，乙二醇单乙醚可从干燥的土壤表面挥发。如果被释放到水中，基于估计的K_{oc}值，乙二醇单乙醚不会吸附到悬浮的固体和沉积物中。根据其亨利定律常数，从水体表面挥发被认为是一个重要的环境归趋过程。据估计，模型河和模型湖挥发半衰期分别需要74天和540天。由于缺少可水解的官能团，水解可能不是一个重要的环境归趋过程（pH 值5~9）。

（2）生物蓄积性

乙二醇单乙醚在水生生物体内的生物蓄积性低。

生态毒理学

蓝鳃太阳鱼 96 h-LC_{50} > 10 000 mg/L[7]。孔雀鱼 7 d-LC_{50} = 16 400 mg/L[8]。水蚤 48 h-EC_{50} = 21 μmol/L（95%CI：12～39 μmol/L）[9]。

毒理学

（1）急性毒性

大鼠急性暴露于乙二醇单乙醚没有立即出现痛苦迹象，但随后会出现呼吸困难和轻微的麻痹，7小时后虚脱。在一些动物中，乙二醇单乙醚暴露会引起晶状体和角膜混浊，一滴纯物质滴注眼睛会引起充血和轻微水肿。注射乙二醇单乙醚后会出现急性肾病，并伴有退变过程，颅内和小管可见出血，也有血尿、肺充血和水肿，脾出现滤泡性吞噬和某些铁质沉着，也会导致胃黏膜出血[10]。

豚鼠可以在 6 000 ppm 的暴露强度下存活1小时，3 000 ppm 暴露下存活4小时，500 ppm 暴露下24小时无明显损伤。更严重的暴露会导致肺损伤、胃和肠出血、肾脏充血[11]。

大鼠、小鼠、豚鼠或家兔口服乙二醇单乙醚后出现血红蛋白尿和（或）血尿，剂量接近 LD_{50}。肾脏镜下可见严重的肾小管变性、充血和铸型形成，部分动物皮质小管大部分坏死[7]。

（2）亚慢性毒性

乙二醇单乙醚口服5周、每天 2 000 mg/kg，除白细胞计数减少外，未发现血液学参数的改变；1 000 mg/kg 无明显影响[7]。

7剂乙二醇单乙醚 0.1 mL/kg（0.093 g/kg）可引起急性白蛋白尿，7剂 0.25 mL/kg（0.23 g/kg）可引起白蛋白尿和血尿。当剂量增加到 1 mL/kg（0.93 g/kg）时，第7天出现白蛋白尿和血尿，第8天因肾损伤而死亡。2 mL/kg（1.86 g/kg）剂量可引起肾功能衰竭、拒绝进食、蛋白尿、尿铸型，死亡原因为肾损伤[11]。

乙二醇单乙醚给药持续4周，每天的最高剂量为0.38 g/kg，大鼠无死亡。剂量为0.185 g/kg和0.38 g/kg可引起呼吸困难、嗜睡、轻度共济失调、雌性生长抑制以及血红蛋白水平和血细胞比容值的降低。在0.38 g/kg剂量水平下，观察到肾间质水肿、肝实质分离和肾小管病变[11]。

（3）发育与生殖毒性

通过乙二醇单乙醚对青春期（5周龄）和成年（9周龄）的雄性大鼠睾丸细胞数量的影响研究显示，将50只大鼠（25只青春期大鼠和25只成年大鼠）分为5个实验组，分别暴露于0 mg/kg（对照组）、50 mg/kg、100 mg/kg、200 mg/kg和400 mg/kg 乙二醇单乙醚，灌胃4周。在成年大鼠中，400 mg/kg 剂量可显著降低单倍体细胞的数量，而增加二倍体和四倍体细胞的数量；在青春期大鼠中，400 mg/kg 剂量只引起睾丸细胞类型相对百分比的微小变化。这些结果提示，乙二醇单乙醚对青春期大鼠睾丸功能的影响明显小于成年大鼠[11]。

通过对大鼠和家兔分别在妊娠第1～19天和第1～24天进行吸入暴露的研究显示，乙二醇单乙醚的高暴露水平为615 ppm（兔）和765 ppm（大鼠）；低暴露水平为160 ppm（兔）和200 ppm（大鼠）。[12]

将未稀释的乙二醇单乙醚于孕7～16天（精子=1天）作用于孕鼠皮肤，剂量为每日4次、每次0.25 mL 或0.50 mL。高剂量组治疗后孕鼠出现共济失调，妊娠后半期体重增加明显减少，宫内死亡率为100%；低剂量组孕鼠活胎数显著减少，胎儿体重显著减少，骨骼变异和心血管畸形的发生率显著增加[13]。

乙二醇单乙醚在一次接触17 mg/L饱和蒸汽3小时后可导致睾丸重量减少[14]。

涉及不同给药途径的若干物种的大量生殖和发育毒性研究表明，乙二醇单乙醚和乙氧基乙醇乙酸酯是生殖毒性物质和致畸剂。

乙二醇单乙醚作为乙二醇醚的成员之一，已被证明能在实验动物中产生睾丸萎缩。该研究进一步确定了其在体内对雄性动物生殖系统的影响谱，并就可能的作用机制开展了体外研究。成年雄性大鼠分别给予0 mg/kg或

936 mg/kg乙二醇单乙醚，每周5天，共6周。在暴露期间，每周从交配后立即接受卵巢切除、激素刺激的雌鼠身上采集精液样本，并对精子数量、精子形态和精子活力进行分析。第5周和第6周精子计数和正常形态百分比下降，第6周精子活力下降。这些数据和其他研究表明，粗线精母细胞是乙二醇单乙醚最敏感的靶细胞。体外研究监测了用10 mmol/L乙二醇单乙醚或1 mmol/L、10 mmol/L乙氧基乙酸（EAA，乙二醇单乙醚的活性代谢物）处理分离的粗线精母细胞的O_2消耗和ATP浓度。仅在10 mmol/L EAA处理的细胞中发现乳酸速率/内源性速率呼吸比增加、2,4-二硝基苯酚速率/乳酸速率下降。此外，ATP浓度仅在10 mmol/L EAA时出现下降。这些结果表明EAA对粗线精母细胞的能量代谢有干扰作用。这种效应可能在一定程度上解释了乙二醇醚化合物所产生的生殖毒性[15]。

人类健康效应

流行病学及动物实验发现，乙二醇单乙醚对人类健康的主要影响是发育、睾丸和血液毒性，所有这些影响都可能是由短期和长期暴露造成的。在实验动物中，大量重复暴露于乙二醇单甲醚和乙二醇单乙醚（分别超过930 mg/m^{3}和1 450 mg/m^3）会产生神经行为、肝和肾毒性效应。在人类中毒的情况下也观察到了这些现象[17]。

长期或反复暴露于乙二醇单乙醚会使皮肤脱脂，可能对血液和骨髓产生明显影响，导致贫血和血细胞损伤，还可能对人类的生殖或发育造成毒性[16]。

参考文献

[1] NITE. Chemical Risk Information Platform（CHRIP）. Biodegradation and Bioconcentration. Tokyo, Japan：Natl Inst Tech Eval.

[2] KUPFERLE M J, et al. Proc 16 th Ann Haz Waste Res Symp Cincinnati.1990.OH pp 340-9 USEPA-600/9-90-037.

[3] BRIDIE A L, et al. Water Res, 1979.13: 627-630.

[4] BOGAN R H, SAWYER C N. Sewage Ind Waste, 1955, 27: 917-928.

[5] HEUKELEKIAN H, RAND M C. J Water Pollut Control Fed, 1955, 30: 1040-1053.

[6] LUDZACK F J, ETTINGER M B. J Water Pollut Control, 1960, 30: 1173-1100.

[7] International Program on Chemical Safety. Environmental Health Criteria 115 for 2-Methoxyethanol, and 2-Ethoxyethanol, and their acetates.

[8] European Commission, ESIS. IUCLID Dataset, 2-ethoxyethanol (110-80-5), 2002, 24.

[9] ROSE R M, St J Warne M. LIM RP.Quantitative structure-activity relationships and volume fraction analysis for nonpolar narcotic chemicals to the australian cladoceran ceriodaphnia cf. Dubia[J].Arch Environ Contam Toxicol, 1998, 34 (3): 248-252.

[10] BROWNING E. Toxicity and Metabolism of Industrial Solvents. New York: American Elsevier, 1965: 603.

[11] BINGHAM E, COHRSSEN B, POWELL C H. Patty's Toxicology Volumes 1-9 5th ed[M]. John Wiley & Sons. New York, 2001: 113.

[12] YOON C Y, HONG C M, SONG J Y. Effect of ethylene glycol monoethyl ether on the spermatogenesis in pubertal and adult rats[J]. J Vet Sci, 2001, 2 (1): 47-51.

[13] HARDIN B D, BOND G P, SIKOV M R. Testing of selected workplace chemicals for teratogenic potential[J]. Scand J Work Environ Health, 1981: 66-75.

[14] HARDIN B D, NIEMEIER R W, SMITH R J. Teratogenicity of 2-ethoxyethanol by dermal application[J]. Drug Chem Toxicol, 1982, 5 (3): 277-94.

[15] DOE J E. Further studies on the toxicology of the glycol ethers with emphasis on rapid screening and hazard assessment[J]. Environ Health Perspect, 1984, 57: 199-206.

[16] OUDIZ D, ZENICK H. In vivo and in vitro evaluations of spermatotoxicity induced by 2-ethoxyethanol treatment[J]. Toxicol Appl Pharmacol, 1986, 84 (3): 576-583.

[17] International Program on Chemical Safety/Commission of the European Union; International Chemical Safety Card on Ethylene Glycol Monoetheyl Ether (110-80-5).

乙二醇二甲醚
1,2-Dimethoxyethane

基本信息

化学名称：乙二醇二甲醚。

CAS 登录号：110-71-4。

EC 编号：203-794-9。

分子式：$C_4H_{10}O_2$。

相对分子质量：92.12。

用途：主要用于工业化学中的溶剂和加工助剂、锂电池的电解质溶液。

危害类别：具有生殖毒性。

结构式：

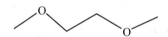

理化性质

物理状态：无色液体（20℃，101.3 kPa），略有醚的气味。

熔点：-58℃（101.3 kPa）。

沸点：82~83℃（101.3 kPa）。

相对蒸气密度（空气=1）：3.11。

密度：0.87 g/m³。

溶解性：溶于水、乙醇、烃类。

辛醇-水分配系数：$\log K_{ow}$ = -0.21（22℃，pH 值6~7）。

pH 值：8.2。

环境行为

（1）降解性

乙二醇二甲醚在大气中通过与光化学反应介导的羟基自由基反应而降解，空气中这种反应的半衰期约25小时[1]。乙二醇二甲醚与大气中羟基自由基反应的速率常数为$1.6×10^{-11}$ cm^3/（mol·s），相当于在羟基自由基为$5×10^5$个/m^{3}的条件下，结构预测其间接光解半衰期约为25小时（20℃）[1]。

（2）生物蓄积性

基于 log K_{ow} = –0.21，BCF 预测值为0.4，根据分类标准，提示乙二醇二甲醚在水生生物中的生物蓄积性很低[2]。

（3）吸附解析

乙二醇二甲醚的 K_{oc} 预测值为18，根据分类标准，其在土壤中具有很高的移动性[3]。

（4）挥发性

基于蒸气压值和水溶解度，乙二醇二甲醚的亨利定律常数预测值为$1.1×10^{-6}$ atm·m^3/mol，提示其可从水面缓慢挥发[4]。采用模型预测，在一条水深1 m、水流1 m/s、风速3 m/s 的河流中，预计乙二醇二甲醚的挥发半衰期为33天；从1 m 深、流速0.05 m/s、风速0.5 m/s 的模型湖估计的挥发半衰期估计为240天[5]。基于48 mmHg 的实验蒸气压，预测乙二醇二甲醚可从干燥的土壤表面挥发[6]。

毒理学

发育与生殖毒性：雌性大鼠通过喂食途径暴露于浓度为8 000 mg/kg 的乙二醇二甲醚，出现显著的回避反应下降，但是逃避反应没有受到影响，进一步暴露后两种反应均下降[7]。孕鼠暴露于乙二醇二甲醚，A 组（28只）

暴露于49 mg/kg，B组（23只）暴露于350 mg/kg，C组（23只）暴露于250 mg/kg。结果显示，各组胎仔的死亡率分别为20%（A组）、13.1%（B组）、12.6%（C组）；胎鼠颈椎异常、脊柱融合、肋骨融合畸形率随剂量增加而增加；面部畸形率分别为19.2%（A组）、5.1%（B组）、0.3%（C组）[8]。

人类健康效应

吸入是乙二醇二甲醚暴露的主要途径，吸入暴露最常见的症状是头晕或呼吸困难，应避免长时间或反复吸入高浓度蒸气。乙二醇二甲醚液体对皮肤没有刺激性。如果吞食乙二醇二甲醚会引起恶心、呕吐或意识丧失[9]。

参考文献

[1] MEYLAN WM, HOWARD PH. Computer estimation of the atmospheric gas-phase reaction rate of organic compounds with hydroxyl radicals and ozone [J]. England :Chemosphere,1993:93-99

[2] FRANKE C, STUDINGER G, BERGER G, et al.The assessment of bioaccumulation[J]. Chemosphere, 1994, 29:1501-1514

[3] SWANN RL, LASKOWSKI DA, MCCALL PJ, et al.A rapid method for the estimation of the environmental parameters octanol/water partition coefficient, soil sorption constant, water to air ratio, and water solubility[J]. Residue Reviews, 1983, 85:17-28.

[4] MEYLAN WM, HOWARD PH. A review of quantitative structure-activity relationship methods for the prediction of atmospheric oxidation of organic chemicals[J]. Environ Toxicol Chem, 2003 22(8):1724-32

[5] LYMAN WJ. Handbook of Chemical Property Estimation Methods[M]. Washington DC: Amer Chem Soc,1990:19-25.

[6] RIDDICK JA . In: Organic Solvents, Physical Properties and Methods of Purification[M]. NY,NY: John Wiley & Sons, 1986:296

[7] Clayton GD, Clayton FE. Patty's Industrial Hygiene and Toxicology: Volume 2A, 2B, 2C: Toxicology. 3rd ed[M]. New York: John Wiley Sons, 1982:3059

[8] UEMURA K. Ultrasound irradiation effects on pre-implantation embryos (author's transl)[J]. ACTA OBSTET GYNAECOL JPN,1980: 32 (1): 113

[9] USCG. CHRIS - Hazardous Chemical Data. Volume II[M]. Washington DC:U.S. Government Printing Office, 1984:5.

乙二醇二乙醚
1,2-Diethoxyethane

基本信息

化学名称：乙二醇二乙醚。

CAS 登录号：629-14-1。

EC 编号：211-076-1。

分子式：$C_6H_{14}O_2$。

相对分子质量：118.18。

用途：用作硝化纤维素、橡胶、树脂等的溶剂和有机合成的反应介质，还可用于丙烯酸树脂、甲基丙烯酸树脂、环氧树脂及硝基、乙基纤维素等溶剂，也可用于制药工业的抽提剂、润滑油添加剂、脱漆剂、油漆涂料的溶剂，毛织品印染的油水溶剂及铀矿的萃取剂，在有机合成中可作为溶剂。

危害类别：具有中等毒性及生殖毒性。

结构式：

$$H_3C-CH_2-O-CH_2-CH_2-O-CH_2-CH_3$$

理化性质

物理状态：无色液体，气味微甜。

熔点：–74℃。

沸点：121.4℃。

蒸气压：4.07。
密度：0.848 4 g/cm³（20℃）。
水溶解度：8.37×10⁴ mg/L（25℃）。
辛醇-水分配系数：$\log K_{ow}$ =0.66。

环境行为

（1）降解性

生物降解：乙二醇二乙醚可在土壤中发生生物降解。

非生物降解：乙二醇二乙醚与大气中羟基自由基反应的速率常数为$5.79×10^{-11}$ cm³/（mol·s）（25℃），相当于在羟基自由基为$5×10^{5}$个/m³的条件下，预测其大气半衰期约为6.6小时。

（2）生物蓄积性

基于 $\log K_{ow}$=0.66[1]，BCF 预测值为3，根据分类标准[2]，提示乙二醇二乙醚在水生生物中的富集浓度低。

（3）吸附解析

乙二醇二乙醚的 K_{oc} 预测值为54，根据分类标准[3]，其在土壤中具有高移动性。

（4）挥发性

基于蒸气压值3.37 mmHg[4]和水溶解度83 700 mg/L[5]，乙二醇二乙醚的亨利定律常数预测值为$6.3×10^{-5}$ atm·m³/mol，提示其可从水面挥发。采用模型预测，在水深1 m、水流0.05 m/s、风速0.5 m/s 的模型湖中，预计挥发半衰期为8.9天；在水深1 m、水流1 m/s、风速3 m/s 的模型河中，预计挥发半衰期为18小时[6]。基于亨利定律常数，预测乙二醇二乙醚可从潮湿土壤表面挥发；基于蒸气压，乙二醇二乙醚存在从干燥土壤表面挥发的可能性。

毒理学

（1）急性毒性

大鼠经口暴露于乙二醇二乙醚 LD_{50}=4.39 g/kg；豚鼠经口 LD_{50}=2.44 g/kg；兔子经口 LD_{50}=2.52 g/kg，经皮 LD_{50}=8.0 mL/kg[7]。

猫接受4次1 mL/kg剂量的乙二醇二乙醚染毒，每次给药后均表现出中毒症状，并在接受第4次剂量后死亡。10 000 ppm剂量的乙二醇二乙醚吸入1小时会引起黏膜刺激，并导致中枢神经系统抑制。猫比兔子、豚鼠更敏感。狗每天皮下注射9.5 mL乙二醇二乙醚，染毒7天，没有观察到尿中草酸含量的改变，然而尸检显示有脉管系统、肝脏、大脑、睾丸特别是肾脏损伤[7]。

（2）发育与生殖毒性

CD-1怀孕小鼠和新西兰妊娠期白兔在主要器官发生期间灌胃给药，小鼠在妊娠第6～15天每日给药0 mg/kg、50 mg/kg、150 mg/kg、500 mg/kg或1 000 mg/kg，兔子在妊娠第6～19天每日给药0 mg/kg、25 mg/kg、50 mg/kg或100 mg/kg，染毒期间每天监测母代的临床状况。在小鼠妊娠第17天（每组22～24只）和兔妊娠第30天（每组26～32只）评估临床状况和妊娠结局，检查每个活体胎儿是否存在形态、内脏和骨骼畸形。染毒期间没有观察到孕鼠死亡。妊娠期间孕鼠体重增加减少继发于胚胎/胎儿毒性，即胎仔数减少和胎儿体重下降导致妊娠子宫重量减少。染毒剂量为每日50 mg/kg剂量时，未观察到发育毒性；在大于或等于150 mg/kg剂量时，小鼠发生胎儿畸形的窝数增加；在≥500 mg/kg剂量时，胎儿体重减少，并且畸形发生率显著增加，最常观察到的是颅脑畸形和肋骨融合。孕兔在每日100 mg/kg剂量下观察到6%的孕兔死亡率，母代体重未受到染毒的影响；在每日25 mg/kg剂量下未观察到发育不良反应；每日染毒剂量≥50 mg/kg时，胎儿畸形发生率增加，最常见的畸形是短尾、小脾脏、胸骨融合和肋软骨融合。总之，在器官发生过程中给小鼠和兔子口服乙二醇二乙醚，即使在没有明显的母体毒性的情况下也会产生严重的致畸毒性[8]。

人类健康效应

乙二醇二乙醚可通过生产或使用场所的吸入和皮肤接触而导致职业暴露。一般人群可能通过吸入环境空气、摄入食物和饮用水、与含有乙二醇二乙醚的产品皮肤接触而暴露于乙二醇二乙醚。

体重70 kg 的成人可能的口服致死剂量为0.5～5 g/kg[9]。中毒的症状为恶心、呕吐，偶有腹泻，后腹痛、腰痛及肋椎角压痛，急性肾衰竭，脑、肺、肝和心脏可出现较轻的病理损害[12]。乙二醇二乙醚蒸气可刺激眼睛和黏膜[7]。

乙二醇醚（EGEs）可用于半导体制造。基于半导体生产工厂工人的流行病学研究评估了不良生殖结果发生的可能。在回顾性研究确定的891例妊娠中，774例（86.9%）为活产，113例（12.7%）为自发流产，4例（0.4%）为死胎。自发性流产总体调整后的相对危险度（RR）=1.43（95%CI：0.95～2.09）。按照工作组分层后，光刻组（RR=1.67，95%CI：1.04～2.55）和蚀刻组（RR=2.08，95%CI：1.27～3.19）女性工人自发流产的风险显著增加。在前瞻性研究中，制造和非制造工人之间自发流产的总体发生率未出现统计学差异。然而，暴露于 EGEs 的女工的受孕能力较低［生育率（FR）=0.37，95%CI：0.11～1.19］[10]。

参考文献

[1] HANSCH C，LEO A，HOEKMAN D. Exploring QSAR：Hydrophobic，Electronic，and Steric Constants[M]. Washington DC：American Chemical Society，1995：25.

[2] FRANKE C，STUDINGER G，BERGER G，et al. The assessment of bioaccumulation[J]. Chemosphere，1994，29：1501-1504.

[3] SWANN RL，LASKOWSKI DA，MCCALL PJ，et al. A rapid method for the estimation of the environmental parameters octanol/water partition coefficient，soil sorption constant，water to air ratio，and water solubility[J]. Residue Reviews，1983，85：17-28.

[4] HINE J, MOOKERJEE PK. Intrinsic Hydrophilic Character of Organic Compounds: Correlations in Terms of Structural Contributions[J]. Journal of Organic Chemistry, 1975, 40: 292-298.

[5] KAWAI K, TORII M, TUSCHITANI Y. Measurement of water solubility of resin components by means of high performance liquid chromatography[J]. The Journal of Osaka University Dental School, 1988, 28: 153-160.

[6] LYMAN WJ, ROSENBLATT DH, REEHL WJ, et al. Handbook of Chemical Property Estimation Methods[M]. Washington, DC: American Chemical Society, 1990: 15-29.

[7] BINGHAM E, COHRSSEN B, POWELL CH. Patty's Toxicology Volumes 1-9 5th ed[M]. New York: John Wiley & Sons, 2001: V7 176.

[8] GEORGE JD, PRICE CJ, MARR MC, et al. The developmental toxicity of ethylene glycol diethyl ether in mice and rabbits[J]. Fundamental and Applied Toxicology, 1992, 19 (1): 15-25.

[9] GOSSELIN RE, HODGE HC, SMITH RP, et al. Clinical Toxicology of Commercial Products. 4 th ed[M]. Baltimore: Williams and Wilkins, 1976: II-26.

[10] International Programme on Chemical Safety. Concise International Chemical Assessment Document Number 41: Diethylene Glycol Dimethyl Ether (2002): 2007, http://www.inchem.org/pages/cicads.html.

乙二醇乙醚醋酸酯
2-Ethoxyethyl acetate

基本信息

化学名称：乙二醇乙醚醋酸酯（简称 EGEEA）。

CAS 登录号：111-15-9。

EC 编号：203-839-2。

分子式：$C_6H_{12}O_3$。

相对分子质量：132.16。

用途：主要用于金属、家具喷漆溶剂及刷涂漆用溶剂，还可用作保护性涂料、染料、树脂、皮革、油墨的溶剂，也可用于金属、玻璃等硬表面清洗剂的配方中，并可作为化学试剂。

危害类别：具有生殖毒性。

结构式：

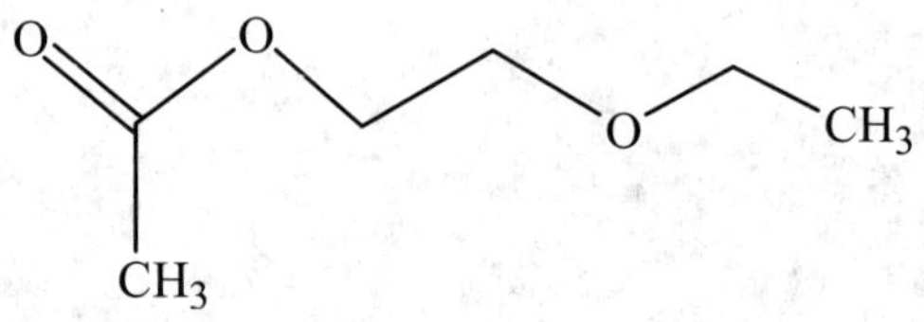

理化性质

物理状态：无色液体。

熔点：−61.7℃（101.3 kPa）。

沸点：156.4℃（101.3 kPa）。

蒸气压：2 mmHg（25℃）。

密度：0.975 g/m³。

水溶解度：187 000 mg/L（20℃，pH 值6～7）。

辛醇-水分配系数：log K_{ow} = 0.24（22℃，pH 值6～7）。

环境行为

（1）降解性

生物降解：5天的 BOD 测试表明，使用污水接种和标准稀释法[1]，乙二醇乙醚醋酸酯的 BOD 理论值为41%。使用非驯化的沉淀废水种子、未驯化的海水种子和添加的污水分别孵育5天、10天、15天和20天，BOD 值分别为理论值的36%、79%、82%和80%[2]。根据日本 MITI 试验，乙二醇乙醚醋酸酯被认为是"很好生物降解的"（理论上接种14天后 BOD＞30%）[3]。采用污水接种和标准稀释法[4]测定5天 BOD 为理论值的18.1%；用海水接种法和海水稀释法测定5天 BOD 为理论值的1.1%[4]。使用总有机碳（TOC）削减法，在两种河水中孵育28天，乙二醇乙醚醋酸酯可被认为是容易降解的[5]。

非生物降解：乙二醇乙醚醋酸酯与光化学反应介导的羟基自由基的速率常数在25℃下的预测值为1.3×10⁻¹¹ cm³/（mol·s），相当于在5×10⁵个/cm³大气浓度下的大气半衰期约为0.7天[6]。使用结构测算方法测算出碱催化的二阶水解速率常数=0.26 L/（mol·s），对应 pH 值为7和8的半衰期分别为305天和30天[7]。乙二醇乙醚醋酸酯不包含吸收波长＞290 nm 的发光团[8]，因此不会直接光解。

（2）生物蓄积性

基于 log K_{ow}=0.24，BCF 预测值为3.0[8]，根据分类标准，提示乙二醇乙醚醋酸酯在水生生物中潜在的生物蓄积性很低。

（3）吸附解析

乙二醇乙醚醋酸酯 K_{oc} 预测值为32[9]，根据分类标准，其在土壤中有很高的移动性。

(4) 挥发性

基于蒸气压值和水溶解度，乙二醇乙醚醋酸酯的亨利定律常数预测值为$3.2×10^{-6}$ atm·m^3/mol[10]，提示其可从潮湿的土壤表面挥发。采用模型预测，在一条水深1 m、水流0.05 m/s、风速0.5 m/s 的河流中，预计挥发半衰期为100天[11]。在蒸气压为2.00 mmHg 下可能从干燥的土壤表面发生挥发[12]。

毒理学

(1) 急性毒性

大鼠经口暴露于乙二醇乙醚醋酸酯 LD_{50}=5.1 g/kg[13]；兔子经皮 LD_{50}=10 300 mg/kg[14]，经口 LD_{50}=5.1 g/kg[15]。

(2) 亚慢性毒性

小鼠每天口服给予乙二醇乙醚醋酸酯（5天/周，共5周）出现睾丸萎缩和白细胞减少[16]。乙二醇乙醚醋酸酯具有微弱的中枢神经系统抑制作用，表现为高剂量引起中枢神经系统的抑制；反复作用于皮肤，可通过皮肤吸收而引起毒肺和肾脏损伤[17]。

(3) 发育与生殖毒性

乙二醇乙醚醋酸酯发育毒性试验研究显示，在接受62.5～500 mg/kg 剂量的仓鼠和接受500 mg/kg 或250 mg/kg 剂量的豚鼠中发现睾丸重量减轻、胚胎毒性[18]、内脏畸形和骨骼变异[19]。

通过对乙二醇乙醚醋酸酯暴露后小鼠睾丸变化的研究发现，乙二醇单甲醚的毒性最大，其次是乙二醇二甲醚、乙二醇甲醚醋酸酯、乙二醇单乙醚和乙二醇乙醚醋酸酯。在乙二醇单甲基醚接受剂量为62.5～500 mg/kg 的仓鼠和500 mg/kg 或250 mg/kg 的豚鼠中发现睾丸重量下降，甲基醚也有类似作用。有报道称乙二醇单甲醚和乙二醇二甲醚具有胚胎毒性，而乙二醇的甲基和乙基醚均会引起睾丸萎缩。此外，这些化学品酯化后不影响毒性的效力。二甲醚和单甲醚的睾丸毒性相当。其他糖醇的烷基醚在睾丸中没有这些作用。乙二醇烷基醚影响细胞分裂，抑制细胞增殖，这些物质引起的变化可区别于由激素作用引起的变化，因为它们对睾丸间质和支持细胞没有作用。有些乙二醇烷基醚对睾丸和胎仔都有毒性作用，如果给怀孕的动物服用可能会影响胚胎发育[18]。

以蒸馏水为阴性对照，以乙二醇单乙醚为阳性对照，在同一实验模型中进行了乙二醇乙醚醋酸酯、乙二醇单丁醚、二乙二醇单乙醚的试验。在第7~16天，每天用水或未稀释的糖醛解液处理4次，并对肩胛间皮肤剃毛。乙二醇单乙醚（0.25 mL）、乙二醇乙醚醋酸酯（0.35 mL）和二乙二醇单乙醚（0.35 mL）的体积近似相等（每次处理用量2.6 mmol），乙二醇单丁醚每日4次（每次约2.7 mmol），随后处死进行测试。用乙二醇单乙醚和乙二醇乙醚醋酸酯处理的大鼠体重相对于对照组有所减轻（与每窝活胎明显减少有关），内脏畸形和骨骼变化显著高于阴性对照组；乙二醇单丁醚或二乙二醇单乙醚处理组幼仔未发现胚胎毒性、胎儿毒性或致畸作用[19]。

（4）致突变性

鼠伤寒沙门氏菌的细菌反向突变试验中，TA98、TA100、TA1535、TA1537、TA1538菌株在有无Ames试验活化的条件下致突变均为阴性[20]。

人类健康效应

有关乙二醇乙醚醋酸酯对人体毒性作用的相关信息较少。少数病例报告和工作场所的流行病学研究结果与实验动物暴露引起的不利影响是一致的，未发现一般人群暴露与健康效应的量化报告[21]。

男性志愿者在休息和锻炼时分别摄入14 mg/m^3、28 mg/m^{3}和50 mg/m^{3}乙二醇乙醚醋酸酯，每次4小时，持续2~3周。停止暴露后3~4小时乙氧基乙酸达到最大排出量，半衰期为23.6小时。体育锻炼后，观察到第二次最大排泄量。42小时后，尿液中以乙氧基乙酸的形式回收了约22%被吸收的乙二醇乙醚醋酸酯[22]。

对两组船厂油漆工［低暴露组（$n=30$）和高暴露组（$n=27$）］进行工业卫生调查，以确定他们暴露于乙二醇乙醚醋酸酯的潜在暴露损伤，测定指标包含船厂油漆工和对照组的尿乙氧基乙酸和甲基马尿酸以及血红蛋白、细胞容积、红细胞指数、白细胞总数、差异白细胞数、血小板计数等。高暴露组和低暴露组乙二醇乙醚醋酸酯的平均暴露浓度分别为3.03 ppm 和1.76 ppm。高暴露组甲基马尿酸和乙氧基乙酸的浓度明显高于对照组，差异白细胞数均值明显低于对照组，57名油漆工中有6人（11%）白细胞减少，而对照组人员未发现明显影响。在目前的研究中，船厂油漆工人可能存在较高的血液学影响，并通过对他们的工作环境进行卫生评估表明，乙二醇乙醚醋酸酯可能对骨髓具有毒性作用[23]。

参考文献

[1] BRIDIE A L，WOLFF C J M，WINTER M. BOD and COD of some petrochemicals[J]. Water Res，1979，13：627-630.

[2] PRICE K S，WAGGY G T，CONWAY R A. Brine Shrimp Bioassay and Seawater BOD of Petrochemicals[J]. J Water Pollut Control Fed，1974，46：63-77.

[3] SASAKI S. pp. 283-98 in Aquatic Pollutants Hutzinger O et al eds Oxford：Pergamon Press. 1978.

[4] TAKEMOTO S. The measurement of BOD in sea water[J]. Suishitsu Odaku Kenkyu，1981，4：80-90.

[5] OKUDA A，GOONEWARDENA N，KONDO M. Simulation test method for degradation of chemicals by microorganisms in water—TOC die-away method[J]. Eisei Kagaku. 1991，37：363-369.

[6] ATKINSON R. J Phys Chem Ref Data Monograph 1，1989：146.

[7] MILL T. Environmental Fate and Exposure Studies[M]. Development of a PC-SAR for

Hydrolysis. EPA Contract No.68-02-4254. Menlo Park, CA: SRI Intern, 1987.

[8] LYMAN WJ, ROSENBLATT D H, REEHL W J. Handbook of Chemical Property Estimation Methods[M]. Washington, DC: Amer Chem Soc, 1990: 7-4, 7-5, 8-12.

[9] VERSCHUEREN K. Handbook of Environmental Data on Organic Chemicals, 4th ed[M]. New York, NY: Van Nostrand Reinhold, 2001: 1112.

[10] JOHANSON G, DYNÉSIUS B. Liquid/air partition coefficients of six commonly used glycol ethers[J]. Br J Indus Med, 1988, 45: 561-564.

[11] LYMAN WJ, ROSENBLATT D H, REEHL W J. Handbook of Chemical Property Estimation Methods[M]. Washington DC: Amer Chem Soc, 1990: 15-1, 15-29.

[12] FLICK EW. Industrial Solvents Handbook. 4th ed[M]. Park Ridge, NJ: Noyes Data Corp, 1991: 542.

[13] TRUHAUT R, CATELLA H, LICH N. Comparative toxicological study of ethylglycol acetate and butylglycol acetate[J]. Toxicol Appl Pharmaco, 1979, 51（1）: 117.

[14] American Conference of Governmental Industrial Hygienists, Inc. Documentation of the Threshold Limit Values and Biological Exposure Indices. 6th ed[M]. Volumes I, II, III. Cincinnati, OH: ACGIH, 1991: 567.

[15] CLAYTON G D, CLAYTON F E. Patty's Industrial Hygiene and Toxicology: Volume 2A, 2B, 2C: Toxicology. 3rd ed[M]. New York: John Wiley Sons, 1981-1982: 4025.

[16] NAGANO K, NAKAYAMA E, KOYANO M. Testicular atrophy of mice induced by ethylene glycol mono alkyl ethers（author's transl）[J]. Sangyo Igaku, 1979, 21: 29.

[17] BROWNING E. Toxicity and Metabolism of Industrial Solvents[M]. New York: American Elsevier, 1965: 620.

[18] NAGANO K, NAKAYAMA E, OOBAYASHI H. Experimental studies on toxicity of ethylene glycol alkyl ethers in Japan[J]. Environ Health Perspect, 1984, 57: 75-84.

[19] HARDIN BD, GOAD P T, BURG J R. Developmental toxicity of four glycol ethers applied cutaneously to rats[J]. Environ Health Perspect, 1984, 57: 69-74.

[20] European Commission, ESIS. IUCLID Dataset, 2-Ethoxyethyl acetate（Bridie） p 53

（2000 CD-ROM edition）．

[21] World Health Organization. Tributyltin compounds[J]. Environmental health criteria, 1990: 115-126.

[22] European Commission，ESIS. IUCLID Dataset，2-Ethoxyethyl acetate（111-15-9） p 64（2000 CD-ROM edition）.http：//esis.jrc.ec.europa.eu/.

[23] KIM Y，LEE N，SAKAI T，et al. Evaluation of exposure to ethylene glycol monoethyl ether acetates and their possible haematological effects on shipyard painters[J]. Occup Environ Med，1999，56（6）：378-382.

3-乙基-2-甲基-2-(3-甲基丁基)-1,3-噁唑烷
3-Ethyl-2-methyl-2-(3-methylbutyl)-1,3-oxazolidine

基本信息

化学名称：3-乙基-2-甲基-2-(3-甲基丁基)-1,3-噁唑烷。

CAS 登录号：143860-04-2。

EC 编号：421-150-7。

分子式：$C_{11}H_{23}NO$。

相对分子质量：185.3。

用途：用作除水剂、氨基甲酸酯预聚物的反应性稀释剂、替换多元醇组分。

危害类别：具有生殖毒性。

结构式：

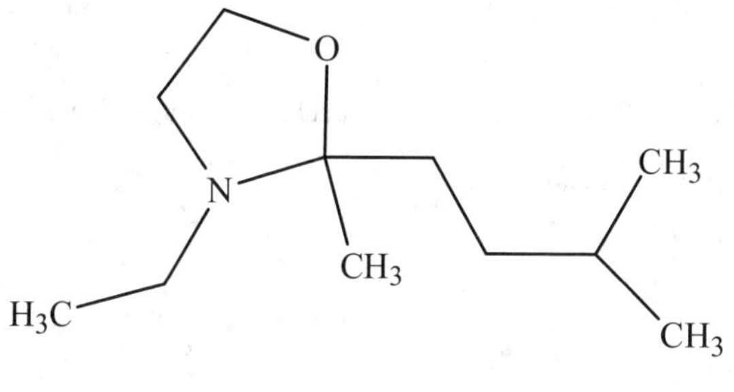

理化性质

物理状态：液体，常温常压下稳定，避免与酸、强氧化剂接触，防潮。

沸点：209℃。

蒸气压：0.093 9 mmHg（25℃）[1]。

密度：0.872 g/mL（25℃）。

溶解度：可溶于多元醇和大多数有机溶剂。

生态毒理学

3-乙基-2-甲基-2-(3-甲基丁基)-1,3-噁唑烷对水生生物毒性很大，且具有长期毒性。

毒理学

发育与生殖毒性：3-乙基-2-甲基-2-(3-甲基丁基)-1,3-噁唑烷具有生殖毒性，可致胎儿损伤。

人类健康效应

接触3-乙基-2-甲基-2-(3-甲基丁基)-1,3-噁唑烷可造成严重的皮肤灼伤和眼睛损伤。单次接触具有麻醉效应，可能引起头晕等症状。

参考文献

[1] CHEMISTRY DATABASE：2005，https://pubchem.ncbi.nlm.nih.gov/compound/4199499#section=Related-Compounds.

异氰尿酸三缩水甘油酯
1,3,5-Triglycidyl isocyanurate

基本信息

化学名称：异氰尿酸三缩水甘油酯。

CAS 登录号：2451-62-9。

EC 编号：219-514-3。

分子式：$C_{12}H_{15}N_3O_6$。

相对分子质量：297.27。

用途：用作聚酯树脂的交联剂，主要用于含羧基聚酯、羧基丙烯酸树脂粉末涂料的固化剂，亦可用于制造电器绝缘材料层压板、印刷电路、各种工具、胶黏剂、塑料稳定剂等。

危害类型：具有致突变性。

结构式：

理化性质

物理状态：白色结晶。

熔点：95～98℃。

沸点：501.1℃（760 mmHg）。

密度：1.46 g/mL（23℃）。

水溶解度：＜0.1 g/100 mL（20℃）。

生态毒理学

大型水蚤（固定化试验）静态下，24 h-EC_{50}＞100 mg/L[1]。斑马鱼96小时静态试验中无观测效应浓度（NOEC）LC_{50}＞77 mg/L[1]。

毒理学

（1）急性毒性

大鼠吸入暴露浓度为650 mg/m^{3}的异氰尿酸三缩水甘油酯，观察到鼻腔黏膜的轻微炎症，组织病理学检查未观察到任何与暴露相关的器官变化。更高剂量组的实验动物死亡前观察到毒性临床症状，包括镇静、呼吸困难和消瘦，病理发现包括肺部水肿和出血，胸腺、肠和睾丸出血，睾丸退化和肾肿大[1]。

家兔皮肤暴露于异氰尿酸三缩水甘油酯可引起轻微的皮肤过敏，暴露72小时后皮肤出现轻微红斑和轻微水肿。异氰尿酸三缩水甘油酯可对家兔造成严重的眼损伤，包括严重的角膜混浊和结膜水肿。两种改良的马格努森和克利曼研究表明，异氰尿酸三缩水甘油酯对豚鼠的皮肤具有致敏性[1]。

（2）发育与生殖毒性

在一项生殖毒性研究中，10只雄性大鼠通过在饲料中添加160 mg/kg或640 mg/kg异氰尿酸三缩水甘油酯进行染毒，19天即可观察到相关组织器官（大肠系膜淋巴结、小前列腺和精囊）毒性迹象，64天后饲养实验结束后将雄性和雌性按1∶2合笼直至交配成功。在妊娠第19天，将雌鼠分为两组（剖宫产组和正常分娩组）。剖宫产组雌鼠于妊娠第20天处死，并对卵巢和子宫进行检查，以确定黄体、活胎和死胎的数量、吸收部位和着床部位；另一组雌鼠正常分娩，观察产仔的大小，检查胎鼠是否有临床症状，并记录其发育情况。于产后22～25天处死正常分娩组雌鼠，做胸、腹器官检查，并观察植入部位数目。在雄鼠解剖中，对照组和最高剂量组记录所有器官重量和宏观及微观变化，其他试验组对选定器官进行检查，未观察到与暴露有关的临床效果或死亡。100 mg/kg剂量组动物体重增加在前6周略有降低，精子数量与剂量有关；与未暴露的对照组相比，10 mg/kg、30 mg/kg和100 mg/kg剂量组雄鼠的精子数量分别减少了5%、13%和23%。异氰尿酸三缩水甘油酯暴露组和对照组精子活力相似，雄鼠未发现与暴露相关的不孕症，与异氰尿酸三缩水甘油酯交配的雌性后代对胚胎和胎鼠的发育未发现明显影响。然而，应该指出，该研究中使用的最高剂量（100 mg/kg）并不是最大耐受剂量[1]。

（3）致突变性

异氰尿酸三缩水甘油酯是一种诱变剂，可诱导小鼠骨髓细胞中的染色体畸变。小鼠经口服暴露后其生殖细胞中发生染色体畸变。现有数据表明，异氰尿酸三缩水甘油酯具有烷基化DNA的潜力[1]。

在两种反向突变试验中，异氰尿酸三缩水甘油酯在伤寒沙门氏菌TA1535、TA1538、TA98和TA100菌株的代谢激活和没有代谢激活的情况下均可诱发突变，且在后两株中效果更为明显。异氰尿酸三缩水甘油酯在TA1537菌株中无致突变作用。在其中一项研究中，无论代谢激活与否，异氰尿酸三缩水甘油酯均不会引起大肠杆菌WP2uvrA的背向突变。所有的研究都顺利进行且采用了适当的阴性和阳性对照，结果表明异氰尿酸三缩水甘油酯是一种直接作用的诱变剂[1]。

在小鼠淋巴瘤细胞实验中，异氰尿酸三缩水甘油酯在6.0 μg/mL的代谢激活和2.8 μg/mL的代谢不激活的剂量下均可诱导突变。异氰尿酸三缩水甘油酯与代谢激活合可诱导中国仓鼠卵巢细胞姐妹染色单体交换和染色体畸变，其在中国仓鼠肺细胞中的染色体畸变也呈阳性，但在代谢激活时为阴性。在大鼠肝细胞非程序DNA合成实验中发现，异氰尿酸三缩水甘油酯在5～20 μg/mL范围内具有明显的剂量-反应关系。然而，在对人成纤维细胞进行的类似研究中，异氰尿酸三缩水甘油酯在浓度高达400 μg/mL时未发现诱导非程序DNA合成。在小鼠胚胎成纤维细胞的两种细胞转化研究中，异氰尿酸三缩水甘油酯在8.8～5 000 ng/mL浓度范围内均未引起转化菌落数量或大小的显著增加[1]。

在一项消化道染毒实验中，雄性和雌性中国仓鼠每天暴露于0 mg/kg、140 mg/kg、280 mg/kg 或560 mg/kg 异氰尿酸三缩水甘油酯连续2天。发现2个最高剂量组可引起骨髓细胞核异常变小且显著增加，这表明异氰尿酸三缩水甘油酯具有克拉斯特原性[1]。

人类健康效应

有病例报告表明，异氰尿酸三缩水甘油酯和粉末涂料中含有的异氰尿酸三缩水甘油酯可导致过敏性接触性皮炎，症状包括皮炎、皮疹瘙痒及面部、手、手臂、脖子和大腿的肿胀，所有实验对象的三甘醇异氰尿酸测试均呈阳性[1]。接触异氰尿酸三缩水甘油酯还会导致面部和前臂接触性皮炎[2]。

暴露于1 800 mg/m³剂量以上可能出现危及生命的白细胞减少，另一名患者毒性死亡暴露的剂量为2 700 mg/m³。其他毒性副作用包括中度可逆血小板减少症、恶心和呕吐[3]。

异氰尿酸三缩水甘油酯是一种皮肤致敏剂，还可能引起严重的视力损害[1]。

参考文献

[1] International Programme on Chemical Safety's Concise International Chemical Assessment Documents. Number 8：Triglycidyl Isocyanurate，1998.

[2] WIGGER A W，HOFMANN M，ELSNER P.Contact dermatitis caused by triglycidyl isocyanurate[J]. Am J Contact Dermat，1997，8（2）：106-107.

[3] DOMBERNOWSKY P，LUND B，HANSEN H H.Phase-I study of alpha-1,3,5-triglycidyl-s-triazinetrione（NSC 296934）[J]. Cancer Chemother Pharmacol，1983，11（1）：59-61.